Bruno Hespeler

Die Jagd

stv

Bruno Hespeler

Die Jagd

Was bleibt & was sich ändern wird

Leopold Stocker Verlag
Graz – Stuttgart

Umschlaggestaltung: Werbeagentur Rypka GmbH, 8143 Dobl, www.rypka.at

Titelbild: iStock/Damian Kuzdak

Bibliografische Information der Deutschen Nationalbibliothek
Die Deutsche Nationalbibliothek verzeichnet diese Publikation in der Deutschen Nationalbibliografie; detaillierte bibliografische Daten sind im Internet unter http://dnb.d-nb.de abrufbar.

Hinweis: Dieses Buch wurde auf chlorfrei gebleichtem Papier gedruckt. Die zum Schutz vor Verschmutzung verwendete Einschweißfolie ist aus Polyethylen chlor- und schwefelfrei hergestellt. Diese umweltfreundliche Folie verhält sich grundwasserneutral, ist voll recyclingfähig und verbrennt in Müllverbrennungsanlagen völlig ungiftig.

Auf Wunsch senden wir Ihnen gerne kostenlos unser Verlagsverzeichnis zu:
Leopold Stocker Verlag GmbH
Hofgasse 5/Postfach 438
A-8011 Graz
Tel.: +43 (0)316/82 16 36
Fax: +43 (0)316/83 56 12
E-Mail: stocker-verlag@stocker-verlag.com
www.stocker-verlag.com

ISBN 978-3-7020-2014-9

Layout und Repro: Werbeagentur Rypka GmbH, Dobl

Fragen, Wünsche oder Anregungen? Kontaktieren Sie uns!

https://www.stocker-verlag.com/die-jagd-feedback/

Hier finden Sie auch weitere Informationen über unser Programm und können sich für unseren Newsletter anmelden.

INHALT

ZUM VERSTÄNDNIS

EIN (HEITERER) BLICK ZURÜCK

Man muss vorsichtig sein, über eine Zeit zu schreiben, die man nicht selbst er- oder besser noch durchlebt hat. Wer es versucht, dem bleibt nur, sich auf die Wissenschaft zu berufen. Damit hält er ein heißes Eisen in Händen, denn seine Kronzeugin – die Wissenschaft – war ja auch nicht dabei. Sie sammelt nur Hinweise, versucht diese möglichst genau zu datieren und aus den Bruchstücken ein Bild zu gestalten.

Die Jagd war über Jahrtausende ein Handwerk, das der Menschheit Nahrung gab und ihr half zu überleben. Sie war auch Grundlage der menschlichen Kultur. Sie forderte und förderte Kreativität wie Individualität und schuf damit Identität. Foto: Monika Baudrexl

Wir heutigen Jäger benutzen Technik in höchster Perfektion, wir haben uns Verhaltensmuster erdacht, die wir Brauchtum nennen und wir bemühen scheinbar zwingende Gründe, die unser Jagen rechtfertigen sollen. Jene, die solche Jahrtausende überdauernde Werke erschufen, war noch tatsächlich Jäger ...
Foto: iStock/Norbert Hentges

Ich bin mir bewusst, mit meiner Sicht nicht nur als ziemlich ahnungslos abgestempelt zu werden; man wird mir auch ein gerütteltes Maß an Arroganz zuordnen. Ich nehme es gelassen, erinnere mich aber an zahllose, von der Wissenschaft selbst publizierte Korrekturen ihrer bisherigen Ergebnisse. Genau das – nämlich, dass sie nicht auf dem einmal Gesagten stur und beleidigt beharrt – ehrt die Wissenschaft und macht sie erst wirklich brauchbar!

Die Wissenschaft ordnet unsere fernen Vorfahren der Berufsgruppe der Jäger und Sammler zu. Das scheint ziemlich logisch. Wir Heutigen bringen den Begriff Sammler häufig mit Vegetariern in Verbindung, was nicht stimmt. Auch Fleisch kann man – völlig waffenlos – einfach sammeln. Manches Fleisch läuft dem Menschen nicht davon, ist aber außerordentlich nahrhaft. Füchse, die der heutige Jäger, wenn es um so edle Nahrung wie Hasen oder Rebhühner geht, gerne als zu bekämpfende Konkurrenten sieht, haben sich den guten Geschmack ihrer Vorfahren bewahrt. Viele Füchse bevorzugen daher immer noch Regenwürmer als Standardmenü.

Auch unsere Vorfahren werden das getan haben. Manche Leser werden sich jetzt ekeln. Doch noble (also teure) Restaurants, aber auch schlichte Bauernwirtschaften in der Schweiz, im Elsass oder im Allgäu bieten dem Gast zuweilen heute noch Froschschenkel, Shrimps Weinbergschnecken an. Französische Restaurants offerieren gegrillte Insekten. Nicht genug: Wo die Waldschnepfe heute noch höher bewertet wird als ein simpler Rehbock – in Frankreich oder Belgien – gilt deren samt Inhalt fein gehackter Darm, zubereitete mit frischen Kräutern in feiner Butter, als unübertreffliche Köstlichkeit.

Noch in den 1960er-Jahren war es eine fast heilig zu nennende Stunde, wenn man sich im März, nach einem erfolgreichen Schnepfenabend, im Hotel der Wahl, gemeinsam „Schnepfendreck auf Toast" zubereiten ließ, dazu einen Riesling. Das war gleichermaßen höchste Jagdkultur wie Kulinarik, die für kein Geld zu kaufen war. Nur absolute Banausen bedienten sich dümmlicher Ausreden, um sich nach dem Entladen der Flinten zu verabschieden.

Zurück zu unseren Anfängen: Jeder aus den Baumkronen Herabgestiegene durfte straffrei Würmer, Schnecken, Kröten und flugunfähige Jungvögel unbegrenzt sammeln und verspeisen. War er nun Sammler oder doch schon Jäger? So wie wir Heutigen frisch aus dem Watt gebuddelte Austern lebend und „schlotzig" schlürfen, haben unsere Uralt-Vorderen vielleicht einen Prügel genommen und einen stachligen Igel erschlagen. Damit war der Jäger geboren. Der Austernschlürfer blieb Sammler, jener, der den Igel erschlug, wurde Jäger.

Ich weiß – spätestens jetzt steigt die Adrenalinausschüttung ... Aber ganz ernst-

Es waren nicht die Stacheln, die unsere Vorfahren hinderten, sich den Igel präparieren und auf einen Ast setzen zu lassen. Sein Fleisch war entscheidend! Foto: Bruno Hespeler

haft, ich habe diese Form früher Jagd in den 1950er-Jahren noch erlebt. In Lehm eingepackt, waren die Stacheln des Igels kein Problem mehr und im Feuer geschmort wurde er butterzart!

Der schlichte Holzprügel war vermutlich die erste Waffe des Menschen, frei von EU-Verordnungen und anderen Dummheiten. Es wird auch keine Modeerscheinung gewesen sein, sich statt eines kurzen und dicken Prügels einen langen, eher schlanken zu suchen, dessen dickes Ende man anspitzte. Mit Kraft geworfen, konnten damit relativ schnelle Tier langsam gemacht werden. Der Speer war geboren.

Einem anderen war auch das nicht genug. Er verzichtete auf die Spitze des Speers, versah diesen ersatzweise an beiden Enden mit je einer Kerbe, bog ihn zusammen und fixierte diese Stellung mit irgendetwas „Schnurähnlichem". Das konnten die Sehnen eines Tieres sein oder Pflanzenfasern. Der Bogen war geboren und jetzt endlich auch die Jagd im heutigen Sinne. Wir waren also irgendwann, so grob vor 30.000 Jahren, im Prinzip schon so weit wie heute. Nur die zum Bau eines Bogens verwendeten Materialien waren umweltfreundlicher.

Der Leser wird etwas irritiert den Kopf schütteln und an das Jagdgewehr erinnern. Dabei sind wir Deutschen und Österreicher so ziemlich die Einzigen, denen man es verboten hat, im eigenen Land mit Pfeil und Bogen auf die Jagd zu gehen. Wir lehnen das kategorisch ab, fahren auf die nächste Jagdmesse und buchen den Abschuss eines Keilers in Ungarn, den eines Weißwedelhirsches in Finnland und den etlicher Fasanen in Italien, um genau das zu tun, was wir daheim verteufeln. Wer den Weg nicht scheut, fliegt über den großen Teich und erlegt auf einer Jagdfarm mit Pfeil und Bogen einen Bison.

Der geneigte Leser wird erkennen, dass sich seit der Steinzeit jagdlich gar nicht so viel geändert hat. Gut, das mit dem Gewehr ist relativ neu. Dass wir vom frisch erlegten Wild dessen noch warmes Blut trinken, ist hingegen Geschichte – wir haben Dosenbier im Rucksack ...

Wie es weiterging, wissen wir alle. Als nächste Errungenschaft kamen die Armbrust und schließlich das Gewehr. Jetzt kostete die Jagd bereits Geld. Wer wann und wo die Armbrust erfunden hat, wer auf die Idee kam, mit ihr kleine – Bolzen genannte – Pfeile zu verschießen und wer herausfand, dass Eisenpfeile mehr Durchschlagskraft haben als hölzerne, wurde nicht dokumentiert.

Nach gegenwärtiger Lehrmeinung fand man im antiken Griechenland ein solches Gerät, das um 500 v. Chr. gebastelt wurde. Dabei sollen die Chinesen auch damals die Schnelleren gewesen sein. In Germaniens Wäldern dauerte das alles erheblich länger – die Konzerne wetteiferten noch nicht.

Gejagt wurde zum Nahrungserwerb und jagen durfte, wer es konnte. Es gab weder Reviere noch Experten, weder Jagdbehörden noch Jagdverbände. Niemand saß sich,

Der Vogelfang ist weltweit verbreitet und hatte in Europa bis in die Anfänge des 20. Jh. große Bedeutung. In Deutschland und Österreich waren es die Dohnenstiege, die überall zu finden waren. In Italien waren es die Roccoli. Heute dienen diese großen, gartengestalterisch kunstvollen Anlagen ausschließlich der Wissenschaft. Foto: Ermes Furlani

ungenießbarer Knochen wegen, Wochen hindurch den Spiegel wund. Es gab auch keine Gefriertruhen, in denen Wildbret vorgehalten werden konnte. Man sammelte, jagte und fraß. Konflikte mochte es gegeben haben, wenn Jäger in das Streifgebiet benachbarter Sippen oder Dörfer kamen. Man schlug sich den einen oder anderen Schädel ein und alles war wieder gut.

Das änderte sich jedoch im frühen Mittelalter. Die Jagd als reine Nahrungsbeschaffung war zwar nach wie vor notwendig. Sie wurde jedoch Privileg der Herrschenden. Das mehr oder weniger respektierte Streifgebiet der Sippe hatte seine Bedeutung verloren. Mehr und mehr beanspruchten die Einflussreichsten, vielleicht auch die Schlausten, ganz sicher aber die Skrupellosesten, Grund und Boden für sich. Der Rest der Sippe mochte murren, aber er nickte ab, was ihm vorgelegt wurde. Daran hat sich bis heute nicht viel geändert.

Aus Besitzansprüchen im Bereich der Sippe wurden erweiterte Machtansprüche in der Mark und weiter bis zum Reich. Somit war es aus mit der freien Jagd! Die braven Ernährer von Familie und Sippe nannte man nun Verbrecher. Gedient werden musste ab sofort nicht mehr zuerst den Seinen, sondern dem Skrupellosesten. Die Kirche tat das Ihre dazu.

Was folgte, war Hunger, Not, Verlust von Freiheit und Menschenwürde. Waren es am Anfang eher überschaubare Gebiete, die sich die Herrschenden für die Jagd reservierten, wurde den Bauern die Jagd nach und nach fast überall verboten. War es zunächst der Kaiser, der sich große Bannforste reservierte, wurden nachfolgend Lehen vergeben. Der Kaiser belehnte Herzöge, diese Fürsten und Grafen. Zwar ging es immer noch um Lebensmittel, aber die Repräsentation überwog bald den vollen Bauch. Aus frei jagenden Bauern hatte man Leibeigene gemacht, deren Leben oft weit weniger wert war als das einer Wildsau.

DIE JAGD IM MITTELALTER WAR MENSCHENVERACHTEND

Die Jagd des Mittelalters und bis ins Ende der frühen Neuzeit war rücksichtslos und menschenverachtend. Bis ins 18. Jh. waren Bauern – was die Jagd betraf – „Sklaven". Sie mussten dulden, dass ihre Felder von adligen Jagdgesellschaften zertrampelt und vernichtet wurden. Sie mussten bei den Jagden ihrer „Besitzer" völlig entschädigungslos Robot leisten. Dies nicht nur für wenige Tage im Jahr, sondern nicht selten über Wochen und gelegentlich sogar Monate hinweg. Einen Anspruch, zumindest in Zeiten der Saat und Ernte von Treiberdiensten und Gespannleistungen freigestellt oder in irgendeiner Form entschädigt zu werden, gab es nicht. Auf den Wald nahm ohnehin niemand Rücksicht.

Wilderer – die ja mehrheitlich aus der schieren Not heraus handelten, weil die Fron sie von der Feldarbeit abhielt oder ihre Felder vom Wild abgefressen wurden, das sie nicht einmal verjagen durften – wurden brutal bestraft. In einzelnen der damaligen Herrschaftsbereiche konnte der Galgen bereits drohen, ohne dass ein realer Tatbestand vorlag. Dabei war der Galgen noch den „humanen" Strafen zuzurechnen. Häufig wurden den Beschuldigten Gliedmaßen abgehackt, die Augen ausgestochen, Zungen abgeschnitten, man ließ sie von den Hunden des Landesherren zerreißen oder man verkaufte sie als lebenslängliche Galeerensklaven nach Venedig. Dies alles, obwohl sich die Landesherren ausnahmslos zum Christentum bekannten, welches die Bibel zum obersten Gesetz erhob. Die Kirche selbst war nicht weniger brutal und menschenverachtend, erinnert sei an die Fürstbischöfe von Salzburg.

Die jagdliche Rücksichtslosigkeit der Herrschenden war letztlich mit Auslöser für die Bauernkriege und im Gegenzug für das Gemetzel an den aufständischen Bauern.

Maria Theresia, Erzherzogin von Österreich und Königin von Ungarn und Böhmen und somit Regentin, stand dem jagdlichen Gebaren des Adels sehr distanziert gegenüber, ebenso ihr Sohn und Nachfolger Joseph II. Sie verboten die Hege des Hochwildes in freier Wildbahn. Das war das Ende des eingestellten Jagens vormaliger Prägung in Österreich. Gemälde von Jean-Étienne Liotard

Es war Österreichs Regentin Maria Theresia, die sich im 18. Jh. von der jagdlichen Arroganz und Rücksichtslosigkeit ihrer untergeordneten Standesgenossen angewidert sah und in der Folge mit der Jagd selbst nichts zu tun haben wollte. Sie verbot die Hege des Hochwildes in freier Wildbahn, was zu einer Entspannung zwischen Bauern und Adel führte. Was sie begann, führte ihr Sohn Joseph fort. Er hob – gegen den erbitterten Widerstand des Adels – die Leibeigenschaft auf. Im benachbarten Deutschland, das als Einheitsstaat erst 1871 unter Vorherrschaft Preußens gegründet wurde, dauerte es mit der Aufhebung der Leibeigenschaft etwas länger.

Der Weg der Schweiz

In der Schweiz sorgte schon die Revolution des Jahres 1798 für die Aufhebung der Leibeigenschaft und aller jagdlichen Privilegien des Adels. Fortan war die Jagd wieder Volksrecht, ohne jedes Reglement. Ein Jagdgesetz wurde erst 1875, also rund 80 Jahre nach der Revolution, erlassen. Dieses machte das Wild zum Eigentum des Bundes. Heute gibt es in der Schweiz ein Bundesgesetz über die Jagd und in dem von ihm vorgegebenen Rahmen auch kantonale Jagdgesetze. Die Gebirgskantone haben sich, mit Ausnahme der Kantone Luzern und Sankt Gallen, für das System der Patentjagd entschieden. Im Kanton Genf hat die kantonale Wildhut die Jagd übernommen. In allen übrigen Kantonen gilt bis heute das Revierjagd-System.

Anders als in Deutschland und Österreich mit seinen Kronländern gab es in der Schweiz nach der von Frankreich überschwappenden Revolution und den rund 80 Jahren völlig freier Jagd tatsächlich kaum noch Schalenwild. Gams und Rehwild haben sich hernach relativ schnell erholt. Steinwild wurde im benachbarten Italien, im Gebiet des heutigen Adamello-Brenta Nationalparks, illegal eingefangen und in die Schweiz verbracht. Dieser „kriminellen Tat“ verdankt heute nicht nur die Schweiz selbst einen respektablen Steinwildbestand, sondern alle europäischen Länder, in denen diese Tierart heute in Freiheit vorkommt! Rotwild wanderte erst in der zweiten Hälfte des vergangenen Jahrhunderts aus den Nachbarländern in die Schweiz ein.

DIE „48ER-REVOLUTION“ UND IHRE FOLGEN FÜR DIE JAGD

Wenn heute hundertfach behauptet und geschrieben wird, in Europa habe die Revolution von 1848 zur weitgehenden Ausrottung des Schalenwildes geführt, muss dem energisch widersprochen werden! Weite Teile Europas waren bereits vor der Revolution rotwildfrei. Rehe dürften ohnehin nicht besonders häufig gewesen sein. Die vielfach auf Bergbau, Glasindustrie, Eisenverhüttung und Köhlerei ausgerichtete Forstwirtschaft hinterließ große, an Grenzlinien arme, wenig rehwildfreundliche Freiflächen.

Es wurde aber auch auf großen Flächen noch Waldweide betrieben. Weidewälder waren des Graswuchses wegen gering bestockt. Bevorzugt wuchsen masttragende Laubbäume. Doch was auf den ersten Blick

Hier treffen sich zwei Zeiten: Eine ältere Köhlerin telefoniert auf dem Meiler mit dem Handy ...
Foto: Bruno Hespeler

„rehfreundlich“ erscheint, war in Wirklichkeit das Gegenteil: Die grüne Weide zwischen den Bäumen wurde von Rindern, Pferden und Schafen genutzt. Was an Bäumen oder Buschwerk aufkam, wurde großteils von Ziegen totgebissen. Die Mast der Bäume (Eicheln, Bucheckern und Maronen[1]) war besonders wichtig und gehörte den Schweinen. Das Wild ernährte sich in den Feldern der Bauern.

An dieser Stelle muss daran erinnert werden, dass es in einem Teil der damaligen Herrschaftsbereiche eine „Kleine Jagd“ gab. In ihr durften privilegierte Bürgerliche den Vogelfang betreiben und Rehe jagen. Letztere interessierten den Adel wenig, da sie für die großen, eingestellten Jagden unbrauchbar waren. Rehe ließen sich als „Drücker“ nicht zielgerichtet treiben. Daher genoss Rehwild zumeist keine Schonzeit. Doch niemand jagte damals irgendwelcher Trophäen wegen. Es ging ums Wildbret – ums Lebensmittel!

Was wir heute „sachliche Verbote“ nennen, etwa das Verbot bestimmter Jagdmittel und Jagdformen, gab es noch nicht. Der Fang von Rehen mit Drahtschlingen war bis Ende des 19. Jh. durchaus gängige Praxis, in Großbritannien bis Ende des 20. Jh.

Jagdausrüstung damals

Man stelle sich die Ausrüstung jener vor, die nach der Revolution die Jagd ausübten: Kraftfahrzeuge, welche die Jäger ins

[1] Esskastanien

Zur kleinen Jagd gehörte auch der Vogelfang, der bis ins 20. Jh. hinein erlaubt war. Doch es waren nicht nur die Bürgerlichen, die Dorfgeistlichen und die Förster, welche Ammern, Lerchen, aber auch Haselhühner und Turteltauben in der Küche zu schätzen wussten. Den Vogelfang übten durchaus auch hohe Adelige aus. Einer, der sich besonders dafür begeisterte, war Heinrich I. (* ca. 876; † 936). Angeblich wurde ihm beim Vogelfang im Wald die Königskrone angetragen, was ihm den Beinamen „Heinrich der Vogler" einbrachte. Foto: Bruno Hespeler

Die Drahtschlinge ist bis heute in weiten Teilen der Welt ein häufig verwendetes Jagdgerät. Noch im 19. Jh. wurden damit Schnee-, Stein- und Haselhühner gefangen. In modifizierter Form findet sie in der wildbiologischen Forschung heute noch Verwendung. Foto: iStock/DamianKuzdak

Revier und erlegtes Wild ins Dorf bringen konnten, waren noch nicht erfunden. Wege, auf denen man mit Pferdegespannen zügig vorankam, waren eher die Ausnahme. Im Alpenraum und in den meisten Mittelgebirgen bedeutete das viele Stunden dauernde Anmarsch- und Heimwege.

Die Bewaffnung war mit der heutigen in keinster Weise zu vergleichen. Es waren schwere Vorderlader, die mit Schwarzpulver geladen wurden. Das Laden war umständlich und zeitraubend. Die Präzision der Läufe war mäßig, oft waren sie noch ohne Züge, ihre Reichweite eher bescheiden. Das jagdpraktische Wissen der Mehrheit der Bauern wird denkbar gering gewesen sein.

Keiner ging auf die Jagd, weil im Fernsehen nur Werbung kam oder ein Fußballmatch ausfiel. Es ging ums „Fleisch". Man jagte teilweise zwar gemeinsam, aber solange es im Umkreis der eigenen Behausung noch etwas zu holen gab, verzichtete man auf lange Anmarschwege und auf Kollegen, mit denen die Beute geteilt werden musste. Die Drahtschlinge im hölzernen Gartenzaun war für Wild von der Größe eines Rehs abwärts ein ideales Jagdgerät!

Es mag also durchaus so gewesen sein, dass im engeren Umfeld der Dörfer eher wenig Wild überlebt hat. Doch weite, zu Fuß viele Stunden in Anspruch nehmende Jagdausflüge in stillere, wenig beunruhigte Gebiete waren sicher nicht die Regel. Die Jagd ging zu Lasten von Landwirtschaft und Handwerk. Die Versorgung des Viehs, das Melken und die Milchverarbeitung hatten absoluten Vorrang.

Nun überlegen wir einmal, wie viele Jäger heute einen Pirschbezirk bei der Forstverwaltung haben und im ganzen Jagdjahr kein einziges Reh erlegen! Sie erlegen trotz modernster Bewaffnung und Optik, trotz Wildkamera und Kraftfahrzeug nichts. Die Begründung: „Es ist nichts mehr da ..." Was wir sehen oder fotografieren , spiegelt selten die Realität.

Ausrottung?

Wenn wir ernsthaft behaupten, die Bauern hätten in den zwei Jahren nach der Revolution das Schalenwild ausgerottet oder auch nur so nachhaltig reduziert, dass in den folgenden Jahrzehnten deshalb artenreiche Wälder entstehen konnten, stellen wir uns selbst eine Bankrotterklärung der Premiumklasse aus! Schließlich wäre uns dann in Jahrzehnten – trotz „Grünem Abitur" – nicht annähernd gelungen, was angeblich Bauern im absoluten jagdlichen Laienstand in zwei Jahren mit primitivsten Mitteln gelang! Nebenbei bemerkt konnte in nur zwei „gesetzlosen" Jahren kein neuer Wald wachsen!

Vorderladerbüchse um 1850. Sie stellte die wichtigste Waffe von Bauern und Bürgern nach der Revolution von 1848 dar. Sie war schwer, und das Laden dauerte. Damit war es unmöglich, innerhalb von zwei Jahren die Schalenwildbestände auszurotten oder auch nur flächendeckend nachhaltig zu vermindern. Foto: Frank Heil

DANN KAM DAS REVIERSYSTEM

Die Zeit, in der in Deutschland und Österreich als Folge der Revolution jedermann nach Lust und Laune jagen durfte, war nur von kurzer Dauer. Bereits zwei Jahre später hatten die meisten der damaligen deutschsprachigen Länder neue Jagdgesetze. Diese sahen ausnahmslos ein an Grund und Boden gebundenes Jagdrecht vor. Unterschieden wird bis heute das Jagdrecht vom Jagdausübungsrecht[2]. Das ist für Laien etwas verwirrend. Die Bildung eines Jagdreviers setzte eine gewisse Mindestgröße voraus. Diese können bis heute die allerwenigsten Bauern nachweisen. Die Mindestgröße alleine genügt jedoch nicht. Die Flächen müssen zusammenhängend sein. Der Bauer bleibt meist „Zuschauer".

Unterschieden wurde in Eigenjagden, wenn der gesamte Grund einer Person oder einer Personengemeinschaft eigen ist, und

[2] Das Jagdrecht ist an Grund und Boden gebunden, was nicht bedeutet, dass der Inhaber des Jagdrechts auch selbst jagen darf. Dazu bedarf es eines gültigen Jagdscheines, in Österreich einer Jagdkarte. Das Jagdausübungsrecht setzt den Besitz des Jagdrechtes voraus (Grund und Boden) oder die Übertragung des Rechtes der Jagdausübung durch den Jagdrechtsbesitzer (z. B. durch einen Jagdpachtvertrag).

Gemeindejagden. Zu letzteren gehörten alle zusammenhängenden Flächen einer Gemeinde, die – weil sie zu klein waren – keine Eigenjagd bilden konnten. Damit war den allermeisten Bauern die Jagdausübung auf eigenem Grund neuerlich untersagt.

Revolution – Wild – Wald

Die heute auch von Wissenschaftlern vertretene Auffassung, die Revolution hätte zur weitgehenden Ausrottung des Schalenwildes geführt, ist schlicht absurd und widerspricht jeder Praxis. Das Gegenteil war der Fall. Die neuen Jagdgesetze waren in erster Linie „Schongesetze". Weibliches Schalenwild wurde – teils Jahrzehnte hindurch – mehrheitlich ganzjährig geschont. Ernsthafte „Unterstützer" der Jäger – Luchs und Wolf – hatte man bereits weitgehend ausgerottet. Letztlich wurde und wird die Dynamik eines Wildbestands in erster Linie vom Nahrungsangebot und dessen Verfügbarkeit bestimmt und nicht von der Zahl seiner Nutzer.

In der DDR konnte jagen, wer Mitglied eines Jagdkollektivs war. Diese waren in die staatlichen Forstbetriebe integriert. Die Jagdkollektive hielten Waffen für ihre Mitglieder bereit, es gab aber auch privaten Waffenbesitz. Büchsen waren eher selten. Das meiste Schalenwild wurde mit Flintenlaufgeschossen erlegt, meist ohne Zieloptik. Das erforderte jagdhandwerklich absolut fitte Jäger! Foto: Uwe Kühner

ALS DER KRIEG VORBEI WAR

Nach Ende des Zweiten Weltkrieges jagten zunächst die Besatzungsmächte. Mit Wiedererlangen der Jagdhoheit war es in Westdeutschland den Jägern freigestellt, sich in Verbänden zu organisieren. Solche gründeten sich in allen fortan zur BRD gehörenden Bundesländern zwar sehr schnell, und der Organisationsgrad war hoch. Doch eine Zwangsmitgliedschaft in den Jägerschaften/Jagdverbänden gab es zunächst nur im Saarland, von dem damals noch nicht sicher war, ob es ein Teil der Bundesrepublik oder Frankreichs werden würde. Dort galt – wie im alliierten Westberlin – noch immer das Reichsjagdgesetz. Im Saarland war die Jägerschaft fortan Körperschaft des öffentlichen Rechts. Das blieb sie bis heute, aber die Zwangsmitgliedschaft wurde 1963 aufgehoben.

In der DDR war die Jagd – wie in allen Ländern des ehemaligen Ostblocks – in Jagdgesellschaften organisiert. Wer jagen wollte, musste Mitglied in einer solchen Jagdgesellschaft sein. Diese Gesellschaften waren in die lokalen Forstbetriebe eingegliedert. Einzelpächter oder Eigenjagden gab es nicht. Pacht oder Wildschaden mussten die Jäger nicht bezahlen, wohl aber einen sehr geringen Mitgliedsbeitrag, dessen Höhe vom jeweiligen Einkommen abhing.

Pflichtmitgliedschaft in der Jägerschaft des betreffenden (Bundes)Landes gibt es bis heute in den meisten Ländern des ehemaligen Ostblocks und in allen österreichischen Bundesländern, ausgenommen Vorarlberg und neuerdings das Burgenland.

Die Jägerausbildung erfolgte viele Jahre ausschließlich und auch jetzt noch vielfach durch die jagdlichen Organisationen. Die jagdlichen Organisationen verfügen über die Schießstätten. Damit war und ist eine gewisse Bindung der angehenden Jäger an ihre Jagdverbände/Jägerschaften sichergestellt. Zumindest gab und gibt es eine Einbindung in das Vereinsleben und Informationen über rechtliche Belange. Vor allem aber erschwerte das Solidaritätsgefühl das Äußern konstruktiver Kritik – und das tut es oft bis heute. Wer öffentlich Kritik an der Jagd übt, ist in den jagdlichen Organisationen unerwünscht. Diese – von der Kreis- oder Bezirksgruppe bis zur Dachorganisation – beraten die staatlichen Stellen und Gesetzgeber in jagdlichen Angelegenheiten. Nicht wenige Jagdfunktionäre waren und sind Abgeordnete, teils sogar Minister. Entsprechend ist ihr Einfluss auf die Gesetzgebung.

Kritik gab und gibt es

Kritik an der Jagd gab und gibt es, seit man sie dem Volk nahm, dennoch. Sie konnte in früheren Jahrhunderten den Kritiker allerdings den Kopf kosten. Wo nur mit Repression beantwortete Kritik zum Hass gegen die Herrschenden wurde, endete sie durchgehend blutig. Erinnert sei an die Bauernkriege und letztlich die Revolution von 1848. Mit dem Fall der jagdlichen Privilegien des Adels[3] und der Bindung der Jagd an Grund und Boden traten sehr schnell die neuen, überwiegend bürgerlichen „Jagdherren" an die Stelle des Adels.

Ernsthafte Kritik der bürgerlichen Gesellschaft an der Jagd setzte erst nach der Revolution von 1848 ein. Dem Adel waren seine jagdlichen Privilegien genommen worden und die Bauern atmeten auf, waren sich sicher, von nun an vor den ihre Ernten vernichtenden Schalenwildbeständen sicher zu sein. Das war und blieb bis heute eine Fehleinschätzung. Allerdings haben sie heute einen Rechtsanspruch auf Schadensersatz.

[3] Tatsächlich schützte die Bindung des Jagdrechts an Grund und Boden den Adel davor, das Jagdrecht auf eigenem Grund zu verlieren! Genommen wurde ihm ja nur das Privileg, auf fremdem Grund zu jagen. In vielen Ländern ist das Wild und somit auch das Jagdrecht Eigentum des Staates.

KLAGELIEDER: „ES IST NICHTS MEHR DA" BZW. „ÜBERALL REHE"

DAS LIED VOM LETZTEN REH

Wo immer gemahnt wird, die Wildbestände den Erfordernissen der Waldverjüngung anzupassen, kontern Zweifler und Gegner jeder Abschusserhöhung, es sei ja fast kein Wild mehr da. Das führte dazu, dass von einzelnen Kritikern offen bekannt wird, man schieße traditionell kein weibliches Rehwild, weil auch Vater und Großvater kein weibliches Rehwild geschossen hätten. Schon in der zweiten Hälfte des vergangenen Jahrhunderts wurde in Nordbayern ein Verein zur Rettung des Rehwildes gegründet. Den Tageszeitungen war zu entnehmen, dass dieses in Teilen der Landkreise

Bei Gefahr bevorzugen es Rehe, sich zu verdrücken. Das kostet weniger Energie als eine Flucht. Häufig nehmen sie nur die nächste Deckung an, bleiben unbeweglich stehen und beobachten die Gefahr. So verhalten sie sich meist auch bei Störungen durch Pilz- und Beerensammler. Foto: Bruno Hespeler

bereits ausgestorben sei. Dennoch steigen dort bis heute – wohl auf Druck der Waldbesitzer, der Politik und des öffentlichen Interesses – die Abschusszahlen ...

Dabei sei nicht bestritten, dass früher deutlich mehr Rehwild gesehen wurde. Auch Nichtjäger klagten darüber. Im aufgrund seiner landschaftlichen Struktur absolut rehwildreichen Voralpenland beschweren sich Vermieter von Ferienwohnungen und Fremdenzimmern, dass Stammgäste darüber klagen, kaum noch Rehe in den Wiesen zu sehen. Meist reagieren Vermieter mit einigem Bedauern über diesen Zustand und verweisen auf die junge Förstergeneration, die wildfreie Wälder wolle.

REHE UND IHR VERHALTEN

Rehe leben kleinräumig und bevorzugt an Grenzlinien. Rehwild ist kein Fluchtwild im eigentlichen Sinne. Es liebt auch nicht die Gemeinschaft großer Rudel. Wo wir solche in der Agrarlandschaft zuweilen sehen, handelt es sich um lose, zeitlich begrenzte Versammlungen einzelner Rehfamilien. Sie nutzen – weil es die Struktur der Landschaft erfordert – gemeinsam Nahrungsflächen. Wenn sie satt sind, gehen die Familien wieder eigene Wege.

Wo Rehe temporäre „Zweckgemeinschaften“ bilden, verlangen sie weite Umsicht. Die ist im Feld eher gegeben als auf großen Kahlflächen im Wald. Echte oder vermeintliche Gefahren veranlassen andere Schalenwildarten wie Rot-, Dam- oder Muffelwild, schlicht gemeinsam die Flucht zu ergreifen. Diese Arten unterscheiden sich von den Rehen nicht nur in ihrem sozialen Verhalten, auch hinsichtlich ihres Verdauungssystems.

Wer mit vielen Artgenossen gemeinsam Nahrung aufnimmt, muss sich beeilen. Er kann in der Wiese nicht lange nach einzelnen, besonders schmackhaften und energiereichen Pflanzen suchen. Er muss die Nahrungsaufnahme „rationalisieren“. Dazu bedarf es eines entsprechend großen „Vorratsbehälters“ – eines voluminösen Pansens. Das bedeutet auch, dass mehr Zeit für das Wiederkäuen aufgewendet werden kann/muss und weniger Äsungsintervalle notwendig sind.

Ein Rudel hat viele Augen, die eine auftauchende Gefahr schneller erfassen als zwei oder auch sechs Augen. Ein Rudel wird daher auch von Nutzern[4] früher erkannt als ein einzelnes und zudem verhältnismäßig kleines Tier, wie es ein Reh darstellt.

Für dieses ist eine frühzeitige, weiträumige Flucht – was die notwendige Energie betrifft – eine energetisch teure Angelegenheit. Daher bevorzugen es Rehe, sich einfach zu (ver)drücken. Folgerichtig werden sie von Zoologie und Wildbiologie den „Drückern“ zugerechnet. Solche leben bevorzugt als Rand- oder Grenzlinienbewohner.

Auf großen Freiflächen im Wald tun sie sich – zumindest anfangs – schwer. Sie müssen Abstand zu möglichen Gefahren halten – zu den Forststraßen und zu den Menschen und Autos, die dort verkehren. Die Jäger werden gar nicht umhinkommen,

---

[4] Tiere haben außer dem Menschen keine Feinde. So ist beispielsweise der Habicht nicht der Feind des Kaninchens, sondern dessen Nutzer. Wildtiere töten weder aus Feindschaft, noch aus Ideologie und schon gar nicht aus Eitelkeit, sondern zur Arterhaltung, sie nutzen, um zu überleben!

jede Chance für einen Schuss zu nutzen. Sie sollen ja einen Plan erfüllen. Sie werden folglich gelegentlich auch aus dem Auto schießen, einfach weil das Wild den aussteigenden Jäger nicht aushält.

Das wird zu großen Diskussionen und endlosen Streitereien führen, obgleich das in vielen Revieren seit Jahrzehnten jagdlicher Alltag ist. In den Landesjagdgesetzen (LJG) ist der Schuss aus dem Fahrzeug zwar verboten, und es wird heftig gegen ihn gewettert, aber wenn es keiner sieht, wird er häufig zur Praxis.

Das Problem dabei ist, dass sich alles Schalenwild rasch auf diese Gefahr einstellt. Die meisten Arten werden schnell ihre Fluchtdistanz erhöhen. So verhalten sich auch die Rehe, die sich allerdings – wo möglich – lieber drücken als kräftezehrend zu flüchten.

In Deutschland und Österreich ist der Schuss aus einem Kraftfahrzeug verboten. Wo es doch praktiziert wird, erkennen die meisten Wildtierarten Autos als gefährlich und flüchten.

Foto: Bruno Hespeler

UMDENKEN, WAS DIE BEJAGUNG BETRIFFT

Die Jäger werden deutlich öfter sitzen müssen, ehe sie ein Reh erlegen können. Manche werden auf weitere Distanzen schießen, beides erhöht jedoch die Fluchtdistanz des Wildes. Selbst wenn die Jungbäume nicht wachsen, so wird dies in kurzer Zeit einer Schlagflora gelingen, in welcher die Rehe für den Jäger unsichtbar werden.

Einerseits werden derartige Flächen das Schalenwild zumindest temporär anziehen. Andererseits wird gesteigerte Präsenz des Jägers das Wild noch vorsichtiger machen. Die zur Erlegung eines Stückes Schalenwild notwendige Zeit wird steigen, ebenso die Frustration der Jäger. Das bedeutet, Hindernisse müssen abgebaut und der Jagddruck deutlich reduziert werden.

Natürlich ändern die bis in die Dämmerung hinein andauernden Revierfahrten das Verhalten des Wildes. Eine andere Sache: das Auto unterm Hochsitz oder nicht weit

Deutschland und Österreich sind „Hochsitzländer“. In keinem anderen europäischen Land findet man so viele dieser nicht immer schönen Bauwerke. Das Wild tut sich leicht, Hochsitz, Auto und Jäger miteinander zu verknüpfen. Vielfach wären diskrete Schirme völlig ausreichend.

Foto: Bruno Hespeler

Immer wieder dieselben Fehler

Es muss uns Jäger doch zum Nachdenken bringen, wenn die Rehe seelenruhig äsen, während auf dem Acker neben ihnen der Traktor Furche um Furche zieht, während sie schon flüchtig werden, wenn des Jägers Auto langsamer wird!

Völlig unsinnig und kontraproduktiv ist es, wenn junge Jäger ausgebremst oder kaltgestellt werden, weil sie jagdlich erfolgreich sind. Es hat nichts mit Schießertum zu tun, wenn ein fähiger Jäger an einem Abend drei Rehe sauber erlegt. Aber es kann an Tierquälerei grenzen, wenn ein Jäger das Wild durch seine Anwesenheit acht Monate verunsichert, bis er endlich drei Rehe geschossen hat!

Je mehr Jäger sich auf einer Fläche bewegen, umso höher wird der Jagddruck, und das Wild wird unsichtbar! Dieses Problem besteht verstärkt in Jagdgesellschaften mit vielen Mitgliedern. Häufig gehört ein Drittel dieser der nicht übermäßig aktiven Schicht an. Bei vielen spielt sich die Jagd im Auto ab. Das bedeutet nicht unbedingt, dass sie aus dem Fahrzeug schießen. Vielen genügt es, am Abend die Waldränder und „rehschwangeren“ Schläge abzufahren, um zu beobachten.

von diesem entfernt. Schalenwild ist absolut in der Lage, Hochsitz und Fahrzeug als gefährliche Einheit zu sehen. Wir hinterlassen ja zusätzlich unsere Duftmarken – beim Ansitz wie am Fahrzeug. Das Problem, das uns die Jagd erschwert ist, dass wir uns selbst fast alles und dem Wild verdammt wenig zutrauen. Das Gegenteil ist der Fall!

Bisonherde in Alaska. An der Straße darf nicht gejagt werden, und die Wildtiere sind dort völlig vertraut. Elch, Wapiti und selbst Schwarzbären kann man sogar mitten in den Städten begegnen, während sie in der freien Landschaft flüchten. Es ist die Jagd, die Wildtiere scheu macht, und ihre Scheuheit sagt etwas über die Qualität und das Können der Jäger aus. Foto: iStock/YinYang

Noch ein Problem sei angemerkt

Wir bilden uns ein, keine Zeit zu haben. Wir gehen oft mit dem Gedanken zum Ansitz: „Das reicht noch.“ Dabei warten unsere vierläufigen Gegenspieler schon auf uns. Sie haben schließlich eine Menge Erfahrung im Umgang mit Jägern gesammelt und verdammt viel zu verlieren.

Auch nach dem Schuss haben wir es eilig: Ein Blick durch das Glas bestätigt uns, das Stück liegt. Wir wollen keine Zeit vertrödeln, entladen und treten neuerlich in Erscheinung. Die „Zuschauer“ kombinieren: Hochsitz, von dem es immer wieder knallt. Das Erscheinen des Jägers, oft mit seinem Fahrzeug und Hund. Der Schuss und das getroffene Wild. Gestalt und Witterung des Jägers, der aufbricht und das erlegte Wild versorgt ... War das Wild vor dem Schuss nicht alleine, gibt es mehrere Möglichkeiten:

- Die anderen Stücke stehen noch mit hoher Pulsfrequenz in Sichtweite und gehen bei unserem Erscheinen hochflüchtig ab.
- Manche haben, schon als der Schuss fiel, die nächste Deckung angenommen, wo sie auf das erlegte Stück warten und beobachten, was passiert. Sie bemerken, wie wir unseren Sitz verlassen und verknüpfen Sitz, Jäger und Schuss.
- Das oder die anderen Stücke sind nach dem Schuss und einiger Zeit der Unentschlossenheit leicht beunruhig weitergezogen. Sie werden zurückkommen. Dort werden sie unsere Witterung finden, vielleicht noch die unseres Hundes, die unseres Fahrzeugs, mit dem wir das erlegte Stück abtransportiert haben, aber auch die des erlegten Stückes selbst.
- Schwereres Wild müssen wir – wenn wir alleine sind – an Ort und Stelle oder zumindest in der Nähe aufbrechen. Dabei bleiben eine Menge Geruchsspuren vom Wild wie von uns zurück. So wird der Schussknall für jene Wildtiere, die das öfter erlebten, zum Trauma. Heute verwendet wohl die Mehrzahl der Jäger einen Schalldämpfer. Damit wurde die Jagd deutlich leiser. Nur das sich in der Nähe befindende Wild hört ihn. Je lauter die Landschaft insgesamt, umso weniger stört der Schuss.

Wer einen Hund hat, der wird immer wieder feststellen, dass ihm dieser Stellen verweist, an denen vor Wochenfrist ein Stück erlegt oder aufgebrochen wurde. Er tut das, obwohl er nicht dabei war, selbst dann, wenn es inzwischen geregnet oder geschneit hat, denn Örtlichkeiten, an denen ein Wild erlegt, abgelegt oder gar aufgebrochen wurde, werden von anderen Arten zusätzlich markiert.

Menschliche und „richtige“ Nasen ...

Wir müssen umdenken und von echten, vierbeinigen Profis noch unglaublich viel lernen! Noch im letzten Drittel des vergangenen Jahrhunderts lernten wir, der Hund könne die Spur eines Menschen auf Asphalt oder Beton nach wenigen Stunden nicht mehr erkennen oder gar halten. Hundeführer von Polizei oder Zoll wussten es damals schon besser. Sie orientierten sich an den Erkenntnissen der Wissenschaft, wir bevorzugten die Tradition ...

Wir argumentierten, Witterung von Menschen und Tieren würden nur an Pflanzen, Laub und Holz haften, ja selbst auf unbewachsenem, verwundbarem Boden, nicht aber auf Asphalt. Das war absoluter Unfug! Witterung haftet an Pfote, Huf, Schuh und Hautschuppen.

Die Leichenspürhunde der Polizei riechen sogar Leichen oder Teile von solchen, die bereits Wochen im Wasser liegen! So – und jetzt können wir uns vielleicht vorstellen, welche unglaublichen „Geruchswolken“ sich unserem feinnasigen Schalenwild auftun, wenn wir – oft limitiert auf 100 oder nur 50 Hektar Wald – während der Jagdzeit mehrmals in der Woche unser „Unwesen“ treiben.

DIE REHWILDJAGD IM LAUFE DER ZEIT

Jede Menge alte Zöpfe

Ursprünglich war der Umgang mit Rehen recht unkompliziert, was nicht bedeutet, dass alles unseren heutigen Vorstellungen von Tierschutz entsprach. Aber es ging nie darum, durch „Zuchtauswahl" möglichst starke Trophäen zu züchten. Rehe wurden auch nie gezählt, wie es bei uns noch bis zur Jahrtausendwende verlangt wurde. Gab es viele Rehe, wurden meist viele erlegt. Das Wildbret war wesentlicher Zweck des Jagens. Auf die Idee, Rehe in Güteklassen einzuteilen oder, wenn sie erst einmal mehrjährig waren, ihr Alter bestimmen zu wollen, kam niemand.

So richtig begann das bei uns alles erst in den 1930er-Jahren. Der im Dritten Reich um sich greifende Rassenwahn hatte kuriose Blüten getrieben. Dabei hätte man doch gerade in jenen schlimmen Hungerjahren erkennen müssen, dass ein dicker Bauch kausal primär mit der Verpflegung zu tun hat und nicht mit der Erbmasse! Natürlich war man überzeugt, Rehe zählen und ihr Alter bestimmen zu können. Das alles hat sich in den letzten Jahrzehnten gebietsweise geändert. Doch wirklich erloschen sind die damaligen Leitgedanken noch nicht überall. Selbst die Jagdwissenschaft genierte sich, endlich wieder Klartext zu reden. Sie beglückte uns auch mit wunderschönen Grafiken, die den Jägern Hilfe bei der Abschusserfüllung sein sollten (siehe Grafik auf der nächsten Seite).

Man beachte in der Grafik den Unterschied zwischen männlichem und weibli-

Noch immer gibt es Reviere, in denen die Erlegung eines solchen Jährlings dazu führt, dass ein Jäger seinen Erlaubnisschein verliert. Das ist absurd und dient wohl eher dazu, die Rehwildbestände möglichst hoch zu halten. Foto: Bruno Hespeler

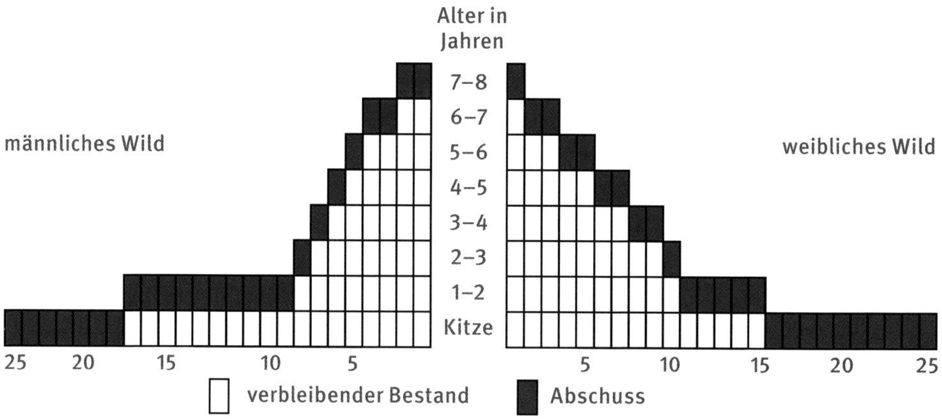

Schematische Darstellung der Gliederung und jagdlichen Behandlung eines Rehwildbestandes von 100 Stück bei einem Geschlechterverhältnis von 1:1 und einem Zuwachs von 100 % des weiblichen Frühjahrsbestandes.

Grafik: Werbeagentur Rypka basierend auf Rolf Henning (aus: „Die Abschussplanung beim Schalenwild“)

chem Wild, vor allem aber, dass man geglaubt hatte, das Alter erwachsener Rehe bestimmen zu können. Ebenso ging man von einem Geschlechterverhältnis von 1:1 aus, auch bei den Neugeborenen. Angeführt wurden in der Literatur aber auch immer wieder Beispiele, die ein Geschlechterverhältnis von bis zu 1:10 nannten. Das sind Zahlen, die schon rein rechnerisch nicht möglich sind, selbst wenn über Jahre hinweg nur männliches Rehwild erlegt wird. Die Natur lässt solchen Unfug einfach nicht zu. Jeder Geburtsjahrgang greift regulierend in das Geschlechterverhältnis ein.

Nachdenken: Ist Rehwildjagd effektiv oder entbehrlich?

Wenn vor allem beim Rehwild die Abschussquoten über Jahrzehnte erhöht wurden, ohne dass die Bestände zusammenbrachen, dann kann in den zurückliegenden Jahren nicht einmal der Zuwachs abgeschöpft worden sein! Dann war die Jagd für die Jäger vielleicht „lustig“, sie war aber ganz sicher auch entbehrlich. Nach 1848 hatte weibliches Reh- und Rotwild in fast allen deutschsprachigen Ländern jahrzehntelang ganzjährige Schonzeit ...

Die Bejagung des Rehwildes ist forstwirtschaftlich nur sinnvoll und notwendig, wenn sie die Wildbestände tatsächlich reguliert. Tut sie das nicht, ist sie für das Wild eher ein Störfaktor und entbehrlich!

DER BRITISCHE WEG ODER WIE ES UNSERE URGROSSVÄTER MACHTEN

Keine andere heimische Schalenwildart hat ein so großes und absolut unterschiedliches Verbreitungsgebiet wie das Rehwild, und keine kommt in ähnlich hoher Dichte vor. Im

Rehwild spiegelt sich Europas Jagdgeschichte, denn in weiten Teilen wird immer noch so gejagt, wie es unsere Urgroßväter taten. Trophäen sind dort sekundär und spielen in manchen Ländern – so wie dereinst auch bei uns – überhaupt keine Rolle. Gejagt wird bei der lauten Jagd mit dem Hund im Spätherbst, geschossen wird nach alter Tradition mit Schrot. In vielen Ländern gibt es nicht einmal einen Abschussplan, was weder an der Nachhaltigkeit der Bejagung noch an der „Qualität" der Rehe irgendetwas ändert. In Großbritannien beispielsweise genossen Rehe noch vor relativ wenigen Jahren auch keinerlei Schonzeit. Niemanden interessierte es, womit sie erlegt wurden. Für die eingebürgerten Muntjaks gilt das heute noch. Dennoch werden sie mehr und nicht weniger.

Rehe wurden ganz offiziell „Varmint" genannt – Schädlinge. Damals gab es in Großbritannien Rehböcke mit unglaublich starken Geweihen, die schlicht entsorgt wurden. Verwertet wurde nur das Wildbret und vereinzelt die Decken. Dann aber entdeckten die Briten, dass die Jäger vom Festland – aus britischer Sicht – eigenartige Menschen waren, denen zwar das Wildbret wenig galt, ungenießbare Geweihe aber fast „vergöttert" wurden. Das änderte die Sicht der Briten auf ihr Varmint.

Man begann nach kontinentalem Vorbild die Rehe zu hegen. Den Gästen ging es einzig um die sekundären Geschlechtsmerkmale der Böcke. Dafür bezahlen die „Festländer" bis heute ordentlich Geld. Das zuvor begehrte Wildbret wurde zum Nebenprodukt, das im Land blieb.

Soweit, so nicht gut. Das Interesse am Rehwild war geweckt. Allerdings nicht mehr als Varmint, das es zu vertilgen galt, sondern als Devisenbringer, den es zu vermehren galt. Dass Geißen Kitze zur Welt bringen, von denen rund die Hälfte zu Böcken wird, war den Insulanern nicht entgangen. In der Folge gab es mehr Rehe und kleinere Geweihe. Damit war Festlandstandard erreicht ...

Zugegeben – noch immer wachsen in Großbritannien starke Rehböcke. Die Landschaft ist längst nicht so kaputtgewirtschaftet wie in Deutschland. Es gibt noch tolle Strukturen. Es gibt unzählige Hecken, und es gibt noch relativ kleinflächigen Gemüseanbau. Die Winter sind, vor allem im Westen und Süden, eher mild. Ein großer Unterschied, mit Rehen umzugehen, ist der: In Großbritannien sagt „Seine Lordschaft" wie sie es zu tun gedenkt. In Deutschland und Österreich sagen das Behörden, Hegeringleiter usw., die darüber befinden, ob ein Rehbock zu Recht oder zu Unrecht erlegt wurde. Dann ist selbiger allerdings schon tot!

Es ist bemerkenswert, welche Böcke in Großbritannien ohne jeden Aufwand wachsen: kein Hegering, keine Klassen, keine Abschussrichtlinien, keine Fütterung – nur Jagd!

Foto: Bruno Hespeler

Ansprechen beim Rehwild

In den 1960er-Jahren ging die Jagdwissenschaft noch von Rehwilddichten bis etwa 20 Rehe/100 Hektar aus. Heute haben wir Beispiele, die mit Hilfe von Markierung und Telemetrie Rehwilddichten von über 100 Rehe/100 Hektar nachweisen. Im Rahmen des Rehwildprojektes Borgerhau wies die Wildforschungsstelle des Landes Baden-Württemberg am 1. April eine Dichte von 81 Rehe/100 Hektar Wald nach, zum 1. September 108 Rehe/100 Hektar Wald. In vielen deutschen Revieren werden seit Jahren nachhaltig um die 30 Rehe/100 Hektar Wald erlegt! In Österreich sind solche Zahlen eher seltene Ausnahmen, wobei zugestanden werden muss, dass auch in Deutschland gebietsweise deutlich weniger erlegt wird.

Noch immer gibt es Jäger, die nur „alte Geißen“ erlegt haben wollen, eine Forderung, die bis vor nicht allzu langer Zeit selbst in manchen Abschussrichtlinien nachzulesen war. „Abschusswürdige“ Jährlingsböcke sollten im Korpus ausgesprochen schwach sein und nur Knöpfe oder geringe Spieße tragen. Alle anderen galten als Zukunftsböcke.

Im Frühherbst durften keine frühzeitig- oder bereits durchgefärbten Rehe erlegt werden, weil sie nach herrschender Meinung jung waren und möglichst nur alte Rehe geschossen werden sollten.

Im Frühling galten jene Böcke, die frühzeitig fegten, als alt, ein Grundsatz, den die Wildbiologie längst widerlegt hat. Dennoch glauben viele Jäger daran.

Böcke, die sich heimlich (vorsichtig) zeigten, galten als alt. Tatsächlich verhalten sich eher ganz junge, noch revierlose Böcke so, um keine „Prügel“ zu beziehen. Weitere Merkmale, die vor allem die Jungjäger und Ausgeher zu beachten hatten, waren Trägerstärke, Rosenstöcke, Gesichtsmaske und Stimme eines Rehs. Auch von diesen Merkmalen ist bekannt, dass sie häufig nicht zutreffen.

Der verantwortungsvolle Jäger sollte mehrmals sitzen und ein bestimmtes Stück immer wieder ansprechen, ehe er schoss.

Dass ein Jäger bei einem Ansitz gleich zwei oder gar mehr Rehe erlegte, galt als völlig „unweidmännisch“. Solche Jäger fanden eher selten wieder eine Jagdgelegenheit oder durften längere Zeit kein Schalenwild erlegen. In Kärnten erlebe ich das bis heute.

Die Schädelknochen aller Rehböcke (auch die Knopfböcke) mussten zur Trophäenschau vorgelegt werden, wo sie von „alterfahrenen Weidmännern“ begutachtet wurden. Ordneten diese einen Rehbock als falsch ein, wurde er mit einem roten Punkt gekennzeichnet, was einer öffentlichen Brandmarkung des Erlegers gleichkam. „Richtig erlegte“ Böcke bekamen einen grünen Punkt. Ab einem gewissen Geweihgewicht wurden ihnen bronzene, silberne oder goldene Medaillen angehängt und die Erleger als besonders fähige Weidmänner in den lokalen Tagesmedien genannt.

Offiziell hat sich vieles geändert. Doch in manchen Gemeindejagden spukt immer noch der „alte Geist des Reichsjägermeisters“, was gerade für jene jungen Jäger zum Nachteil werden kann, die eigentlich Hoffnung und Zukunft der Jagd sein müssten! Wenn die Jagd im traditionellen Sinne überleben und die schweren Aufgaben der Zukunft meistern will, muss sie einen Befreiungsschlag schaffen!

REHWILDBESTAND & ABSCHUSSPLAN

Lange wurde dem Jäger erzählt, ohne Jagd würden die Wildbestände so lange wachsen, bis sie infolge Nahrungsmangel und Seuchen zusammenbrächen. Das ist blanker Unsinn, der aber heute noch in vielen Köpfen rumort. Vor allem die Rehwildbestände regulieren sich primär über das Nahrungsangebot. Dieses bestimmt die Kondition der Tiere und damit auch ihre Widerstandsfähigkeit, ihre Fortpflanzungsleistung, ihr Geschlechterverhältnis und ihre Sterblichkeit.

Länder, welche die Schalenwildbestände dennoch „zählen", wissen dies sehr wohl. Sie erfassen im Grunde nur Bestandstrends. Meist zählt in diesen Ländern geschultes Fachpersonal, wie in der Schweiz die eidgenössischen Wildhüter.

Selbst beim Versuch, nur den Trend zu ermitteln, kann es zahlreiche Probleme geben. Dazu gehören grobe Veränderungen der Landschaftsstruktur (z. B. großflächiger Waldverlust und Neuentstehung durch Stürme, Brände, Insekten). Veränderungen in der Agrarlandschaft (Wild wird während der Vegetationszeit unsichtbar), veränderte Infrastruktur und damit veränderte Sichtbarkeit und letztlich Änderungen in der Freizeitnutzung der Landschaft. Das sind alles Faktoren, die das Bild, welches wir von der Dichte des Wildbestandes haben, gewaltig verfälschen können.

Dass die Verfahren, in denen erfasst wird, hinsichtlich Zähltagen, Tages-/Nachtzeit, Fahrleistung und Wetterlage auch etwa vergleichbar sein müssen, versteht sich von selbst.

Vom Jäger kann man ehrlicherweise keine fundierten forstlichen Kenntnisse erwarten. Aber man kann ihm den Blick schärfen und vor allem sagen, was das konkrete Ziel ist. Vielfach wird vom Jäger – wenn überhaupt – nur die Abschusserfüllung gefordert, und manchmal entsteht sogar der Eindruck, dass Waldbesitzer selbst gar nicht so genau wissen, was sie wollen und was tatsächlich erforderlich wäre. Bis heute wird bei der Jungwuchspflege und bei Durchforstungsmaßnahmen Laubholz viel zu häufig „aus Prinzip" herausgehauen. Gepflanzt wurde bisher auf großer Fläche fast ausschließlich Nadelholz. Ein paar wenige „Käfige" mit Laubholz oder Weißtanne sollen die Trostlosigkeit derartigen Waldbaus kaschieren. Ein guter, praxisnaher und kostenloser Weg, die Jäger und Waldbesitzer zu sensibilisieren, sind Traktlinien. In der Regel werden hierzu 50 Meter lange Linien am Anfang und Ende dauerhaft verpflockt. Dabei ist es vertrauensbildend, wenn die zuständigen Jäger bei der Festlegung der Örtlichkeit mit eingebunden werden. Zunächst muss

Vegetation anschauen

In Deutschland gibt es inzwischen etliche Bundesländer, in denen der Rehwild-Abschussplan längst abgeschafft wurde, ohne dass es zu nachteiligen Entwicklungen kam. Es ist auch nicht nachvollziehbar, dass Behörden oder Hegeringe dem Jäger sagen, wie hoch sein Wildbestand ist. Es kann nur drei wesentliche Kriterien zur Findung einer angepassten Abschusshöhe geben: Der Vegetationszustand ist in Ordnung, kritisch oder untragbar. Angepasst sind die Wildbestände, wenn die dem Standort entsprechenden Baumarten – soweit in den Altbeständen ausreichend vorhanden – ohne technische oder chemische Hilfsmittel in ausreichender Zahl über den Äser wachsen.

Freiheit statt jagdlicher Sozialismus

In der Regel wird dem Jäger mitgeteilt, dass er aufgrund des Vegetationsgutachtens mehr schießen müsse. Sofern diese Aussage für einzelne Reviere getroffen wird, kann der Jäger vielleicht noch damit umgehen. Häufig wird diese Aussage aber pauschal für eine ganze Hegegemeinschaft gemacht, wobei die Verbiss-Situation in einer solchen Gemeinschaft selten einheitlich ist. Da erwartet man dann auch von jenen, die sich Jahre hindurch redlich um einen der Waldsituation angepassten Wildbestand bemüht haben, dass sie noch mehr reduzieren, während der eine oder andere Nachbar ungehindert mauern darf.

Gelegentlich ist ein Revierinhaber durchaus bereit und in der Lage, mehr Wild zu erlegen, bekommt aber von anderen Jägern Druck. Dabei könnte gerade er diese anderen Jäger entlasten.

Jener, der mauert, darf sich mit dem zufrieden geben, was kollektiv von allen verlangt wird. Nicht selten haben selbst Waldbesitzer wenig Interesse an einer Änderung. Sie pflegen ihre Fichtenjugend, pflanzen oft in viel zu geringem Abstand, geben jedem Jungbaum einen Stab, streichen ihn mit einem Verbissschutzmittel, kesseln ihn in den ersten Jahren regelmäßig aus und sorgen dafür, dass er nicht von „wertlosen“ Sträuchern und Beihölzern bedrängt wird. Es wäre Sache des Waldbesitzers, mit dem verantwortlichen Jäger die „Problemflächen“ anzuschauen und sein Betriebsziel bekanntzugeben. Es ist wenig hilfreich, wenn nur „Verbissprozente“ ermittelt und bekanntgegeben werden. Der Jäger muss das konkrete Ziel „seines“ Waldbesitzers kennen, also die erforderlichen Anteile der einzelnen Hauptbaumarten in der Verjüngung. Und es ist hilfreich, sich auf ein Kontrollverfahren zu verständigen, das den Beteiligten ohne großen Aufwand die tatsächliche Situation aufzeigt.

das waldbauliche Ziel festgelegt werden. Welche Baumarten will ich/benötige ich und in welchem Maße müssen sie in den Altbeständen vorhanden sein?

Die auf der Linie wachsende Verjüngung muss nicht besonders üppig sein, darf aber auch nicht völlig fehlen. Erfasst werden Pflanzen – von 10 cm bis Äserhöhe, je nachdem, welche Wildarten auf der Fläche vorkommen – jeweils einen Meter rechts und links der Linie. Selbstverständlich müssen temporär auf der Linie eingetretene Fällungs- oder Rückeschäden berücksichtigt werden.

Wenn bei diesen Aufnahmen jedes Jahr, neben der Zahl vorhandener Baumarten, auch Leit- und Seitentriebverbiss erhoben werden, ist mühelos zu erkennen, welche Arten bevorzugt verbissen werden und wie hoch in welcher Altersstufe die Verluste sind, beziehungsweis ob die vorhandene, unverbissene Verjüngung nach Baumarten und Zahl ausreichend ist, um das Betriebsziel zu erreichen.

SÜNDENBOCK ROTWILD

WENN STREIFGEBIETE GRÖSSER SIND ALS JAGDREVIERE

Zur Erinnerung und zum Vergleich: Rehwild verlangt keine besonders großen Streifgebiete, es ist auffällig standorttreu und verhält sich zumindest einen Teil des Jahres territorial. Es bildet keine echten Rudel, lebt eher familiär, und die erwachsenen Böcke sind, außer im Winter, typische Einzelgänger. Bei aller Individualität kommt es mit Streifgebieten um die 30 Hektar durchaus zurecht. Allerdings wechseln im

Die Begegnung mit einem Hirsch in der Brunft ist für den Jäger ein bewegendes Erlebnis, selbst wenn er nicht zu Schuss kommt.
Foto: Bruno Hespeler

Gebirge manche Rehe zwischen Winter- und Sommerlebensraum, doch große Wanderungen sind das selten. Rehe gleichen Verluste relativ schnell aus, ebenso hohe Siedlungsdichten, indem vor allem Jährlinge abwandern. Steigen die Abschussquoten und somit auch der Jagddruck, werden sie vorsichtig. Ihre Sichtbarkeit und damit der Jagderfolg des Jägers sinken.

Diese wenigen Merkmale des Rehwildes sind Garanten dafür, dass es viel schneller geht, entstehende Lücken wieder aufzufüllen als die Tiere innerhalb einiger Jahre „auszurotten“. Daher bedarf es, wo Jäger verantwortlich jagen, auch keiner Abschusspläne. Wo Jäger dies nicht tun, ändern auch die Abschusspläne absolut nichts!

Beim Rotwild, aber auch bei anderen Rudelwildarten, ist das doch etwas anders. Deren Lebensräume waren ursprünglich Offen- oder Halboffenland. Zwar gibt es in den meisten mitteleuropäischen Ländern mehr landwirtschaftliche Flächen als Wald, doch ist das Offenland von diesen Wildarten häufig nur noch in der Nacht nutzbar.

Rotwild lebt in sozialen Strukturen und fühlt sich in größeren Gemeinschaften am sichersten. Je mehr Tiere zusammenleben, umso weniger Zeit muss das einzelne Rudelmitglied für seine Sicherheit aufwenden. Äsungsflächen werden gemeinsam und wenig selektiv genutzt. Da die Tiere nicht territorial sind, verteidigen sie ihre Äsungsplätze auch nicht. Erst wenn sie sich beim Äsen besonders nahekommen, werden die unterschiedlichen Ränge deutlich. Kämpfe entstehen dabei nicht. Es genügen Gesten (Körpersprache), um Distanz zu halten.

Die Geschlechter leben – was die erwachsenen Tiere betrifft – fast das ganze Jahr hindurch getrennt. Im Winter nutzen zwar beide Geschlechter dieselben Fütterungen (auch das Gegenteil kommt vor), aber auch

Wo Rotwild nicht von Mai bis Januar bei Tag und Nacht bejagt wird, sieht man auch solche Bilder ... Foto: iStock/Matt Gibson

dann findet man sich meist getrennt ein und geht auch wieder getrennt auseinander. Nur in der Brunft sind diese Schranken aufgehoben. Dann „leisten sich“ die älteren und erfahrenen Hirsche eigene Brunftrudel, die sie verteidigen. Ihnen unterlegene „Kollegen“ halten sich am Rande dieser Rudel oder in deren Nähe auf. Kein Hirsch verteidigt eine Äsungsfläche, eine Fütterung oder den Brunftplatz. Nur das Brunftrudel wird verteidigt.

Manche Hirsche leben die meiste Zeit des Jahres fernab ihrer Brunftplätze und wandern nach der Brunft oder am Ende der Fütterungsperiode wieder zurück. Sommer und Wintereinstände können weit auseinander liegen.

Rotwild reagiert weit empfindlicher auf Jagddruck wie auf Störungen allgemein. Bei Gefahr verdrückt es sich nicht – es flüchtet. Die Jahresstreifgebiete sind um das Mehrfache größer als jene des Rehwildes. Daher ist Rotwild anders zu betrachten und zu behandeln als Rehwild.
Die Nachwuchsraten des Rotwildes sind deutlich geringer als jene der Rehe. Von

der Jagd verursachte Lücken werden nicht so schnell aufgefüllt. Dennoch finden wir gerade im Alpenraum mancherorts unverantwortlich hohe Rotwilddichten, die mit traditioneller Jagd kaum mehr abzubauen sind.

„TEILZEITREVIERE"

Da Rotwild großräumig lebt, muss es ebenso großräumig behandelt werden. Ob im Gebirge oder im Flachland, in vielen Rotwildrevieren hält sich diese Wildart keineswegs ganzjährig auf. Es gibt reine Feisthirschreviere, in denen die Hirsche nur die Sommermonate verbringen, ehe sie ihre traditionellen Brunftreviere aufsuchen. Ebenso gibt es reine Kahlwildreviere, darunter auch solche, in denen das Wild bereits im Oktober in die Wintergatter zieht.

Zwar werden heute schon die Abschussziffern primär für ganze Hegegemeinschaften berechnet und festgelegt, dann aber doch wieder überwiegend auf die einzelnen Reviere aufgeteilt. Wo welches Wild wann und wo steht, lässt sich bei Erstellung der Abschusspläne nicht immer sagen. Auch das Zeitbudget der Jäger lässt sich selten voraussagen. Schießen kann der Jäger jedoch nur, wenn er zur selben Zeit wie das Wild in seinem meist kleinen Revier ist. Wo sich das Wild wann aufhält, bestimmt nicht er, sondern neben Land- und Forstwirtschaft die Freizeitnutzung der Landschaft durch den Menschen.

Weit zielführender als die derzeit übliche „Buchhalterei" und Verteilungsgerechtigkeit wäre es, den gesamten Abschuss allen Jägern eines Hegerings oder einer Rotwildgemeinschaft freizugeben. Wer sein Handwerk versteht, macht Beute. Vereinzelt gilt diese Praxis schon. Machbar wäre dennoch die individuelle Zuteilung einzelner älterer Hirsche. Praktikabel wäre ebenso die dauerhafte Zuteilung von Hirschen für einen Zeitraum von vielleicht fünf Jahren oder gar für die Pachtdauer des Reviers. Das hätte den Vorteil, dass der Jäger nicht mehr unter Zeitdruck stünde. Beispiel: Der Pächter einer kleinen Eigenjagd bekommt für fünf oder auch zwölf Jahre einen sogenannten „Erntehirsch" frei. Wenn ihm der richtige Hirsch kommt, darf er ihn schießen. Ob das im ersten oder im letzten Jahr seiner Pacht geschieht, spielt keine Rolle.

Das Wild ist wichtig, nicht die Trophäe!

Bei Hege und Jagd des Rotwildes wird es in absehbarer Zeit nicht mehr primär um Trophäen, Punkte und Medaillen gehen, sondern um die Erhaltung und Gesundheit einer Art in einer immer enger, zerstückelter und unruhiger werdenden Landschaft! Es genügt nicht, diese Tierart dem Wild zuzurechnen, gleichzeitig aber wie Vieh im Wechsel von Freiluftstall und sommerlichem Weidegang zu behandeln.

Die heutige Technik ermöglicht problemlos eine zeitaktuelle Information über den Grad der Abschusserfüllung. Trotzdem ist denkbar, dass im Einzelfall der Zeigefinger eines Jägers schneller ist als die Nachricht via Smartphone. Mehrheitlich wäre das eher positiv zu sehen!

Das Bundesland Kärnten, in dem die Rotwildschäden – wie in den anderen österreichischen Bundesländern – trotz Jahrzehnten der „Reduktion" permanent steigen, beschritt man einen neuen Weg. Einen Hirsch darf nur noch erlegen, wer zuvor im Kerngebiet mindestens drei Stück Kahlwild erlegt hat und im Randgebiet vier Stück! Bei den Jägern gingen die Wogen – trotz verheerender Schälschäden und dem Absterben ganzer Bergzüge – unglaublich hoch.

Tatsächlich sind viele Rotwildreviere nur auf dem Papier solche. Gerade im alpinen Raum, aber keineswegs nur dort, gibt es viele kleine Eigenjagden, die zwar in einem Rotwildgebiet liegen, tatsächlich aber aufgrund ihrer Kleinheit oder ihrer besonderen Struktur oder Lage nicht ständig vom Rotwild genutzt werden. In vielen Revieren steht dieses nur während gewisser Zeiten, um sich dann wieder umzustellen. Warum also diese furchtbare Bürokratie, die letztlich die Abschusserfüllung erschwert, den Jagddruck erhöht und damit unter Umständen auch die Schäden?

Natürlich spielt auch die Zeit, die der Jäger für die Jagd aufbringen kann, eine große Rolle bei der Abschusserfüllung, ebenso sein jagdliches Können – seine Erfahrung. Warum also nicht innerhalb eines Rahmens freigeben? Politiker bemühen bei jeder passenden oder unpassenden Gelegenheit die Behauptung „das regelt der Markt". Warum darf das bei der Jagd nicht sein? Die Natur hält sich nicht an Verordnungen.

WAS DIE ROTWILDBEJAGUNG SO SCHWIERIG MACHT

Wir müssen zwingend davon ausgehen, dass – besonders in den Erholungsgebieten – die uns tatsächlich zustehende Jagdfläche weiter schrumpft. Die einzelnen Reviere werden durch Verbauung, Infrastruktur und Revierteilung kleiner. Sicher scheint auch, dass die Störungen der Jagd durch Sportler und Erholungssuchende signifikant zunehmen werden. Unter solchen Umständen wird es in der Zukunft unverantwortlich sein, aus einem irrationalen „Gerechtigkeitsempfinden" heraus den Abschuss nach den Kriterien Geschlecht, „Güte" und Alter revierweise aufzuteilen. Uns Jägern wird seit Jahrzehnten der Vorwurf gemacht, es ginge uns in erster Linie um Trophäen. Ebenso lange dementieren wir dies. Dieser Vorwurf hatte früher jedoch weit weniger Gewicht als heute, weil er inzwischen mit den Waldschäden verknüpft wird. Diese sind vor allem für kleinere und mittlere Waldbesitzer mitunter existenzbedrohend. Wenn überhaupt, dann wurde bisher viel über die Vermeidung von Schälschäden debattiert. Es wurden zahlreiche Lösungsvorschläge auf den Tisch gelegt, die nicht selten eher kontraproduktiv waren: Bau von Wintergattern, Umstellung der Fütterungen, Schutz schälgefährdeter „Z-Stämme", Anlage von Äsungsflächen, Einrichtung von Ruhezonen, die meist den Jäger ausklammern. Gehört werden Experten und die Wildbiologen der Jagdverbände. Es entsteht oft der Eindruck, die auf den Tisch gelegten Vorschläge sollten vor allem eins – die notwendige Reduktion des Wildbestandes vermeiden!

Kurz und effektiv

Es wird darum gehen, die notwendige Regulierung der Bestände in möglichst kurzer Zeit und bei möglichst geringem Jagddruck durchzuführen! Schließlich geht es um Bejagung und nicht um Guerilla.

In den meisten deutschen Bundesländern ist das Rotwild heute zumindest neun Monate lang Jagddruck ausgesetzt. In Österreich sind es mehrheitlich acht Monate. Dazu kommt die Nachtjagd. Das grenzt an Tierquälerei! Dennoch wird in beiden Ländern lokal regelmäßig eine Verlängerung der Jagdzeiten gefordert.

Anders jagen: Blick in die Schweiz

Jenseits des Rheins liegt die Schweiz, mit einem sehr straffen Jagdsystem. Im alpinen Raum gilt fast ausschließlich das Patentjagdsystem. Die dortigen Jäger schaffen es – trotz erheblicher sachlicher Einschränkungen – den festgelegten Abschuss von Rot-, Reh- und Gamswild in drei Kalenderwochen im September fachgerecht zu erledigen. In diesen drei Wochen liegen zusätzliche Schontage!

Ermöglicht wird das durch die fast ganzjährige Jagdruhe und die Ausweisung von Banngebieten, in denen nicht gejagt werden darf. Die Jagdaufsicht liegt in den Patentkantonen nicht in Händen von Aufsichtsjägern/Jagdaufsehern, die einem Pächter verpflichtet sind. Zuständig sind bestens ausgebildete kantonale Wildhüter, die – je nach Kanton – in die Kantonspolizei, die Forst- oder in die Veterinärbehörde eingegliedert sind. Kein erlegtes Stück Schalenwild verlässt das Revier, ohne dass es dem Wildhüter vorgelegt sein? Die Natur hält sich nicht an Verordnungen.

Die Abschussregeln sind fast immer relativ simpel, so dass sie jeder Jäger versteht. Maßgeblich sind wildbiologische und ökologische Kriterien, losgelöst von Trophäenwünschen. Als die Jägerschaft und die Jagdverwaltung in Graubünden vor Jahren den Eindruck hatten, es gäbe zu wenige alte Hirsche, wurden einfach für drei Jahre alle Kronenhirsche gesperrt. Danach waren die alten Hirsche wieder da ...

Patentjagd

Im Schweizer Patentjagdsystem darf der Jäger im Prinzip im ganzen Kanton jagen. Teilweise werden von der Jagdverwaltung auch kleine Jagdgruppen gebildet, denen bestimmte Gebiete zugewiesen werden. Alljährlich wird der freigegebene Abschuss auf die jagdberechtigten Jäger des Kantons aufgeteilt. Wenn notwendig, wird noch eine „Nachjagd“ angeordnet. Steinwild, Fuchs, Marder und Niederwild haben eigene kurze, teilweise überlappende Jagdzeiten. Das rechtmäßig erlegte Wild gehört dem Jäger. Wild, das nicht freigegeben war, wird beschlagnahmt und an Krankenhäuser, Altersheime und ähnliche Einrichtungen verteilt und der Schütze sanktioniert. Jeder Kanton achtet auf den Tierschutz. Daher bestimmen die kantonalen Jagdgesetze auch die maximale Schussentfernung. In allen Kantonen der Schweiz – auch in den „Revierkantonen“ – ist eine alljährliche Schießprüfung vorgeschrieben. Diese ist Voraussetzung zum Erwerb oder zur Verlängerung des Jagdpasses.

DIE ZUKUNFT DES ROTWILDES

LANDSCHAFTSZERSTÜCKELUNG UND IHRE AUSWIRKUNG AUF DIE ROTWILDJAGD

Niemand wird von einer Änderung unserer wirtschaftlichen Doktrin ausgehen. Sie gilt längst auch in Machtbereichen, die wir dem Kommunismus zurechnen. Damit wird der Grundsatz „Wachsen oder weichen“ seine Gültigkeit nicht verlieren. Es kann auch niemand einen Rückbau unserer Infrastrukturen erwarten. Die Landschaftszerstückelung und die Bodenversiegelung werden weitergehen. Wie die Wälder der Zukunft aussehen werden, wissen wir auch nicht. Wahrscheinlich ist, dass die Probleme für das Rotwild wie für die Waldbesitzer wachsen werden. Mit ihnen steigt nicht nur der Druck auf das Wild, sondern auch auf die Jäger.

Was Deutschland betrifft, so ist der genetische Austausch dieser Wildart heute schon stark eingeschränkt. Unter „Hege“ wurde bisher vor allem das Erzielen mög-

Eine Grünbrücke in Polen, über die Tiere – vom Laufkäfer bis zum Rothirsch – gefahrlos die Autobahn queren können.
Foto: iStock/bbsferrari

lichst vieler Hirsche, Rehböcke oder anderer Wiederkäuer mit starken Trophäen verstanden.

Das zentrale Problem des Rotwildes sind jedoch seine Verinselung und sein Einfluss auf die Vegetation. Im Vergleich mit anderen europäischen Ländern ist Deutschland hierbei ein absolutes Entwicklungsland! Grünbrücken, welche diese Inseln verbinden, findet man äußerst selten. Das Nachbarland Polen hat in etwa die Größe Deutschlands, aber das Vielfache an Grünbrücken. Dies gilt vor allem für alle Autobahn-Neubauten der letzten zehn Jahre. Wir finden dort Grünbrücken (siehe Foto auf S. 38) teilweise im Abstand von nur einem oder zwei Kilometern.

Österreich ist nicht mit diesen kostspieligen Bauwerken gesegnet. Doch bedingt durch seine Topographie führen Straßen und Bahnlinien über zahllose längere Brücken, ebenso durch Tunnels. Solche Bereiche verbinden die Wildlebensräume. Allerdings ist es wahrscheinlich, dass sich besonders in den Tallagen Industriegebiete und Wohnsiedlungen weiter ausdehnen und zu Sperrriegeln werden. Dabei werden der Individualverkehr und die notwendige Infrastruktur noch gewaltig zunehmen. Das bedeutet weiteren Ausbau des Straßennetzes, den Bau von Schutzzäunen und somit weitere Zerstückelung der Lebensräume.

Verbindung von Lebensräumen

Nicht die Trophäenproduktion und nicht die Fütterung, sondern die Verbindung der verinselten Lebensräume werden künftig die wichtigsten „Hegefaktoren" sein – es sei denn, man ist bereit, auf Rotwild und andere große, freilebende Wiederkäuer zu verzichten!

JAGDZEITEN & REVIERGRÖSSEN

Es ist nicht auszuschließen, dass die Bejagung des Rotwildes in der Zukunft noch mehr zum Privileg wie auch zum Problem wird. Dies würde sich zur Notwendigkeit intensiver, aber gleichzeitig schonender Bejagung absolut kontraproduktiv verhalten. Schon heute sind die Jagdzeiten unverantwortlich lang. Andererseits sind die meisten Jagdreviere für eine eigenständige Rotwildbejagung viel zu klein.

Dem stehen seit Jahren die Forderungen gegenüber, die Mindestgrößen für Rotwildreviere deutlich anzuheben und in ihnen Berufsjäger zu beschäftigen. Beides sind Utopien. Ein Rotwildrevier, das eine wirklich eigenständige „Bewirtschaftung" rechtfertigt, beginnt bei 10.000 Hektar, wobei der Großteil der Fläche Wald sein muss. Für eine sachgerechte Abschusserfüllung wäre mehr als ein Berufsjäger erforderlich. Die wären jedoch an die Weisungen ihrer Arbeitgeber gebunden. Schon die Zahl eventueller Pachtinteressenten würde sich unter diesen Bedingungen drastisch reduzieren.

Wir sollten darüber nachdenken, was wir von den Schweizer Patentkantonen bei der Rotwildbejagung übernehmen könnten. Das würde in keiner Weise die Aufgabe des Reviersystems bedeuten. Doch wenn die Schweizer Jäger in weniger als drei Wochen die Regulierung von drei Schalenwildarten gleichzeitig schaffen, müsste es auch möglich sein, dies beim Rotwild in zwei vergleichbaren Blocks zu bewältigen. Diese beiden Blocks müssten auch nicht von Rügen bis zu den Karawanken einheitlich sein. Bezirke in Österreich und Landkreise in Deutschland könnten hier durchaus ihre speziellen Verhältnisse berücksichtigen. Wichtig wäre, dem Rotwild wieder mehr Ruhe zu verschaffen, auch und vor allem in der Setz- und Aufzuchtszeit. Es ist die Frage, ob man das will.

Eine solche Lösung könnte für das Rotwild eine jagdberuhigte Zeit von sechs bis sieben Monaten am Stück und dazwischen noch kürzere Ruhepausen ermöglichen. Deutsche und österreichische Jäger würden einen Jagdverzicht in der Brunft als unzumutbar werten. Das heißt aber, dass es weniger um das Wild als um das jagdliche Vergnügen geht. Für das Rotwild wäre die Verlängerung der jagdberuhigten Zeit ein Gewinn.

Nicht selbst degradieren!
Man kann doch nicht ernsthaft sagen, dass die Jäger in Deutschland und Österreich in vier oder fünf Monaten nicht zusammenbringen, was Schweizer Jäger in nicht einmal drei Wochen schaffen. Das wäre eine absolute Bankrotterklärung!

URSACHE UND FOLGE VON JAGDDRUCK

In Deutschland wie in Österreich wurde die Bejagung des Rotwildes, welche ja dazu dienen soll, die Bestände tatsächlich zu regulieren, zeitlich immer mehr ausgedehnt. Dabei stieg in vielen Revieren in den letzten Jahren der zur Erlegung eines Stückes notwendige Zeitaufwand teils exorbitant. Damit dreht sich eine Endlos-Spirale, die irgendwann die traditionelle Rotwildjagd beenden wird.

Ist das noch Jagd?
Wenn eine so sensible Wildart wie das Rotwild länger als das halbe Jahr – bei Tag und Nacht – unter Feuer genommen wird, handelt es sich nicht mehr um Jagd, sondern um Guerilla!

Der von forstlicher wie von jagdlicher Seite unter Druck gesetzte Gesetzgeber reagiert eher hilflos. In seiner Hilflosigkeit erlaubte er teilweise die Nachtjagd unter Verwendung von Nachtzielgeräten. Dass diese vielerorts schon längst illegal zum Einsatz kamen und damit die Situation noch verschlimmert wurde, will er nicht wissen. Selbst Rehwild wird heute – verbotenerweise – mancherorts schon bei Nacht bejagt. Damit steigt der Jagddruck dramatisch.

Noch immer wird eine zielführende Bejagung durch wildbiologisch zum Teil widersinnige Abschussregeln erschwert bis verhindert. Dazu gehören die aus den 1930er-Jahren stammende Regelungen über die Länge der Spieße bei den Rotwildjährlingen ebenso wie der Fokus auf Hirsche, die keine starken Kronen versprechen. Es wäre dringend geboten zu überlegen, was wir wollen? Geht es darum, eine faszinierende Wildart zu erhalten oder um die Ernte möglichst starker Trophäen? Geht es um einen intakten Lebensraum oder um die in internationalen Punkten zu messenden und mit Medaillen zu behängenden sekundären Geschlechtsmerkmale des Wildes?

Wir fühlen uns mit unseren wissenschaftlich untermauerten Zahlenspielereien auf der sicheren Seite. Was wir übersehen ist die Tatsache, dass wir mit unserem Pochen auf Wintergatter bereits die Voraussetzungen für eine „technische Lösung des Rotwildproblems" geschaffen haben. Schon vor Jahrzehnten wurden in Bayern Vorschläge diskutiert, Wintergatter mit EU-konformen Schlachthäusern zu verbinden! Dazu würde noch das EU-Gütesiegel „Wildfleisch aus tierschutzgerechter Freilandhaltung" passen! Die Jagd hofft kollektiv auf die Politik als stabilen Mörtel, der die Mauern, die sie errichtet hat, hält!

Man wird mir diese Bilder als pure Polemik ankreiden. Die Zukunft wird zeigen, ob es tatsächlich eine solche war. Ein Blick nach Neuseeland lohnt ...

Man wird – was die als Anregung gedachten Vorschläge zur Straffung der Rotwildjagdzeiten betrifft – dagegenhalten, dass wir vor allem beim Rehwild nicht auf die Bejagung in den Frühjahrsmonaten verzichten können und somit ohnehin gejagt würde. Gut – aber der Jäger wird ja auch heute nicht in den Rotwildeinständen herumsitzen, um Schmalrehe und Knopfböcke zu erlegen! In Österreichs Bundesländern dürfen Rehböcke ohnehin erst im Juni erlegt werden. Lediglich Jährlinge „genießen" eine vorgezogene Schusszeit, die in vielen Revieren überdies nicht wirklich genutzt wird, weil immer noch nach gut oder schlecht veranlagten Jährlingen selektiert wird. Verstanden wird das wohl nur in Österreich. Klar – da sind ja auch noch die Schmalrehe, die im Mai und teilweise schon ab Mitte April erlegt werden dürfen. Da sei die schüchterne Frage erlaubt, wie hoch der Anteil der im Frühjahr erlegten Schmalrehe an der Gesamtstrecke ist?

Rotwildbejagung in Schottland

Die schottischen Highlands sind für ihr Rotwild bekannt. Tiere dürfen dort vom 21. Oktober bis 15. Februar bejagt werden, Hirsche das ganze Jahr über. Niemand schreibt dem Revierinhaber vor, wann er das tut. Fast alle sind bemüht, dies in möglichst kurzer Zeit zu tun, um den Jagddruck gering zu halten.

Vorschlag einer konzentrierten Rotwildbejagung

Jan.	Febr.	März	Apr.	Mai	Juni	Juli	Aug.	Sept.	Okt.	Nov.	Dez.
Vorschlag einer Rotwildbejagung im Gebirge (schneereich)											
						■	■	■	■		
Vorschlag einer Rotwildbejagung im Flachland und Mittelgebirge (schneearm)											
■									■	■	■
Alternativer Vorschlag											
■						■	■			■	■

Bei allen drei Modellen hätte das Rotwild während der Setz- und frühen Aufzuchtszeit eine absolute Jagdruhe. Die Zeit seiner Bejagung wäre immer noch mehr als fünfmal länger als in den Schweizer Patentkantonen!

Nein, es muss nicht sein, dass jeder Rotspießer erlegt wird, aber die Beschränkung der Spießlänge auf „Lauscherhöhe“ und die Sanktionierung von Jägern für diesbezügliche „Fehlabschüsse“ sind kontraproduktiv! Vernünftiger wäre es, geringe Spieße endlich als Zeichen deutlich überhöhter Rotwilddichten und/oder eines gravierenden Jagddrucks zu sehen! Foto: Monika Baudrexl

Auch diese Abwurfstange stammt von einem Hirsch vom 1. Kopf, aus einem Gehege der Oberpfalz, bei naturnaher Fütterung. Solche Beispiele sind nicht allzu selten. Foto: Bruno Hespeler

Wer mehr Druck macht (machen muss), erlegt weniger

Der Trend geht seit Jahren zu immer früher beginnenden und immer später endenden Jagdzeiten, ebenso zu immer mehr Jägern auf der Fläche. Beides ist im Grunde absolut kontraproduktiv. Daraus haben viele Landesforste die Konsequenzen gezogen. Sie drosseln die Verpachtung ebenso wie die Vergabe von Pirschbezirken. Sie machen Sammelansitze und Bewegungsjagden auf großer Fläche. Eine Erfolgsgarantie gibt es auch für diese nicht, in Summe sind die Ergebnisse jedoch nicht schlecht.

Für heftige Diskussionen sorgt das Thema Kirrung. In beiden Ländern war zumindest das Kirren von Wiederkäuern zum Zwecke des Abschusses lange verboten. Das änderte sich in Deutschland im letzten Drittel des 20. Jh. Zunächst wurde es in Süddeutschland legal und schließlich zur gängigen, von jagdlichen Organisationen sogar empfohlenen Praxis. In Norddeutschland dauerte das Umdenken etwas länger. In Österreich ist bis heute nur das Kirren des Schwarzwildes erlaubt. Zuwiderhandlungen werden sanktioniert.

Zentnerweise liegen die Äpfel am Boden und verfaulen, weil sie niemand mehr verwerten will. Die Rehe dürfen sich bedienen. Der Jäger darf einen Sitz aufstellen und die zu den Äpfeln kommenden Rehe erlegen – alles in Ordnung. Nimmt der Jäger zehn Äpfel mit und wirft sie irgendwo anders vor einen Hochsitz, betreibt er eine Kirrung. Foto: Bruno Hespeler

Dennoch wird teilweise auch hier, vor allem in Eigenjagden, gekirrt. In den Gemeindejagden mit reichlich konservativer Jagdleitung und hoher Jägerzahl ist das gefährlich. Vielfach kontrollieren sich die Mitglieder von Jagdgesellschaften gegenseitig. Neben Jägern, welche die Zeichen der Zeit längst erkannt haben, gibt es jene, welche die Kirrung als nicht weidgerecht bezeichnen. Bei Schwarzwild und Fuchs gilt sie auch ihnen als weidgerecht, nicht aber wenn es um Rehe oder Rotwild geht. Dabei sind Schwarzwildschäden in der Landwirtschaft mit Geld problemlos zu ersetzen. Verbiss- und Schälschäden im Wald sind hingegen „Jahrhundertschäden“! Großzügig ist man zuweilen, wenn es um einen bestimmten Hirsch geht, vor allem in den rotwildfreien Gebieten ...

Zweierlei Maß

Wenn der Jäger hinter einem Zaun einen ganzen Acker Rüben anbaut und den Zaun im Herbst öffnet, um das die Rüben äsende Rot- und Rehwild im Rahmen des gesetzlichen Abschussplanes auf genau dieser Fläche zu erlegen, wird er zum „Heger“. Er will ja Wildschäden verhindern oder wenigstens reduzieren. Dafür wird er als besonders weidgerecht gelobt.

Wirft der Jäger – mit genau derselben Absicht – an anderer Stelle drei Rüben auf den Boden, die er vorher aus dem Zaun geholt hat, wird er als Aasjäger diffamiert und bei ausreichendem Neidpotential angezeigt. Dann bekommt er eine Verwaltungsstrafe und wird eventuell noch vor ein „Ehrengericht“ gezerrt. Das verurteilt ihn, und das Urteil wurde vor wenigen Jahren noch namentlich veröffentlicht! Wenn ein Raser mit seinem Auto auf dem Zebrastreifen vor der Schule ein Kind totfährt, darf die Presse aus Datenschutzgründen weder seinen Namen nennen noch sein Bild veröffentlichen ...

Es müsste in der heutigen Situation des Waldes selbstverständlich sein, dass unsere Standesvertreter – was die Kirrung betrifft – mehr auf Fortbildung und Förderung setzen als auf ideologische Verteufelung. Wir werden einfach unglaubwürdig, wenn wir jagdpraktische Fragen bei „edlem Wild“ auf eine fast religiöse Ebene heben und andere Arten mit unserem Bannfluch belegen. Warum werden von manchen unserer Organisationen Fallenjagd und Raubwildbekämpfung als unverzichtbar erklärt und Lehrgänge angeboten, während der Wald im doppelten Sinne ein Schattendasein führt? Dies, obwohl wir damit unserem Ansehen seit langer Zeit schaden!

Fachliche Qualität vor personeller Quantität

Auf schrumpfender Jagdfläche sollen immer mehr Jäger zur Jagd gehen. Verbände erhoffen sich von steigenden Jägerzahlen mehr politischen Einfluss und natürlich steigende Einnahmen. Nimmt man die Zahl der im Vogelschutz, Naturschutz, Tierschutz und in den Alpenvereinen organisierten Menschen zusammen, sind wir Jäger ein recht kleiner, bescheidener Haufen. Wenn wir etwas gewinnen wollen, dann nicht nur mit personeller Quantität, sondern mehr noch mit fachlicher Qualität! Dann dürfen wir nicht mehr mit hohlen Phrasen aus der jagdlichen Mottenkiste argumentieren.

Fitness Wildtier/Jäger

Vergleichen wir Wildtiere – vor allem das Schalenwild – mit uns Jägern, so gibt es einen ganz großen und entscheidenden Unterschied. Der Jäger ohne Gespür für seine Beutetiere (neudeutsch „Feeling“ genannt), wird weit mehr Zeit für die Erlegung eines Wildtieres aufwenden müssen als ein fitter, sich in das Wild hineindenkender Jäger.

Wenn Wildtiere nicht bereit oder schlicht unfähig sind, Menschen professionell auf ihre Gefährlichkeit und Taktik einzuschätzen, bezahlen sie das mit ihrem Leben. Sie können ihren Frust nicht einfach hinunterspülen ...

Wir reagieren auf das Schrumpfen des freien, bejagbaren Raums und den seit Jahren steigenden Jagddruck mit der „Produktion“ von immer mehr Jägern. Wir sind nicht bereit zu akzeptieren, dass der Verlust an Lebensraum nur weniger und nicht mehr Wild und somit auch weniger Jäger verkraftet!

Schlimm, ganz schlimm, wenn wir versuchen, den Verlust an Wildlebensraum mit Fütterung – mit der „Verhausschweinung“ des Wildes – zu kompensieren!

Es muss uns klar sein, dass jeder Pirschgang und jeder Ansitz unsererseits für das Wild unverzichtbare Unterrichtsstunden sind. Sie profitieren, wenn sie uns begegnen, wir hingegen verlieren. Es kommt nicht darauf an, möglichst oft draußen zu sein, sondern zur richtigen Zeit! Je mehr Jäger sich auf derselben Fläche jagdlich bewegen, umso schneller lernt das Wild, sich unsichtbar zu machen! Wir dürfen vom Wild nicht „zur Fahndung“ ausgeschrieben werden ...

Der Jäger geht nicht nur auf die Jagd, um etwas zu schießen. Häufig darf er gar nicht schießen, weil er das ihm zugeteilte Wild bereits erlegt hat oder weil er warten muss, bis sein „Jagdherr“ erfolgreich war. Das Wild wird ihn und seine Kollegen als Jäger erkennen, nicht jedoch, ob er gerade im Moment beabsichtigt Beute zu machen. Er verändert ja weder seine Merkmale noch sein Verhalten. Foto: Bruno Hespeler

Wir markieren – ungewollt – unsere Hochsitze wie unsere Steige. Wir sorgen mit unseren endlosen Revierfahrten dafür, dass unsere Autos dem Wild bekannt sind. Der mickerigste Sechserhirsch kennt unsere Witterung und die unseres Hundes! Natürlich muss der Jäger ins Revier, wenn er etwas erlegen will. Er sollte sich aber sehr gut überlegen, wo, wie und wann es Sinn macht.

Viele von uns sehen das Schalenwild durch Wolf oder Luchs empfindlich gestört. Sie argumentieren, genau deshalb den vorgegebenen Abschuss nicht mehr erfüllen zu können. Doch der Vergleich – Wolf/Luchs und Mensch – hinkt gewaltig. Luchse haben Streifgebiete von 20.000 Hektar und mehr. Der menschliche Jäger bewegt sich im Schnitt auf vielleicht 50 Hektar Wald. Selbst wenn er sich auf 500 oder 1000 Hektar bewegen darf, so ist er in der Regel doch nicht alleine.

Das Reh begegnet dem Luchs (wo es ihn wieder gibt) ungleich seltener als dem menschlichen Jäger. Würde der Luchs sich so verhalten wie der Mensch, würde er in kurzer Zeit verhungern. Rehe reagieren auch keineswegs panisch auf den Luchs. Die Fluchtdistanz des Rehwildes zum jagenden Menschen ist deutlich größer als jene zum Luchs.

Haben die Rehe den Luchs erkannt, versucht dieser in der Regel keinen Angriff mehr. Er hat ja schließlich Jagderfahrung. Hat der menschliche Jäger ein bestimmtes Reh entdeckt, konzentriert er sich verbissen darauf, diesem zu begegnen und es zu erlegen. Er sitzt und pirscht immer wieder in der Ecke, in der er das Reh erstmals oder letztmals gesehen hat. Hat er es dann nach zehn und mehr vergeblichen Ansitzen tatsächlich erlegt, wird er bewundert, gilt als

Im Regenwald der südlichen Anden fühlt sich auch das Rotwild wohl und hat sich trotz des allgegenwärtigen Pumas kolossal vermehrt.
Foto: Bruno Hespeler

Rotwild war ursprünglich ein Wild der offenen Landschaften. Es war der Mensch, der es in die Wälder gezwungen hat.
Foto: iStock/Matt_Gibson

besonders „passioniert“ ... Ein in diesem Sinne besonders passionierter Luchs würde zum Versager!

Untersuchungen von Miha Krofel und Kollegen von der Uni Ljubljana haben gezeigt, dass es im Streifgebiet telemetrierter Luchse Reviere oder Revierteile gibt, die der Luchs in manchen Jahren nicht ein einziges Mal besucht. Der menschliche Jäger zeigt hingegen Dauerpräsenz.

Erinnerungen an den Puma

Ein kleines Erlebnis, das ich im Valdivianischen Regenwald der Anden hatte, mag das eben Gesagte noch einmal verständlich machen: Ansitz auf einer mehrere hundert Meter langen und vielleicht 40 oder 50 Meter breiten Lichtung, mitten im unbewirtschafteten Regenwald.

Der angeblich hochseltene Puma war fast allgegenwärtig und ein erfolgreicher Rotwildjäger. Hatte er Beute gemacht, „meldeten“ dies die Geier. Wer sie beobachtete, wenn sie sich am Himmel einer nach dem anderen einfanden, kreisten und dann langsam zwischen den Urwaldriesen verschwanden, wusste, was wo geschehen war.

Nicht weit von meinem Sitz entfernt äste ein Alttier mit seinem übermütig umhertollenden Kalb. Irgendwann erschien am anderen Ende der Lichtung ein Puma, der die beiden sofort entdeckte. Nach vielleicht zehn Minuten bewegte er sich vorsichtig, immer wieder verhoffend und bemüht, im hohen „Gras“ unsichtbar zu bleiben, in Richtung des Rotwildes.

Weit kam er nicht, dann hatte ihn das Alttier bemerkt und stellte sich in Front zu ihm. Das Kalb folgte dem Muster seiner Mutter. Erst als der Puma sich auf etwa fünfzig Meter genähert hatte, ein rauer Warnlaut des Alttieres und ein Aufstampfen mit dem Vorderlauf. Wieder versank der Puma im Gras. Das Alttier zog jetzt sogar, immer wieder Unmut bekundend, ein paar Meter in seine Richtung.

Dem Puma schien die Zeit lang zu werden. Tief geduckt pirschte er näher. Erst als er kaum noch mehr als 30 Meter von Tier und Kalb entfernt war, startete er seinen Angriff. Ein einziger Schrecklaut, und das Alttier flüchtete, gefolgt von seinem Kalb, davon. Dann nahm sie der Regenwald auf und mir die Sicht. Der Puma verhoffte noch einen Moment unschlüssig. Den Fluchtfährten der beiden folgte er nicht.

Was dann geschah, passte so ganz und gar nicht in das Verhaltensmuster, das wir uns so alterfahren fühlende Zivilisationsjäger basteln. Es mochte eine knappe Stunde gedauert haben, als dort, wo zuvor der Puma erschien, wieder ein Puma saß und herunteräugte. Vermutlich war es derselbe. Theoretisch konnte es ja auch ein anderer sein.

Als ich einmal zum anderen Ende der Wiese schaute, also dorthin, wo vor Stundenfrist Alttier und Kalb verschwanden, ästen dort wieder Alttier und Kalb. Und – ich darf es wieder unwissenschaftlich sagen – es waren dieselben. Der Puma hatte sie zweifellos im Blick, und es war ihm ganz sicher bewusst, dass auch er gesehen wurde. Irgendwann erhob er sich und trottete davon.

Wir aber glauben unerschütterlich daran, dass die gelegentliche Anwesenheit von Luchs oder auch Wolf das Schalenwild aus unseren Revieren jagt – die Schwammerlsucher und Beerenklauber ebenso.

WENN DAS ROTWILD IN FREIER WILDBAHN ÜBERLEBEN SOLL

Noch immer wird das Märchen aufrechterhalten, Wintergatter könnten das „Rotwildproblem“ lösen. Das können sie mit Sicherheit nicht, weil es kein solches gibt. Was es gibt ist ein „Menschproblem“! Wer auf die Scheinlösung von Wintergattern setzt, riskiert, dass es in absehbarer Zeit regional kein wirklich frei lebendes Rotwild mehr gibt! Die Schaulust der Naturbegeisterten wird man mit kleinen Schaugattern zu befriedigen suchen, die oft nicht mehr sein werden als Werbung für Gastronomie und Tourismus.

Noch lebt das Rotwild – vor allem in Deutschland – als „Inselwild“. Meist relativ kleine, amtlich ausgewiesene Rotwildgebiete, die zudem immer mehr durch Siedlungsgebiete und Verkehrsadern weiter verinselt oder generell per Verordnung verkleinert werden. Schon in der Vergangenheit wurden Rotwildgebiete regelmäßig beschnitten. Bekommen wir Jäger das Problem nicht in den Griff, werden einige wenige größere Inseln bleiben, mehr nicht. Wie weit man dieser einst jahreszeitlich wandernden Art gerecht wird, sei dahingestellt.

Man darf dem Jäger die Freude an der Jagd nicht nehmen, auch nicht die an seinen Trophäen. Wenn aber diese zum Dreh- und Angelpunkt der Jagd werden, hat die Rotwildjagd keine Zukunft mehr. Dafür werden letztlich die Änderungen des Lebensraums wie der Gesellschaft sorgen.

Das Primat der Trophäe muss dem des Arterhalts weichen. Ein Weg ist die Koppelung des Hirschabschusses an den des Kahlwildes. Wer nicht in der Lage oder willens ist, für eine nachhaltige Reduzierung der Bestände zu sorgen, dort wo es unabdingbar ist, der muss eben akzeptieren, dass er keine Hirsche mehr frei hat. Das Problem, dass es Reviere gibt, in denen bevorzugt Hirsche stehen, wurde bereits angesprochen.

ZU VIEL ROTWILD

Seit jeher begegnet man bäuerlichen oder auch größeren privaten Waldbesitzern, die das Rotwild loshaben wollen und über ihre Standesvertreter politisch gegen diese Wildart intervenieren. Man muss sie verstehen: Früher war der Wald die Sparkasse der Bauern, die ihnen in vielen finanziellen Krisen half. Es waren aber auch weite Landesteile rotwildfrei. Dann wurde überall Rotwild zur Bestandsgründung ausgesetzt, entkam aus Gattern in die Freiheit oder wanderte einfach zu. Wo Letzteres der Fall war, machten die Bauern am Sonntag nach der Kirche ein kleines „Jagderl“, erlegten – frei von Abschussplänen und irgendwelchen, über Schonzeiten hinausgehenden Beschränkungen – was daherkam. Man muss das nicht gutheißen, aber es funktionierte.

Dann aber erwachte das Interesse finanziell eher unabhängiger Schichten am Rotwild. Bäuerliche Reviere wurden verpachtet, und das Rotwild drückte die Preise gewaltig nach oben. Jeder – fast jeder – konnte eine Jagd pachten, sofern er das Geld dafür hatte. Die Jägerprüfung war noch lange nicht erfunden, und selbst wenn, hätte es nichts geändert. Damit begann die Zahlenhege beim Rotwild.

Die Revolution war vorbei, und der echte Adel durfte nur noch auf seinen eigenen Flä-

Kleine bäuerliche Jagdgesellschaft im bayerischen Oberland mit einem Basthirsch, geschossen mit Posten (groben Schroten). Die Sonntagskleidung demonstriert, dass man stolz darauf war, „Jager“ zu sein. Von all dem, was der Rotwildjäger heute an „Brauchtum“ zelebriert, war noch wenig bekannt.

Foto aus: „Jäger wohin?“, Archiv Hespeler

chen jagen oder er musste selbst pachten. Der neu aufkommende Geldadel übernahm teilweise die alte Rücksichtslosigkeit. Die Bindung des Jagdrechts an Grund und Boden täuschte eine Leistung vor, die sie in Deutschland und Österreich nicht liefern konnte. Einzig in Dänemark wurden die Forderungen der Revolution eins zu eins umgesetzt. Dort durfte bis vor wenigen Jahrzehnten jeder jagen, der einen Quadratmeter(!) bejagbare Fläche besaß. Inzwischen sind es 10.000 Quadratmeter, also ein Hektar. Damit kann jeder ein Revier bilden, die Fläche unbejagt lassen oder sich an ein anderes Revier anschließen.

Nach deutsch/österreichischem Verständnis hätte dies das Ende nicht nur des Schalenwildes sein müssen. Tatsächlich trat das Gegenteil ein. Obwohl nur rund 10 % des zwischen Nord- und Ostsee liegenden Landes Wald sind, explodierten die Rotwildbestände regelrecht. Waldbesitzer und Jäger im südlich angrenzenden deutschen Bundesland Schleswig-Holstein klagten sogar über Schäden am Wald, die das aus Dänemark eindringende Rotwild verursacht haben soll.

Mit der neuerlichen Ausbreitung des Rotwildes begann aber auch die Zeit der großen Waldschäden – vor allem der Schälschäden. Diese verteuerten die Reviere erneut und machten die Rotwildjagd noch elitärer. Im alpinen Raum pachteten immer mehr Großunternehmer kleine Reviere zusammen oder kauften solche. Bergwald, Almen und erst recht das Ödland darüber waren bis in die Mitte des 20. Jh. billig zu haben. Die meisten Reviere waren wenig erschlossen und der Holzertrag vergleichsweise gering. Vielen Käufern kam es auch weit mehr auf die Jagd an als auf den Holzertrag. Das hat sich bis heute nicht grundlegend geändert.

In der zweiten Hälfte des 20. Jh. gab es in Deutschland noch zahlreiche „Konzernjagden“. Sie nutzten die Jagd geschäftlich. Verpächter waren Kommunen und Landesforstämter. Gäste der Pächter waren auch wichtige Geschäftspartner und Politiker. Sie hatten sicher einen nicht zu unterschätzenden Einfluss auf die Verpächter wie auf die Behörden. Dennoch gaben in den 1980er-Jahren und danach fast alle Konzerne ihre Reviere auf. Wer die Möglichkeit hatte, übersiedelte jagdlich nach Österreich, wo die Uhren noch anders tickten. Inzwischen sind die Wald-Wild-Probleme, in Verbindung mit Umweltproblemen, so erdrückend, dass sich auch in Österreich ein Wandel abzeichnet – zumindest dringend notwendig wäre!

Während es in Deutschland und Österreich vor allem um die Reduktion der heimischen Schalenwildbestände geht, werden in benachbarten Staaten wieder Megaherbivoren angesiedelt.
Foto: Bruno Hespeler

Und heute?

„Auswertungen aus dem Ostalpenraum zeigen, dass bei großräumiger Betrachtung die mittlere Dunkelziffer (Anmerkung des Autors: des Rotwildes) selbst bei sehr günstigen Zählbedingungen zwischen 30 und 45 % des zählbaren Fütterungsbestandes liegen muss.

Diese Größenordnung wird jedoch von den meisten Fütterungsbetreibern für ‚ihren eigenen' Rotwildbestand als unrealistisch hoch eingestuft. Diese hartnäckige Fehleinschätzung von Ortskundigen dürfte einer der wesentlichen Gründe dafür sein, warum auch in Regionen mit Reduktionsbedarf die Sollzahlen der Abschussplanung nur selten der tatsächlichen Höhe des jährlichen Zuwachses nahekommen. Oder, wenn sie von der Behörde hoch angesetzt werden und dem Zuwachs entsprechen sollten, werden die Abschusspläne oftmals aus Angst vor unerwünschter ‚Jagdwertminderung' bewusst unvollständig erfüllt." Quelle: Friedrich Völk, Friedrich Reimoser und Horst Leitner in St. Hubertus 3/2013

Auch auf anderen, wenig ertragreichen Standorten spielt bis heute der „Jagdwert" eine dominierende Rolle. Die Wälder der DDR standen im Ruf, sehr hohe Wilddichten zu beherbergen. So verkaufte die deutsche „Treuhand" nach dem Anschluss der DDR an Westdeutschland tausende Hektar Wald zu moderaten Preisen, auch an Käufer, denen es primär um die Jagd ging. Tatsächlich gab es auch in Westdeutschland im Umfeld des „Geldadels", also der Finanz- und Industriezentren, viele Reviere, in denen eindeutig Wild vor Wald rangierte. Vor allem in den eher finanzschwachen Gemeinden der Eifel oder der Heide sahen Lokalpolitiker in hohen Wildbeständen eine höhere Rendite als im Wald. Die vielfältigen Aufgaben des Waldes, über die Holzproduktion hinaus, interessierten nicht.

Es gab selbstverständlich auch Waldkäufer, die genau das Gegenteil wollten. Aus trostlosen, „mit Kronenhirschen unterbauten" Kieferforsten sollten stabile, dem Standort entsprechende Mischwälder entstehen. Dabei wurden diese reinen, von allen denkbaren Kalamitäten bedrohten Kiefernbestände im Osten wie im Westen als „Kiefern-Zwangsstandorte" bezeichnet. Selbst hochrangige Forstleute argumentierten keck, auf diesen Standorten wachse nichts anderes. Heute lassen sich dort Paradebeispiele des Waldumbaus bewundern. Stürme und Waldbrände forcierten diesen.

Eine Machtfrage

Wer für die Jagd im Jahr den Wert einer Luxuskarosse ausgibt, tut das nicht, um sich etwas vorschreiben zu lassen. Er hat in der Regel auch den gesellschaftlichen und politischen Rückhalt, seine Vorstellungen durchzusetzen!

WILDBESTÄNDE REDUZIEREN – WIE GEHT DAS?

Der Leser wird sich vielleicht fragen, welche Auswirkungen der Wasserverbrauch von Haushalten, Landwirtschaft und Industrie mit der Jagd zu tun hat? Tatsächlich ganz viel. Wir haben gesehen, was sinkende Grundwasserstände zusammen mit der Klimaveränderung aus unseren Wäldern machen. Dabei gehen Maßnahmen zur Wiederaufforstung und Neubegründung von Wäldern zu Lasten der Schalenwildbestände. Entweder man ist zur deren Reduzierung bereit oder man nimmt ihnen, durch konsequente Zäunung von Verjüngungsflächen, Teile ihres Lebensraums, was auch den Verlust von Jagdfläche bedeutet. Bei der Reduzierung – so sie diesen Namen verdient – stoßen Waldbesitzer und Förster regional auf den erbitterten Widerstand von Teilen der Jägerschaft.

Mehr Zaun – weniger Abschuss?

Zäunung ist nicht geeignet, die Abschussvorgaben zu reduzieren. Das Gegenteil ist der Fall, weil Zäune dem Wild die besten Äsungsflächen nehmen. Zaunbau macht es notwendig, zunächst den Wildbestand zu reduzieren. Alles andere ist Augenwischerei!

Doch selbst wenn die Mehrheit der Förster und der privaten Jägerschaft aus Überzeugung und mit hohem persönlichem Einsatz dazu bereit sind, wird es schwieriger, den Vorsätzen Taten folgen zu lassen.

Oft handeln wir einfach gedankenlos

Im Vergleich mit Luchs oder auch Wolf werden wir zweibeinige, aber kriegsmäßig ausgerüstete Jäger immer ziemlich bescheidene Stümper sein. Gut – wenn wir auf unsere Technik verzichten, bringen wir jagdlich keinen Fuß mehr auf den Boden. Auf die Jagd verzichten geht auch nicht. Jedenfalls dann nicht, wenn wir von den Produkten der Natur leben wollen. Wir müssen aber dringend überlegen, wo und wie wir wenigstens etwas weniger als „Räuber" in Erscheinung treten. Oft sind es wirklich ganz einfache Verhaltensänderungen.

Ein Beispiel: Da stehen auf einer Wiese sechs oder acht Stück Rotwild. Der Jäger taxiert sie, und entschließt sich, ein Kalb zu erlegen. Zwei Kälber scherzen miteinander und sind ständig in Bewegung. Ein anderes steht dicht hinter seiner Mutter, etwa in der Mitte des Rudels. Also entscheidet sich der Jäger, dieses zu erlegen. Er setzt einen sauberen Schuss, das Kalb bricht zusammen und rührt sich nicht mehr. Der Jäger ist zufrieden, die Waldbesitzer sind es auch.

Was aber ist passiert? Der Schreck für das Rudel war maximal. Alle Rudelmitglieder haben das Geschehen aus nächster Nähe mitbekommen. Das Leittier flüchtet panisch in die nächste Deckung, alle anderen folgen

Wenn von drei Rehen eines erlegt wird, ist die Wirkung nicht so brutal wie wenn von sechs Stück Kahlwild eines erlegt wird!

Foto: Bruno Hespeler

ihm. In der Deckung wird das Rudel verhoffen, denn das Leittier hat inzwischen den Verlust seines Kalbes bemerkt. Nach Momenten der Stille vielleicht ein für uns kaum wahrnehmbares Mahnen? Irgendwann geht das Tier mit steifen Schritten zurück zum Bestandsrand, erschrickt und flüchtet neuerlich. Die Aufregung ist maximal! Sechs oder acht Augenpaare haben den Angriff mitbekommen und verknüpfen die Merkmale: Wiese, Knall, Flucht, Verlust, irgendwann menschliche Witterung usw.

Es wäre auch etwas weniger dramatisch gegangen: Der Jäger lässt sich Zeit, genießt derweil den Anblick, wartet, bis sich ein passendes Stück mit möglichst viel Abstand hinter dem Rudel befindet. Auch dann bleibt der Schuss nicht ohne Folgen. Seine Wirkung ist jedoch „milder".

Sich ins Wild denken

Manchmal sind Reaktionen des Rotwildes, wenn wir uns in seine Welt versetzen, nachvollziehbar. Dazu ein kleines Beispiel aus der Praxis. Es war in den Allgäuer Vorbergen. Die Hänge waren steil, die relativ ruhigen Einstände lagen oben am Berg. Die saftigen, kaum gestörten Wiesen befanden sich im Tal. Im Winter zog das Wild zu einer Fütterung, direkt bei zwei Bauernhöfen, ebenfalls im Tal. Dazwischen formte die Landschaft so etwas wie eine „hohle Gasse", die von unten gut erreichbar war.

Alljährlich wurde versucht, dort zu Schuss zu kommen, was nur selten gelang. Nach wenigen Ansitzen mied das Rotwild diese kritische Stelle, selbst dann, wenn noch kein Schuss gefallen war. Im Winter kam es zwar über diese Passage an die Fütterung, aber immer erst lange nach Büchsenlicht.

Die „Erleuchtung" kam mir im Laufe einer Nachsuche. Bei einer kleinen Drückjagd oben am Berg hatte einer der Schützen ein Alttier krankgeschossen. Wintertage sind kurz, und so musste die Nachsuche auf den nächsten Morgen verschoben werden. Am Anschuss waren eindeutige Schusszeichen; das Tier war am Vorderlauf getroffen und wollte nicht mehr bergauf. Quer zum steilen Hang wäre es am bequemsten gewesen, doch das Tier zog schräg bergab, durchquerte einen Graben und nahm die Fütterung bei den beiden Höfen an. Dort erhielt es den Fangschuss. Ganz offensichtlich fühlte es sich bei den Höfen – trotz der Menschen und dem mühsam zu querenden Graben – am sichersten. Das stimmte nachdenklich.

Im Folgejahr saß ich im Herbst wieder bei der hohlen Gasse, allerdings nicht mehr am Abend, sondern nur noch in der Frühe. Der Sitz wurde von mir auch nicht mehr von unten angegangen, sondern von oben. Dieser Weg war um vieles weiter und in der Dunkelheit nicht ganz ungefährlich. Doch schon beim ersten Ansitz lag ein Stück. Noch ehe das Echo des Schusses verstummt war, preschte das restliche Rudel wieder zurück, talwärts zur Fütterung. Dort fühlte es sich sicher. Selbst vor den aus der nahen Kuranstalt am Nachmittag herüberkommenden

Die Richtung, in der das Rudel zieht, ist erkennbar. Jetzt am besten warten, bis ein nichtführendes Stück am Ende freisteht …

Foto: iStock/Paolino Massimilano Manuel

schaulustigen Kurgästen zeigte es kaum Scheu, vor dem einsamen Jäger im Bergwald sehr wohl. Sparsam angewendet, klappte diese Strategie.

Ganz offenbar fühlte sich das Wild in den weiter oben gelegenen Einständen sicher. Wurde es auf dem Weg von dort talwärts beschossen oder bekam vom Jäger Wind, flüchtete es jedes Mal zurück in die sicheren Einstände. Dann konnte es bei mildem Wetter einige Tage dauern, ehe es wieder talwärts zog. In der Frühe, wenn es von den ruhigen Talwiesen (oder im Winter von der Fütterung, in deren Nähe es ungestört die Nacht verbracht hatte) hinaufzog, war die Sache umgekehrt. Dann wurde der Weg zu den eigentlich vertrauten Tageseinständen gefährlich, dann preschte es bei jeder Störung zurück.

Ähnliche Situationen findet man in vielen Revieren. Auch Waldränder gehören dazu. Jäger setzen sich dort gerne an. Man übersieht eine viel größere Fläche als drinnen im Bestand. Fährt man in der Nacht die Felder ab, steht das Wild draußen. Doch die dem Wald vorgelagerten Wiesen und Felder sind relativ gefährlich. Dazu trägt bei, dass Waldränder fast überall mit Hochsitzen bestückt sind. Entscheidend ist jedoch, wann das Wild auszieht. Je öfter es am Waldrand von uns Wind bekommt, umso vorsichtiger wird es, und umso später wagt es, diese „Zonengrenze“ zu überwinden!

Merke

Wo man viel Gelände sieht, schießt man oft verdammt wenig! Warum also nicht im Wald drinnen ansitzen, wenn das Wild am Abend zum Waldrand zieht oder am Morgen aus dem Feld zurückkehrt?

In der Frühe ist die Landschaft noch still, und ein Auto abseits der Verkehrsstraßen lässt das Wild schnell aufwerfen. Hört es – ohnehin schon sensibilisiert – auch noch eine Autotür oder bekommt es einen Windhauch, flüchtet es in den Wald, noch ehe der Jäger seinen Sitz erreicht hat. Je öfter wir die Waldränder absetzen, umso unheimlicher werden diese Grenzlinien dem Wild – umso weniger sehen wir.

Diese Situation wird sich in den nächsten Jahren noch verschärfen, je häufiger der Jäger mit seiner Elektronik die Nacht zum Tage macht. Hier werden manche Jäger auf ihre Erfahrungen bei der Schwarzwildjagd hinweisen. Dabei vergleichen sie Äpfel mit Birnen. Wenn der Jäger den Wind „im Griff hat“, kann er sich dem Schwarzwild auf Steinwurfweite nähern. In der Rotte stehend, erzeugt es mehr Lärm als der Jäger, und sein Sehvermögen ist bescheiden. Rotwild hingegen hat weit sensiblere Sinne.

Wir schießen die Unerfahrenen

Unser Problem ist, dass uns fast alle Wildtiere durchschauen, während wir ihrem Verhalten oft recht hilflos gegenüberstehen. Daher erlegen wir junge Wildtiere meist viel leichter als ältere. Letztere konnten reichlich Erfahrung sammeln, die sie weitergeben. Die Sterblichkeit ist in der Jugend auch ohne Jagd am höchsten, und somit sind bevorzugte Eingriffe in die Jugendklasse gleichermaßen sinnvoll wie kompensatorisch. Es entsteht jedoch fälschlicherweise der Eindruck, es sei nur noch Jungwild im Revier ...

Von den Kritikern wurde und wird bis heute behauptet, die hohen Eingriffe bei den Jährlingen seien dafür verantwortlich, dass es kaum noch alte Rehböcke gäbe. Gleiches wird bei Rothirschen behauptet. Das ist absoluter Unfug. Ausgenommen das Schwarzwild, werden alle Schalenwildarten nur im

Rahmen eines Abschussplanes bejagt. Das bedeutet, dass eine ganz bestimmte, von der zuständigen Behörde festgelegte Zahl erwachsener, männlicher Tiere zur Erlegung freigegeben wird. Werden jetzt mehr Jährlinge als Mehrjährige erlegt, werden letztere zwangsläufig älter!

Was passiert, wenn der Hirsch liegt und doch zwei Jahre jünger ist, als uns die Bürokratie vorschreibt? Dann wird ein anderer Hirsch wahrscheinlich zwei Jahre älter! Foto: Bruno Hespeler

LÖSUNGSVERSUCHE: VON ROTWILD-KERNGEBIETEN UND ÄHNLICHEN ÜBERLEGUNGEN

In Österreich hat das Rotwild weite Gebiete neu besiedelt, in denen es 100 Jahre und länger nicht mehr vorkam. Es gerät dabei in Konflikt mit dem Menschen, der im selben Zeitraum seinen Flächenanspruch vervielfacht hat. Ebenso hat sich die Zahl der Kraftfahrzeuge sicher verhundertfacht!

Inzwischen wurde die freie Landschaft fast überall in Rotwildgebiete, Randzonen und rotwildfreie Gebiete aufgeteilt.

Entwicklung der Schälschäden im Schutzwald Österreichs

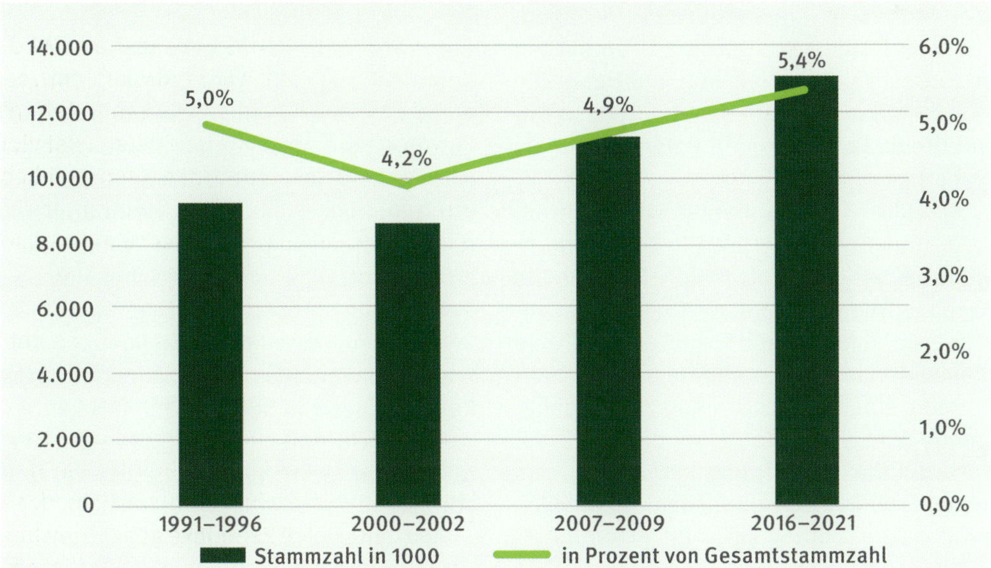

In den Schutzwäldern Österreichs steigen die Schälschäden weiter an.
Grafik: Werbeagentur Rypka, Quelle: Österreichische Waldinventur, Bundesforschungszentrum für Wald 2022

Grundlagen solcher Zonierungen waren in der Regel wildökologische Gutachten. In ihnen geht es jedoch nur zum Teil um die Bedürfnisse des Wildes. Sie berücksichtigen zunächst die Anliegen der Land- und Forstwirtschaft und in erheblichem Maße auch die Wünsche der Revierinhaber. Nicht selten führte das zum Gegenteil dessen, was politischer Wille oder verzweifelte Hoffnung von Waldbesitzern war.

In den rotwildfreien Gebieten (oder „Freigebieten“) wären die Jäger eigentlich verpflichtet, alles Rotwild zu erlegen. Gleichzeitig gibt es – je nach Gebiet – in den Randzonen und teilweise selbst in den Freigebieten Erlegungsverbote für „Kronenhirsche“. Warum bestehen solche Regeln? Wer schält und verbeißt am meisten: Kronenhirsch, Spießer, Alttier oder ...? Geht es also doch primär um Trophäen?

In Freigebieten gibt es für Rotwild keinen Abschussplan. Ob und wann der Jagdausübungsberechtigte die Möglichkeit hätte, Rotwild – wie vorgesehen – zu erlegen, lässt sich nicht kontrollieren. So klagen mitunter Waldbesitzer und Forstbehörden darüber, dass in manchen theoretisch rotwildfreien Revieren mehr Rotwild steht als in Kerngebieten!

Rotwild ist, wenn man so will, ein Spekulationsobjekt. Selbst für Rotwildrandgebiete, in denen Rotwild eher nur als Wechselwild vorkommt, werden signifikant höhere Pachtpreise bezahlt als für reine Rehwildreviere. Man könnte sagen, nicht nur das einem Abschussplan zugrundeliegende Wild wird bezahlt, sondern auch die unverbindliche Hoffnung auf dieses. Was aber verdient der Waldbesitzer tatsächlich an der Verpachtung eines Reviers mit Rotwildvorkommen?

Die Antwort ist relativ einfach: Er nimmt unter Umständen sehr viel Geld ein, verdient aber rein gar nichts. Meist muss er sogar Geld zuschießen. Das ist nur dann nicht der Fall, wenn er die vom Rotwild verursachten Mehrkosten der forstlichen Bewirtschaftung unberücksichtigt lässt. Vor allem ist er in seinem waldbaulichen Handeln stark eingeschränkt. Naturverjüngung bleibt, vor allem wenn neben Rot- und Rehwild auch noch Gams- oder Muffelwild vorkommen, oft reines Wunschdenken. Das heißt, der Waldbesitzer muss Jungpflanzen kaufen. Diese haben mit der Trockenheit weit mehr Probleme als Naturverjüngung und sie werden in aller Regel bevorzugt verbissen.

Schälschäden führen zur Rotfäule, die den wertvollsten Teil des Stammes wertlos macht. Auch der Borkenkäfer hat an den geschädigten Stämmen leichtes Spiel. Foto: Bruno Hespeler

Fast immer ist Zäunung oder intensiver Einzelschutz erforderlich. Beide Maßnahmen verlagern den Verbiss jedoch nur. Schälschäden erschweren Jungwuchspflege und alle Durchforstungen. Eingriffe in jüngere Bestände sind zunehmend defizitär. In den Altbeständen sind die Erdstämme – die ertragreichsten Abschnitte – häufig völlig rotfaul und somit wertlos.

Kein Grund sich zu wundern

Prof. Dr. Klaus Hackländer, renommierter Wildbiologe der Universität für Bodenkultur (Boku) in Wien, macht seit Jahren darauf aufmerksam, dass sich Österreich die höchsten Schalenwildbestände Europas leistet. Viele Jäger glauben eher das Gegenteil festzustellen. Nicht nur die Jahr um Jahr steigenden Verbiss- und Schälschäden bestätigen Hackländers Aussage. Die „Kleine Zeitung" zitierte ihn mit der Aussage: „Wenn ich ein Wolf wäre, würde ich nach Österreich gehen." Gemeint hat er damit wohl weniger die vielen illegalen und legalen Wolfsabschüsse, sondern das fast einmalig hohe Nahrungsangebot für den Wolf.

Patentlösung Wintergatter?

In den 1970er-Jahren entstanden die ersten Wintergatter. Es waren Wildbiologen, die in ihnen eine Möglichkeit sahen, mit den Wintergattern etwa doppelt so hohe Rotwildbestände zu halten wie ohne diese Gatter. In Bayern entstanden die ersten derartigen Gatter – aufgrund eines Gutachtens, mit dem der Landkreis Oberallgäu die damalige Wildbiologische Gesellschaft München beauftragte. Dabei ging es aber primär um den wirtschaftlichen Gewinn, der sich bei der Verpachtung von Rotwildrevieren erzielen ließ. Die Ökononmie war entscheidend, nicht die Ökologie.

Wintergatter

Wintergatter sind eingezäunte Rotwildfütterungen, meist in einer Größe zwischen 10 und 30 Hektar. Durch sie sollen die wirtschaftlich oft völlig untragbaren Schälschäden minimiert werden. Dazu wird das Rotwild im Herbst mit Futter in die Gatter gelockt. Glaubt man, das meiste Wild im Gatter zu haben, werden die Tore geschlossen. Einsprünge ermöglichen es dem Wild (auch dem Wolf), jederzeit ins Gatter zu gelangen, jedoch nicht mehr hinaus. Wild, das nicht im Gatter steht, wird im Rahmen des Abschussplanes erlegt. Teilweise wird auch innerhalb der Gatter Rotwild erlegt, was immer wieder heftige negative Reaktionen hervorruft. Die Praxis hat allerdings gezeigt, dass der Abschuss im Gatter – von Fachleuten getätigt – keineswegs zu Panik beim Wild führen muss und das Wild in der Regel dennoch vertrauter bleibt als an freien Fütterungen.

In den Anfangsjahren haben die trächtigen Alttiere, sobald die Setzzeit näher kam, ins Freie gedrängt. Inzwischen haben sich beim Wild teilweise neue Traditionen gebildet. Das Kahlwild will mancherorts die Gatter nicht mehr verlassen und setzt seine Kälber innerhalb dieser. Heute werden die Tore vieler Gatter auch nicht mehr Anfang Mai geöffnet, sondern erst im Juni. Damit soll erreicht werden, dass das Wild nach Öffnung der Gatter möglichst schnell in die Hochlagen wechselt. Damit will man Verbiss im Bergwald vermeiden.

Inzwischen wollen in Österreich viele Reviere die Wintergatter wieder aufgeben, da deren Unterhaltung kostenintensiv und ihr Nutzen fragwürdig ist. Allerdings ist die Aufgabe genehmigungspflichtig.

In Deutschland war zunächst nur die Bayerische Staatsforstverwaltung von diesem Konzept überzeugt und rüstete ihre Hochgebirgsforstämter, inklusive der beiden Nationalparks, mit derartigen Gattern aus. Nach und nach entschlossen sich dann auch private Forstbetriebe und Jagdgenossenschaften zum Bau von Wintergattern. Von den Gattern versprach man sich, das Rotwild auch zahlenmäßig in den Griff zu bekommen. Eine Hoffnung, die sich nicht überall erfüllte.

Die Verlagerung des Rotwildabschusses auf jene Tiere, die den Winter außerhalb der Gatter verbringen, ist widersinnig. Es sind die Überlebenstüchtigsten! Andererseits wird der Abschuss heute teilweise auch innerhalb der Wintergatter erfüllt. Der Vorwurf, dabei würde das eingesperrte Wild in Panik versetzt, lässt sich – wo der Abschuss von geschultem Fachpersonal getätigt wird – bestätigen. Die heftigste Kritik kommt von Leuten ohne jede eigene Praxis.

WIR MÜSSEN FÜTTERN ...

Müssen wir das wirklich, und falls ja, wen füttern wir seit wann und warum nicht alle? Um es auf den Punkt zu bringen, wir füttern Arten, die Trophäen tragen oder solche, mit denen sich imposante Strecken legen lassen!

Gewiss, vereinzelt wurde schon vor Jahrhunderten in „Fasanen- und Hasengärten“ gefüttert. Die mehr oder weniger flächendeckende Fütterung des Schalenwildes setzte erst um die Wende vom 19. ins 20. Jh. ein. Damals wurde vielerorts Rotwild ausgesetzt, Exoten wie Muffel und Sika wurden angesiedelt, ebenso Fasane, Wildtruthühner und andere Arten, sogar Kängurus! Das teuer gekaufte Wild sollte nicht abwandern. Um dies zu verhindern, wurde gefüttert. Das Bestreben, kapitale Trophäen anzufüttern, kam erst später hinzu.

Was haben Millionen Wiederkäuer zuvor gemacht? Die Evolution hat ihr Verdauungssystem der „Hungerzeit“ angepasst, und die Natur hat die Höhe der Wildbestände den Ressourcen der Lebensräume angepasst! Das funktioniert in weiten Gebieten auch heute noch.

In den meisten deutschen Bundesländern wurde die Wildfütterung inzwischen verboten oder zumindest stark reglementiert. Im alpinen Friaul wird kaum gefüttert, im benachbarten Kärnten schon. Die Waldbilder sprechen nicht für Kärnten!

In den Gailtaler Alpen gibt es seit über zehn Jahren auch ein wildbiologisches Projekt. Dort wurden nicht nur die Rehwildfütterungen aufgelassen, sondern auch alle Rotwildfütterungen. Gegen alle Erwartungen sanken die Fallwildzahlen, die Schälschäden gingen sogar leicht zurück, und das Wild suchte sich seine Wintereinstände dezentralisiert selbst.

Die Rehe wurden in Kärnten auch vorher schon – trotz ehemaliger Fütterungspflicht – längst nicht in allen Revieren gefüttert. Im direkt angrenzenden Slowenien besteht seit vielen Jahrzehnten für Rehe ein absolutes Fütterungsverbot. Dennoch gibt es in Slowenien nicht weniger Rehe als in Kärnten, und sie sind auch nicht schwächer. Auch im benachbarten Friaul wird nicht gefüttert. Dort kommt die Tanne überwiegend ohne Schutz hoch; in Kärnten muss man fast überall sogar die Fichte schützen.

Der Schweizer Kanton Graubünden hat im vergangenen Jahrhundert begonnen, nach unserem Vorbild zu füttern. Als die Wildschäden nicht sanken, sondern steil anstiegen, wurde die Fütterung wieder eingestellt. Auch in Skandinavien war es völlig unüblich, Rehe zu füttern. Dennoch wuchsen dort weit stärkere Böcke als bei uns. Inzwischen empfiehlt der dortige Jagdverband für die nördlichsten Provinzen eine sparsame Rehwildfütterung. Als wirklich notwendig wird sie nicht angesehen.

Wie machen wir es mit dem Gamswild, das mit mehr Schnee und Kälte zu kämpfen hat als die Rehe der Wachau, des Rheintals oder des Burgenlandes? Wir sprechen einfach vom „harten Bergwild, das keiner Fütterung bedarf".

Wir füttern den Fasan, damit er unsere trostlose Agrarsteppe nicht verlässt. Dabei bleibt die Frage, ob er in Wirklichkeit ein Neozoon ist? Zu diesen gehören unsere Raufußhühner bestimmt nicht. Sie sind absolut alle seit Urzeiten heimisch, und ihre Lebensräume sind ungleich rauer als jene der Fasanen. Trotzdem kommt niemand auf die Idee, Auer- und Haselwild oder gar dem Schneehuhn Futter zu streuen. Funktionieren würde es, wie ich mich beim Auerwild schon überzeugen konnte. Aber wozu auch? Eine ordentliche Strecke aus Hasel- und Schneehühnern geht sich ohnehin nicht aus. Überdies sind die Raufußhühner fast überall ganzjährig geschont. Warum also füttern?

Was wir erreichen

Wir zwingen mit der Fütterung die Wiederkäuer aus dem physiologischen Winter-Sparmodus in den Sommer-Modus und machen sie zu „Sozialhilfeempfängern". Fütterung ist alles andere als artgerecht und erhöht infolge Pansenübersäuerung vielfach die Fallwildzahlen!

Fütterungen sind „Reklameschilder" für Nutzer. Sie ziehen diese an und produzieren so Verluste. Der Luchs kennt die Rehfütterung, der Wolf die Rotwildfütterung und das Wintergatter!

Fütterungen sind auch Punkte, an denen sich Wildtiere konzentrieren und Krankheiten sowie Parasiten austauschen.

VON TROPHÄENKULT UND KÜNSTLICHER BESAMUNG BEIM ROTWILD

Die Mehrheit der Jäger wird, wenn sie diese Überschrift liest, ungläubig den Kopf schütteln, aber es ist längst Realität. Das Sperma Neuseeländischer Spitzenhirsche können wir daheim im Katalog aussuchen. Wir sehen nicht nur die Hirsche mit ihren gewaltigen Geweihen vom 2. Kopf, samt Gewichten und Internationalen Punkten, sondern auch die „Leistungsdaten" ihrer Väter und Großväter. Die zur künstlichen Besamung notwendigen Baulichkeiten sind eher bescheidener Art.

Natürlich bekommen wir neben Sperma auch fertige Rekord-Hirsche geliefert und diese nicht nur aus Neuseeland. Eine erstklassige Rekordhirschproduktion finden wir ebenso in der nahen Türkei. Dort wird Rotwild in großer Zahl in zumeist bodenkahlen Gehegen gehalten. Die Kälber werden im Alter von zwei Wochen ihren Müttern weggenommen und künstlich aufgezogen. Unsere Landwirtschaft nimmt Rinderkälber ihren Müttern bereits früher weg. Den Rottieren werden nach der Geburt Spiralen eingepflanzt. So soll schnell der nächste Östrus ausgelöst werden, damit die Rottiere neuerlich künstlich besamt werden können.

Der an absoluten Rekordtrophäen interessierte Weidmann kann Produkte solcher „Aufzucht“ gleich in der Türkei erlegen. Mit 30.000 € ist er dabei. Eine so weite Reise muss er aber wahrscheinlich gar nicht auf sich nehmen ...

EU-Norm für Hirsche?

Im deutschsprachigen Raum sind die Abschussrichtlinien für Rotwild primär auf Geweihe ausgerichtet. Es geht darum, möglichst starke Hirsche „zu züchten“, wobei sich das „stark“ auf die Geweihe bezieht. Doch damit nicht genug, die Geweihe sollen auch möglichst endenreich sein. Schon in der Jugendklasse werden Hirsche, deren Geweihe Kronen andeuten, geschont. Da sei die Frage erlaubt, wozu diese Krone notwendig ist. Muss wirklich jeder Hirsch eine tragen? Und wie war das früher? Hatte da die Landschaft nicht einen viel größeren Einfluss auf Gewicht und Aussehen eines Hirsches als heute? Gab es nicht den typischen, im Korpus eher leichten Berghirsch? War nicht der „ewige Achter“ des Harzes sprichwörtlich und im Gegensatz zu ihm der schwere Auhirsch? Wenn die Krone dem

Basthirsch Ende Juni, in der Suhle Kühlung suchend. Seine Majestät, Franz Joseph selig, hätte seine Freude an ihm gehabt ... Foto: Bruno Hespeler

Hirsch tatsächlich nennenswerte Vorteile brächte, hätte die Natur in den letzten zwanzig- oder dreißigtausend Jahren nicht Zeit genug gehabt, kronenlose Hirsche zu tilgen?

Nein, die EU hat sich der Hirschgeweihe und anderer Jagdtrophäen noch nicht angenommen. Doch immerhin gibt es für Jagdtrophäen ein Punktesystem, selbst für jene Arten, die vom Aussterben bedroht sind oder waren, etwa für die Wildkatze. Gut, dieses Punktesystem macht tote Wildtiere oder Teile von solchen vergleichbar. Fraglich ist, wer das braucht – und wozu. Den Wildtieren hilft es nicht, der Jagd bringt es eher einen zweifelhaften Ruf ein. Es bleibt die menschliche Eitelkeit.

GENETISCHE BANDBREITE IST GEFRAGT

„In der Natur darf nur der Stärkste seine Gene weitergeben“

Hundertfach, ja tausendfach haben Jäger wie Nichtjäger diesen Spruch gehört und gelesen. In jedem Naturfilm ist er zu hören, zumindest wenn in diesem Film Rotwild auftaucht. Wie aber verhält sich ein Schmal- oder ein Alttier, wenn es sich nicht sicher ist, dass tatsächlich der Träger der besten Gene um seine Gunst wirbt? Wird es auf den Beschlag verzichten? Wohl kaum!

Wenn der alte, reife Hirsch gegen Ende der Brunft abgebrunftet und müde geworden ist, zieht er sich zurück. Das ist dann die Zeit, in der jene zum Beschlag kommen, die zuvor gegen ihn verloren und ihn mit ständigen Reibereien müde gemacht haben. Anhaltende Rangkämpfe um die Gunst der Weibchen sind Garanten, dass gegen Ende auch unterlegene Hirsche zum Beschlag kommen!

Gene bestimmen ...

Wenn im Tierreich nur die männlichen Tiere mit den besten Genen diese weitergeben dürfen und weibliche Tiere nur zur Paarung mit diesen bereit sind, dann stellen sich einige Fragen:

Woher wissen männliche Tiere, wie es um ihre Genqualität steht?

Wie verhalten sie sich in der Paarungszeit, wenn sie feststellen, nicht die besten Gene zu haben?

Ist beispielsweise der Hirsch oder Rehbock mit der besten genetischen Qualität auch zwingend der körperlich stärkste?

Die Qualität der Gene ist ja bereits bei der Geburt eines Hirschkalbes festgelegt und verändert sich im Laufe seines Lebens nicht mehr. Wenn dem so wäre, könnte ja ein sechsjähriger Hirsch durchaus die besseren Anlagen haben als ein zwölfjähriger!

Wie können männliche Tiere die Erbqualität der weiblichen Tiere erkennen? Verzichten sie auf die Paarung, wenn sie sich nicht sicher sind?

Wie können weibliche Tiere die genetische Qualität der männlichen Tiere erkennen und beurteilen?

Was geschieht mit jenen weiblichen Tieren, die nicht die beste Erbqualität haben? Müssen sie auf die Begattung verzichten?

Gibt es im Tierreich auch Emotionen und persönliche Präferenzen, welche auf die Partnerwahl Einfluss nehmen?

Wie erkennen wir Menschen auf der Jagd die Erbqualität des Wildes? Und wie vernünftig verhalten wir uns bei der eigenen Partnerwahl?

Darüber sollten wir uns ernsthaft Gedanken machen!

Wenn in einem Brunftrudel mehrere Tiere zur selben Zeit zum Eisprung gelangen, ist die Wahrscheinlichkeit groß, dass auch einer der nachrangigen „Satelliten“ zum Beschlag kommt. Die von Teilen der Wissenschaft vertretene Auffassung, die alten Hirsche würden mit ihrer Erfahrung dafür sorgen, dass sich die Brunft nicht in die Länge zieht, erscheint mir unschlüssig. Denn je mehr sich die Tiere auf einen bestimmten Hirsch fokussieren, umso länger wird sich die Brunft hinziehen, weil immer wieder Tiere den Eisprung übergehen und nach einiger Zeit erneut brunftig werden. Das Gegenteil erscheint wahrscheinlicher, nämlich dass mehrere nicht mehr ganz junge Hirsche sich „die Arbeit“ aufteilen. Das müsste zu einem komprimierten Verlauf der Brunft führen!

Immer noch wird unterstellt, jüngeren Hirschen fehle bei der Paarung sozusagen die „handwerkliche Erfahrung“ – das kann nicht ganz stimmen, denn ich konnte schon mehrfach Schmalspießer beim Beschlag beobachten.

Voraussetzungen für ein starkes Geweih

Wenn ein Hirsch sechs Monate – wie das Rind im Stall – beste Versorgung genießt und ansonsten gesund ist, wird er ein starkes Geweih schieben. Muss er sich jedoch sechs Monate bei kräftezehrendem Schnee und karger Äsung durchschlagen, darf man eher eine hohe Überlebenstauglichkeit von ihm erwarten als ein starkes Geweih. Das muss man auch nicht, denn die Zahl seiner Enden und das Gewicht seiner Stangen machen keinen Hirsch satt und sagen wenig über seinen „Erbwert“ und noch weniger über seine Überlebenstüchtigkeit aus!

Die Idiotie unseres Zeitalters, der ständige Wunsch nach Leistungssteigerung, hat im Grunde nur zu Leistungsverlust geführt. Die Natur ist jedoch absolut nicht an „Leistungssportlern" interessiert. Der Hirsch, der ein Acht-Kilo-Geweih im Gebirge mit sich herumschleppen muss, ist ein armer Teufel und „schwächeren" Artgenossen eher unterlegen! Die jagdlichen Potentaten des ausgehenden Mittelalters hatten wenig Interessen an Geweihen. Beim eingestellten Jagen ging es nur darum, möglichst viel zusammengetriebenes Wild abzuschlachten, um mehr nicht. Es gab keinerlei Klassifizierung oder gar Abschussrichtlinien. Was im Lauf war und sich noch bewegen konnte, wurde erschossen oder abgestochen. Dennoch finden wir aus jener Zeit ganz enorme Rothirschgeweihe. Diese wurden weniger zur Bepflasterung eigener Wände genutzt. Man kaufte die stärksten zusammen und machte sie zu Geschenken. So entstanden auch die großen Geweihsammlungen, die wir heute etwa auf der Moritzburg bei Dresden bestaunen. Was die Rehböcke betrifft, so finden wir die unglaublichen Kapitalböcke, die Friedrich von Gagern (teils auch seine Familie und sogar das Personal) erlegte, auf Schloss Erbach im Odenwald.

Macht selektiver Hirsch-Abschuss Sinn?

Die Natur lebt nicht von Ausnahmeerscheinungen, sondern von der breiten Mittelschicht. In ihr vereinigen sich jene Fähigkeiten, die eine Art anpassungsfähig machen und auch in schwierigen Situationen überleben lassen. Starke Geweihe tragen hierzu wenig bei. Wir vergessen, dass wir Erbanlagen nicht erkennen. Was wir vor uns sehen sind in erster Linie Phänotypen. Wenn wir Wildtiere nach irgendwelchen Merkmalen selektieren (z. B. Endenreichtum oder Masse bei Hirschgeweihen), sollten wir bedenken, dass immer mehrere Gene auf Chromosomen gebündelt sind. Versuchen wir bestimmte Merkmale zu selektieren oder zu fördern, fördern oder löschen wir auch Merkmale, die wir überhaupt nicht erkennen, die jedoch durchaus überlebenswichtig sein können!

Wildtiere sind auch ein Kulturgut. Da stellt sich die Frage: Sind wir befugt, dieses kulturelle Erbe unserer Eitelkeit zu unterwerfen? Jagd ist etwas anderes als Viehzucht!

GAMS[5]

Blättert man in der Literatur, so schrieben schon vor mehr als einem Jahrhundert Autoren, bei den Gämsen handle es sich um ein „hartes Bergwild“, das keiner Fütterung bedürfe. Allerdings kam vor hundert Jahren und lange später noch kein Jäger auf die Idee, Rehen zu irgendeiner Zeit Kraftfutter vorzulegen. Das mochte damit zusammenhängen, dass auf Rehgeweihe noch wenig Wert gelegt wurde. Doch heute ist es mehr als kurios: In der milden Wachau, zwischen Schilcher-Reben und nahe dem Bodensee,

[5] Der Duden kennt nur noch die Schreibweise „Gämse“. Der alemannische Sprachgebrauch bevorzugt das Wort Gemse und östlich davon heißt es je nach Region „der“ oder „die“ „Gams“.

Neugierig betrachtet die Pyrenäen-Gams Wanderer und Fotografin. Das Wild hat auch für die Menschen einen hohen Erlebniswert. In Salzburg leben Gams seit vielen Jahrzehnten am Kapuzinerberg – mitten in der Stadt!
Foto: iStock/Silvia Portas

überall füttern warmherzige Menschen im Lodeng'wand die armen Rehe. Wie auch sollten diese sonst über den Winter kommen? Und in manchen Revieren sind die Kraftfuttertrögerl selbst im späten Mai noch gefüllt. Wer anderer Meinung ist, wird schnell niedergemacht, hat keine Ahnung und vor allem kein Herz!

Gegen solche Aussagen wird schnell gekontert, es gäbe im Mai keine vollen Kraftfuttertrögerl, schließlich wäre das ja verboten. Und überhaupt, wo wird noch wirklich gefüttert – reine Notfütterung, mehr nicht. Vielleicht wäre es gut, sich einmal draußen umzuschauen …

Der volle Kraftfutterautomat im Juli, mitten in der weinseligen Steiermark … Foto: Bruno Hespeler

WARUM GÄMSEN NICHT GEFÜTTERT WERDEN …

Nun dürfte unbestritten sein, dass es in den Karawanken oder am Arlberg deutlich rauer ist als an der Donau. Allerdings wäre es am Arlberg auch für den Jäger riskant, dort oben die Gams zu füttern. Das lässt man lieber sein, zumal die Gams einige Millionen Winter ganz gut ohne Fütterung überstanden haben. Zugegeben: Die Lawinen fordert von den Gämsen zuweilen höhere Fallwildraten als von Reh- und Rotwild. Mit dem Energiehaushalt der Gams hat das wenig zu tun.

Ich bekam dies als junger Berufsjäger damit erklärt, dass Rehböcke jeden Winter viel Energie für den Aufbau ihrer Trophäen benötigten, während die Gams ihre Trophäen nie wechseln und in fortgeschrittenem Alter nur noch wenige Millimeter Hornmasse zulegen würden – Amen.

Nun, man könnte die Gams ja auch unten im Bergwald füttern, und mancherorts wird das sogar gemacht. Ich lernte noch vor wenigen Jahren im Rahmen eines akademischen Lehrgangs aus berufenem Munde, dass sich die Verbissschäden durch Gamswild mit sachgerechter Fütterung im Bergwald verhindern ließen.

Was haben die Gämsen im Wald verloren?

Die Welt ist voller Gegensätze: Noch in den 1980er-Jahren ließ ein prominenter Forstmann mit der Aussage aufhorchen, dass die bayerischen Alpen kein geeigneter Gamslebensraum seien. Gemeint hatte er wohl, die Gams hätten unterhalb der Waldgrenze nichts verloren. Darüber ließe sich heftig diskutieren.

Die dem Gamswild zugedachten, weitgehend baumlosen Hochlagen sind nicht nur durch Lawinen gefährlich. Unterhalb der reinen Felszonen teilen sich Wanderwege, Seilbahnstationen, Berghütten, Klettersteige, Rampen für Gleitschirmflieger, im Winter Skipisten und ein oft rücksichtsloser Skitourenbetrieb den Raum. Die ttiefer gelegenen Bergwälder sind keineswegs ideale Überwinterungsräume des Gamswildes, aber oft die einzigen, in welchen

Je steiler der Bergwald ist, umso mehr Ruhe finden die Gams in ihm. Vor allem die älteren, die meiste Zeit des Jahres als Einsiedler verbringenden Böcke bevorzugen solche Einstände. Foto: Monika Baudrexl

die Tiere nicht hochgradig durch Lawinen, Steinschlag und Sportler gefährdet sind.

Die Zeit, die dem Gamswild im Winter für Nahrungssuche und Verdauung bleibt, ist knapp bemessen. Die Alternative ist wenig Störung, um möglichst viel Energie zu sparen. Selbst das klappt nicht überall, seit die Bekämpfung menschlicher Langeweile durch Tiefschneefahren und Schneeschuhgehen vor Natur- und Tierschutz rangieren.

Auch im Sommer wird es für diese Wildart oberhalb der Waldgrenze immer schwieriger. Ruhe finden sie auf den Almmatten mancherorts nur noch in den Abend- und frühen Morgenstunden. Dabei müssen sie auch noch zwischen Sonn- und Schattseiten wechseln. Im Wald gibt es damit weit weniger Probleme. Selbst in Südhängen wechseln schattige, von Bergwassern gekühlte Gräben, in die sich die Gams gerne einstellen, mit glühend heißen Lagen.

Tatsache ist, dass die Gams auch in älterer Zeit im Bergwald lebten. Sie nutzten sogar, den Rehen gleich, die Talwiesen zur Äsung. Mit dem Hinweis, dass am Abend die „Gemsen“ in den Talwiesen zu beobachten seien, warb die Kommune Immenstadt im Allgäu noch zu Beginn des 20. Jh. um „Sommerfrischler“. Auch in Kärntner Mittelgebirgslagen lassen sich Gams heute noch vereinzelt in den Talwiesen beobachten. Dass die Gams im Bergwald die Verjüngung verbeißen und dass dadurch teilweise die Verjüngung der Schutzwälder infrage gestellt wird, lässt sich nicht bestreiten. Es wäre für den Wald eher gefährlich, würden wir sie dort füttern und damit die „Gratgams“ zusätzlich in den Schutzwald ziehen!

Heute leben in vielen Gebirgsrevieren vier und sogar fünf wiederkäuende Schalenwildarten. Zu den drei heimischen kamen noch die Muffel und östlich der Linie Salzburg – Villach auch noch das Steinwild, das dort ursprünglich nicht vertreten war.

GERINGER ZUWACHS

Zuwachsraten, wie wir sie von den Rehen kennen, sind bei den Gams nicht denkbar. Die meisten Geißen setzen mit drei Jahren ihr erstes Kitz. Zwillingskitze sind die seltene Ausnahme. Was wir gelegentlich sehen, nämlich dass zwei oder gar drei Kitze bei einer Geiß stehen, täuscht. Es sind Spielgefährten, vereinzelt wohl auch Adoptionen. Es ist auch nicht ungewöhnlich, dass Kitze im Rudel zurückbleiben, während ihre Mütter größere Ausflüge machen.

Natürliche Feinde der Gämsen: Adler, Luchs und Lawinen

Eigentlich wäre es eine jagdliche Generalanweisung zu schauen, wie es die Natur mit der Sterblichkeit hält und daraus die Konsequenzen für die Jagd zu ziehen. Betrachten wir die Gams, wird schnell klar, dass die Sterblichkeit im ersten und zweiten Lebensjahr hoch ist, denn die Geißen führen schon ihre neugeborenen Kitze in die steilen Wände, während die Hirschartigen Kitze und Kälber zunächst einmal ablegen und eher aus der Distanz überwachen. Sie ziehen mit ihren Müttern auch nicht am hellen Tag auf die artenreichen Almwiesen.

Sobald die Gamskitze feste Nahrung aufnehmen, bilden sie „Kindergärten“. Ihre Mütter verlassen die Rudel auch gelegentlich und unternehmen alleine Ausflüge zu besonders guten Äsungsplätzen. Foto: Jakob Zmölnig (†)

Die Zeiten guter Thermik sind einfach gefährlich. Da ist, besonders in den Hochlagen, der Steinadler unterwegs, und für die Geiß wäre es schwierig, selbst zu äsen und gleichzeitig auf das Kitz zu achten. Das mit dem Ablegen – so wie es Rehe und andere Hirscharten machen – funktioniert dort oben auch nicht, weil die Rasengesellschaften viel zu niedrig bleiben, um einem Gamskitz Sichtschutz vor dem Adler zu bieten. Die Kitze werden aber auch von Tag zu Tag schwerer und entwachsen sozusagen dem Adler. Adlerpaare haben in derselben Zeit Nachwuchs im Horst sitzen. Ein nicht mehr ganz junges Kitz können sie nur im Sinkflug an den Horst liefern. Alternativ könnten sie ihre Beute an Ort und Stelle kröpfen. Dann wären die Reste jedoch schnell verschwunden. Kolkraben, neuerdings auch wieder Bart- und Gänsegeier, Fuchs, Luchs und Wolf wären schnell zur Stelle. Sitzen oder stehen Geiß und Kitz in der Wand, hat der Adler wenig Chancen, das Kitz zu schlagen

Wenn heute einzelne Jäger immer noch fordern, zum Schutze der Gams den Steinadler zu „regulieren“, machen sie die Jägerschaft unglaubwürdig. Die jagdlichen Organisationen müssten endlich Farbe bekennen. Foto: Monika Baudrexl

und die übrigen Feinde ebenso. Kritisch wird es für die Gamskitze etwas später im Jahr, wenn sie mit ihren Müttern beim Rudel stehen und in „Kindergärten“ herumtollen. Da hält vielleicht eine Altgeiß Wache, kann aber nicht grundsätzlich verhindern, dass der Adler ein leichtsinniges Kitz erwischt. Jetzt ist auch der Luchs erfolgreich, den die Geiß nicht abwehren kann.

Wir sehen, dass die Sterblichkeit im ersten Lebensjahr am höchsten ist, ebenso dass die Kitze für den Adler wichtig sind. Da muss es gestattet sein, über die Notwendigkeit eines forcierten Kitzabschusses nachzudenken.

Durch Lawinen können in allen Altersklassen erhebliche Verluste entstehen. Diese spiegeln in etwa die vorhandene Altersstruktur. Abgänge durch Lawinen und Steinschläge sind dort am höchsten, wo wirklich alte, erfahrene Geißen fehlen. Diese schlägt jedoch nicht der Adler und reißt nicht der Wolf – die erlegt primär der auf Trophäen fixierte Jäger!

Natürlich leben Gams in ganz unterschiedlichen Lebensräumen, mit unterschiedlich hoher Reproduktion und ebenso unterschiedlicher Sterblichkeit. Die Gams in Graubünden sind mit völlig anderen, härteren Umständen konfrontiert als jene im

Schwarzwald oder in den Vogesen. Bis zu einem gewissen Grad kann Sterblichkeit auch kompensatorisch sein. Um es ganz drastisch zu schildern: Der vorsichtige Jäger mustert die Geißen in einem Rudel und entschließt sich, ein bestimmtes Tier zu erlegen. Eine Woche später fährt eine Nassschnee-Lawine über den Hang und begräbt das restliche Rudel unter sich. Hätte er die eine Geiß nicht erlegt, wäre unterm Strich alles dasselbe. Diesen Vergleich kann man natürlich auch umdrehen: Der Jäger erlegt im Laufe von Sommer und Herbst fünf Gams aus dem Rudel, den Rest nimmt später die Lawine.

Dieser konstruierte Vergleich betrifft auch die häufig gestellte Frage, in welchen Jahrgängen in welchem Maß eingegriffen werden soll. Hier muss noch einmal daran erinnert werden, dass die Winterausfälle der Gams nicht nur an die Kondition der einzelnen Tiere gebunden sind. Unglaublich wichtig ist die Erfahrung der Tiere im Bestand, am wichtigsten jedoch die der Leitgeiß! Wer zehn Winter überlebt hat, weiß, was Sache ist. Doch damit eine Gams ihr „Zehnjähriges" feiern kann, müssen schon qualifizierte Führungspersönlichkeiten auf die Sicherheit des Rudels achten!

„Mindestalter"?

Vielleicht müssen wir akzeptieren, dass wirklich alte Gams auch ohne uns sterben ...

Auf was aber achten wir Jäger? Auf die uns in irgendeiner Verordnung vorgegebene Zahl an Jahresringen! Nun findet man – wo gejagt wird – mehr wirklich alte Geißen als Böcke. In unbejagten Gebieten wie beispielsweise dem Schweizer Nationalpark oder dem Pyrenäen Nationalpark gibt es diese Unterschiede zwischen den Geschlechtern nicht. Warum? Vielleicht weil wirklich alte Geißen uns kennen und weil wir den Böcken die Chance gar nicht geben, wirklich alt zu werden. Uns sagt eine Verordnung, dass achtjährige Böcke alt sind – sozusagen amtlich! Wir sind fixiert auf Millimeterringe. Und wo ein Jahr kaum mehr als einen Millimeter bringt, lohnt sich für viele Jäger das Warten nicht.

MUFFEL(WILD)

WILD ODER FREIGELASSENE WEIDETIERE?

Darüber, ob Muffel tatsächlich ein Wild oder nur wilde, irgendwann ausgesetzte Weidetiere sind, die noch dazu mehrfach mit anderen Schafrassen gekreuzt wurden, ehe sie Ihre Kaiserliche Hoheit in die Lainzer Scheinfreiheit entließ, streiten sich die Gelehrten. Fakt ist, dass bis ins 20. Jh. munter weiter gekreuzt wurde. Bei Bastarden zwischen Wolf und Haushund sind die Experten einhellig der Meinung, man müsse sie alle liquidieren, um den genetisch reinen Wolf zu retten ...

Warum man ein kleinasiatisches Bergschaf unsicherer Herkunft nun unbedingt auf märkischen Sand oder gar unter burgenländische Robinien setzen muss, wäre diskussionsfähig. Dies umso mehr, als die Tiere unter auswachsenden Schalen und anderen Krankheiten leiden. Ausgesetzt wurden sie auch in Bergrevieren, wo Förs-

Zur „Ehrenrettung" der Muffel muss man zugestehen, dass sie in ihrem Verhalten eine durchaus interessante Tierart und beeindruckende Erscheinungen sind. Foto: Bruno Hespeler

Muffelschaf mit markantem schwarzem Bauchstreifen und ebensolchem Aalstrich.
Foto: Bruno Hespeler

Muffelschaf ohne schwarzen Bauchstreifen. Beide Schafe sind hochträchtig.
Foto: Bruno Hespeler

ter und Waldbesitzer zuvor schon über den Verbiss- und Schäldruck dreier tatsächlich heimischer Schalenwildarten stöhnten. Immerhin – die Schnecken der Muffel sind imposant, und bei unseren östlichen und südöstlichen Nachbarn findet man wenig derartigen Vorbehalte.

Gewiss, auch die Alpen- und Mittelgebirgsmuffel haben ihre Probleme. Ihnen wachsen – der Fels macht's möglich – weniger die Schalen aus als die Schnecken durch die Decke. Das ist ein Erbe ihrer vom Jäger zur Verfügung gestellten unehelichen Väter. Wirklich reine Muffelschafe kennen diese Probleme nicht. Allerdings sind auch die Muffel Korsikas genetisch nicht rein. Ob nun reines Wildtier oder nicht, in jedem Fall sind Muffel Neozoen. Von einer Mittelmeerinsel wurden sie „verkistelt" nach Wien und von dort weitergeschickt. Doch das zu sagen wagte sich die sonst oft kleinkrämerische und rechthaberische EU nicht!

Schockstarre statt Flucht

Muffel bleiben – ein altes Schaferbe – vor ihren Nutzern zuweilen einfach stehen und lassen sich reißen. Sie tun dies gelegentlich auch bei Drückjagden, was Jagdhunde „logische Entscheidungen" treffen lässt – sie machen kurzen Prozess! Dies hat zwar noch nicht zur Forderung geführt, die Jagdhunde zu liquidieren oder zumindest an der Leine zu führen, wohl aber zu jener, die eingewanderten Wölfe wieder auszurotten …

Längst wird gefordert, Muffel nur in Revieren zu dulden, die ihren Lebensraumansprüchen gerecht werden. Dazu besteht selten Bereitschaft. Man würde es mir als „Polemik" ankreiden, käme ich auf die Schnapsidee, die süßwassertaugliche Baikalrobbe oder die finnische Saimaa-Ringelrobbe im Achensee auszusetzen, obwohl diese Arten Tirols Tourismus ankurbeln könnten. Auch die schottischen Wildziegen sollen nicht die Karawanken oder den Wilden Kaiser bereichern.

Diana ist ein altes Mädchen geworden und bewegt sich nur langsam. Aber es ist zumindest damit zu rechnen, dass die korsischen Schafe ihre Blütezeit in Mitteleuropa, westlich des ehemaligen Eisernen Vorhangs, längst überschritten haben.

SCHWARZWILD OHNE ENDE

UMWELTPROFITEURE

Mehr noch als das Rehwild ist Schwarzwild großen Bestandsschwankungen unterworfen. Der Eintritt der Geschlechtsreife ist stark vom Körpergewicht abhängig und wird vielfach schon im ersten Lebensjahr erreicht. Vor allem die Mast von Eiche und Buche nimmt Einfluss auf die Zahl der Frischlinge. Während früher die Eichen

Die Luftverschmutzung setzt Waldbäume unter Stress, die in der Folge häufiger fruktifizieren. Das bedeutet fast alljährliche Mast, die vom Schwarzwild in Vermehrung umgesetzt wird. Hinzu kommt der Maisanbau. Die Klimaerwärmung schafft vergleichsweise milde Wetterlagen während der Hauptfrischzeit, was die Frischlingssterblichkeit reduziert. Foto: iStock/Byrdyak

nur in mehrjährigen Abständen Vollmasten trugen, geschieht das heute mitunter mehrere Jahre in Folge. Vollmasten bieten dem Schwarzwild oft bis in den Spätwinter Nahrung.

Die Ausweitung des industriellen Maisanbaues liefert nicht nur dieser Wildart im Spätsommer und Herbst zusätzliche Energie. Beim Schwarzwild nimmt diese erheblich auf die Frischlingszahlen wie auf die Milchleistung der Bachen Einfluss.

Ein ganz wesentlicher Faktor ist der Witterungsverlauf vom Zeitpunkt der Geburt bis in den April hinein. Kälte alleine ist kein so großes Problem. Aber die Wurfkessel der erstmals frischenden Bachen sind teilweise etwas dürftig ausgepolstert, was für schwache Frischlinge tödlich sein kann. Mehrjährige Bachen haben hingegen Erfahrung und treffen Vorsorge.

Problematischer ist anhaltende Nässe, besonders in Verbindung mit Frost. In den letzten Jahren waren die Winter vergleichsweise mild. Das ließ sich schön an der Phänologie beobachten. Wenig Schnee und milde Temperaturen ließen Frühblüher wie Schneerosen, Krokusse oder Schneeglöckchen immer früher sprießen. Eine andere, eher kontraproduktive Erscheinung, die auch dem Obstbau zu schaffen macht, sind Spätfröste. Insgesamt gesehen verliefen die Spätwinter und der Frühlingsbeginn in den letzten Jahren zunehmend milder und schneeärmer.

Den Bestandstrend des Schwarzwildes diktieren also die Witterung, die Umweltverschmutzung und die Landwirtschaft. Starke Bestandsschwankungen sind folglich normal. Keine andere heimische Wildart versteht sich derartig durchzusetzen und zu behaupten wie das Schwarzwild. In fast ganz Europa kommt es längst in urbanen Räumen vor. Dieser Trend wird sich fortsetzen, was in der Zukunft eine eher noch konsequentere, aber auch schwierigere Bejagung erfordert.

Wolf und Schwarzwild

Grundsätzlich ist der Umgang der Jäger mit dem Schwarzwild „lockerer“ als mit anderen Schalenwildarten. Wir müssen fragen, wann der Druck auf Schwarzwild durch ihre Nutzer am höchsten ist. Wo der Wolf fehlt, wird diese Wildart kaum von einer anderen Tierart erbeutet. Es gibt aber auch unzählige Beobachtungen, die zeigen, dass einzelne Wölfe selbst von Überläufern in die Flucht geschlagen werden. Selbst zwei oder drei Wölfe wagen nicht, ältere, erfahrene Sauen anzugreifen. Falls doch, werden sie meist in die Flucht geschlagen. Selbst höhere Wolfsdichten, wie wir sie aus Slowenien, Kroatien oder Polen kennen, sind nicht in der Lage, das Schwarzwild zu „regulieren“. Gefährdet sind fast nur kleine Frischlinge ohne Aufsicht der Bache. Auf sie greift gelegentlich sogar der Fuchs zu. In dieser Altersklasse ist die Sterblichkeit ohnehin am größten. Damit sind Frischlingsverluste durch Wölfe überwiegend kompensatorische Verluste.

Die Natur sagt uns, für welche Altersstufe sie den Tod beauftragt hat – für die frühe Jugend! Wir haben da manchmal mentale Hemmungen. Ja, viele Jäger schießen – manche scheinbar mit einem gewissen Vergnügen – spielende Jungfüchse vorm Bau. Was ist der Unterschied zwischen Fuchs und Sau?

Füttern verboten, Kirren erlaubt

Dem Schwarzwild ginge es nicht so gut, würden wir nicht im Überfluss leben! Obwohl die Nahrungsgrundlage dieser Wildart heute hervorragend ist, füttern wir in großem Maße zu. Das ist zwar in Teilen der Bundesrepublik und auch in Österreich ver-

In mastreichen Jahren finden sich mitunter noch im Spätwinter Eicheln in großer Zahl.
Foto: Bruno Hespeler

boten, erlaubt ist aber die Kirrung. Diese wird von den meisten Ländern limitiert, die Praxis sieht jedoch häufig völlig anders aus. Über Unsinn und Folgen der Schwarzwildfütterung wurde viel geschrieben, geändert hat sich wenig.

Während der Vegetationszeit ist dieser Wildart der Tisch auch ohne Fütterung überreich gedeckt. Dafür sorgen Umwelt und Landwirtschaft. Die Diskussion über die Schwarzwildfütterung ist folglich, was die Vegetationszeit betrifft, entbehrlich. Ein gewisser Nahrungsengpass besteht – außer in überreichen Mastjahren – im Spätwinter, vor allem dann, wenn die Böden noch hart gefroren sind. Das wirkt sich auf die Milchleistung der Bachen aus und somit auf Ernährung und Widerstandskraft der Frischlinge.

Strenge Spätwinter gibt es seit Jahrhunderttausenden, und sie waren immer ein natürliches Regulativ. Alle heimischen Schalenwildarten und nicht nur sie kamen als Art damit zurecht. Nun aber versuchen wir dieses Nadelöhr zu erweitern. Als Rechtfertigung behaupten wir, gar nicht zu füttern, sondern nur zu kirren, mit der Absicht einer Reduktion. Tatsächlich wird im Spätwinter und zeitigen Frühling – ob gefüttert wird oder nicht – kaum irgendwo Schwarzwild erlegt.

BESTANDSREGULIERUNG FRÜHER UND HEUTE

Schwarzwild war nach der Revolution äußerst selten. Dafür haben bereits Maria Theresia und ihr Sohn Joseph II. gesorgt. Erst der Krieg von 1914–1918, eine Zeit, in der sich die meisten Förster und Jäger im Krieg befanden, sorgte für die rasche Verbreitung dieser Wildart. Gleichzeitig hungerte die Bevölkerung. Niemand wäre auf die absurde Idee gekommen, Wildschweine zu füttern. Als der Krieg vorüber war, wurde mit bescheidenen Mitteln wieder gejagt. Doch kaum jemand war in jener Zeit so dekadent, unverdaulicher Rehgeweihe oder Keilerwaffen wegen zu jagen. Um Wildbret ging es, und sonst um nichts! Ob das nun von einer Wildsau, einem Reh oder einem Hasen kam, war eher sekundär.

Jagdwaffen und Optik, die den Krieg überdauert hatten, waren – mit unseren heutigen verglichen – höchst bescheiden. Nicht einmal starke Stablampen, mit deren Hilfe man bei Nacht schießen konnte, gab es. So war es verständlich, dass außer in Vollmondnächten auf Schwarzwild kaum die Ansitzjagd ausgeübt wurde. Schwarzwildbekämpfung war „Sonntagsarbeit“. Wer „jagdfähig“ aus dem Krieg zurückgekommen war, beteiligte sich an den fast jede Woche stattfindenden Saujagden. Geschossen wurde mit allem, was noch vorhanden war, insbesondere mit Posten. Unter Posten verstand man Schrote ab 4,5 Millimeter aufwärts. Dennoch war das

Schwarzwildproblem innerhalb weniger Jahre gelöst. Rund zweieinhalb Jahrzehnte später ging ein noch größerer Krieg zu Ende, und das Schwarzwildproblem war größer als je zuvor. In Deutschland herrschte zunächst ein absolutes Waffenverbot, bei Androhung der Todesstrafe. Erste Lockerungen gab es für Forstbeamte. Zumindest in der amerikanischen Besatzungszone bekamen politisch zuverlässige Beamte das M 1 der Army ausgehändigt, Amerikas Sturmgewehr des Zweiten Weltkriegs im Kaliber .30 carbine. Dieses Kaliber war später wegen seiner schwachen Leistung nicht einmal für die Rehwildbejagung zugelassen. In anderen Besatzungszonen war es der deutsche Wehrmachtskarabiner K 98 im Kaliber 8x57 S. Die Besatzer selbst führten die den Deutschen zuvor abgenommenen Jagdwaffen. Auch unter diesen primitiven Umständen bekam man das Schwarzwildproblem in wenigen Jahren in den Griff. Man wollte es einfach!

Heute kirren wir wie die Irren. Doch sobald in einem Jahr die Strecken etwas niedriger sind als im Vorjahr, wird gejammert. Das Problem bekommen wir – auf großer Fläche – nicht einmal ansatzweise in Griff. Die Landwirtschaft tut das Ihre dazu. Und die Sauen verhalten sich wie die Menschen: Sie verlassen das Land und ziehen in die Städte, wo bestens für sie gesorgt wird.

MAN KÖNNTE SIE REDUZIEREN ... WENN MAN ERNSTHAFT WOLLTE!

Eine Möglichkeit, Schwarzwildbestände relativ schnell und ohne großen Aufwand zu reduzieren, ist der Fang. Praxiserfahrungen gibt es hierzu ausreichend. Dennoch lehnt die Mehrheit der Jäger ihn energisch ab, selbst in Gebieten, in denen die Schweinepest grassiert. Der Jäger beansprucht für sich die Jagd mit dem Gewehr. Der absolut effektive Frischlingsfang wird unter Hinweis auf Tierschutz und Weidgerechtigkeit abgelehnt. Allerdings wehren sich die Vertreter der Jägerschaft, unterstützt von Teilen der Wissenschaft, nicht nur in Deutschland und Österreich, energisch gegen alle Versuche, die Fallenjagd auf andere Tierarten einzuschränken. Ein moralisches Sonderrecht auf Tierquälerei steht der Jagd nicht zu.

Schon Ende des vergangenen Jahrhunderts standen Ovulationshemmer zur Verabreichung beim Schwarzwild zur Verfügung. Gut, die sind problematisch, wenn erlegtes Schwarzwild nach der Aufnahme von Ovulationshemmern als Lebensmittel auf den

Transportabler Frischlingsfang, mitten in der Großstadt, bei dem die Fallhöhe so eingestellt werden kann, dass sich keine älteren Sauen fangen. Der Standort ist für Passanten weder einseh- noch aufsuchbar. Foto: Bruno Hespeler

Markt kommen soll. Andererseits ist in einzelnen Ländern Europas Schwarzwild noch stark radioaktiv verseucht. Gebietsweise darf es daher gar nicht mehr in die Verwertung gelangen oder es muss – zumindest stichprobenartig – untersucht werden.

Während auch kleine Riegeljagden[6] auf Rehwild von vielen Jägern als unweidmännisch abgelehnt werden, sind Einladungen zu Schwarzwild-Drückjagden willkommen. Letztere sind auch gut und notwendig. Dabei sollten wir bedenken, dass jede Bewegungsjagd eine mehr oder weniger große Beunruhigung darstellt. Wenn wir diese in Kauf nehmen, sollte sie auch wirklich effizient durchgeführt werden. Selbstverständlich lassen sich Regeln und gewisse Beschränkungen nicht vermeiden. Aber wenn wir Drückjagden auf Schwarzwild veranstalten, ist es absolut unverständlich, wenn gleichzeitig der Abschuss von Rehwild untersagt wird!

Auf vielen Sau-Rieglern wurden und werden nur Frischlinge bis zu einem bestimmten Maximalgewicht freigegeben. Mehrheitlich werden wohl 40 Kilogramm (aufgebrochen) genannt. Frischlingsbachen dieser Gewichtsklasse erreichen in der Regel bereits die Geschlechtsreife. Argumentiert wird, mit einer solchen Jungbache würden in Wirklichkeit drei oder vier Stück Schwarzwild gleichzeitig erlegt. Die Bache sei ja entweder bereits beschlagen oder würde dies in Kürze werden. Warum aber darf eine nicht führende, schwerere und ältere Bache nicht erlegt werden?

Alte und junge Bachen

Will man – warum auch immer – halbwegs sicher sein, dass nur Frischlinge erlegt werden, gibt man einfach nur „rote“ Sauen frei. Überläufer und alle älteren Sauen tragen im Herbst bereits eine schwarze oder graue Schwarte! Will man jedoch tatsächlich reduzieren, muss man auch Altbachen freigeben, denn diese bringen signifikant mehr und stärkere Frischlinge als die Erstgebärenden.

Die Beschränkung auf Frischlinge ist nur dann nachvollziehbar, wenn der Revierinhaber sicherstellen will, dass er mehr als eine Jagd durchführen kann und wenn er kein Interesse an der Reduzierung des Schwarzwildbestandes hat! Dass diese Haltung gar nicht so selten ist, sieht man in vielen Äußerungen in den Jagdzeitschriften, in denen Leser – ungeachtet der Schweinepest und mancherorts unbezahlbarer Wildschäden – über sinkende Schwarzwildstrecken jammern.

Was ist Schwarzwild noch wert?

Wenn heute mancherorts gerade bei leichteren Sauen zu schwach eingegriffen wird, dann auch wegen der Kosten und Umstände,

[6] Der Begriff Riegeljagd ist nicht klar definiert und wird unterschiedlich verwendet. Weder sagt er etwas über die zu bejagende Wildart aus, noch über die Größe eines solchen Unternehmens, weder hinsichtlich der bejagten Fläche noch bezüglich der Schützenzahl. Sehr große Bewegungsjagden, bei denen ganze Gebirgsstöcke getrieben wurden, nannte man Gamsriegler. Im Gegensatz dazu wird auch von einem Fuchsriegler gesprochen, wenn nur zwei oder drei Jäger die aus einer Dickung führenden Fuchspässe abstellen und ein Treiber ohne großen Lärm durchgeht oder ein Stöberhund die Füchse in Bewegung bringt. Auch eine Rehwild-Drückjagd im „Kleinformat“ wird zuweilen Riegler genannt. Früher war es ebenso üblich, im Sommer auf Feisthirsche zu riegeln.

Die rote Schwarte verrät eindeutig, dass die Hunde einen einzelnen Frischling gebracht haben.
Foto: Bruno Hespeler

die einem Jäger nach dem Schuss entstehen. An dieser Stelle müssen wir fairerweise an die Umstände erinnern, in die der Jäger nach der Erlegung von Schwarzwild gerät: Untersuchung auf Schweinepest, Trichinenschau, eventuell Untersuchung auf Cäsium 137 ... Gebietsweise werden Untersuchungskosten von den Kommunen übernommen.

Der Wildhandel verrechnete Schwarzwild mit Cent-Beträgen. Schwache oder auch ebenso besonders schwere Sauen übernahm er zeitenweise überhaupt nicht mehr. Letzte Hoffnung waren für Forstverwaltungen und Revierpächter mit hohen Schwarzwildstrecken nicht selten Tiergärten und Zoos, welche ihre Fleischfresser damit fütterten.

In Deutschland haben einzelne Bundesländer die von ihren privaten Jagdgästen erlegten schwachen Sauen den Gästen kostenlos überlassen. Damit wollte man vor allem die Eingriffe bei den Frischlingen erhöhen. Allerdings wird ein Pirschbezirksinhaber oder Drückjagd-Gast für seinen eigenen Haushalt kaum mehr als drei Frischlinge übernehmen. Das ist nicht nur eine Frage des Verbrauchs, sondern auch der Lagerkapazität. Einen Frischling an Freunde zu verkaufen oder kostenlos abzugeben geht auch nur nach negativer Trichinenbeschau.

Mit Schwarzwild-Abschüssen Geld machen

Wo es in Deutschland Schwarzwild und/oder Rotwild gibt, bieten Landes-, Bundes- und größere Privatforstbetriebe Drückjagden auf diese Wildarten an. Noch in den

Drückjagden, an denen manchmal 100 und sogar mehr Schützen teilnehmen, müssen perfekt durchorganisiert sein. Aus jagdlich erfahrenen und mit den Gegebenheiten des Reviers vertrauten Förstern werden schnell „Jagdhelfer", die anstellen, Nachsuchen organisieren und Gäste „trösten" ...

Foto: Bruno Hespeler

1980er-Jahren waren das überwiegend Personaljagden, an denen eher wenige externe Gäste teilnahmen. In der Regel organisierte eine Försterei auch nur eine Jagd pro Revier und Herbst. Neben Schwarzwild, Rotkahlwild und gelegentlich schwachen Hirschen war überall Rehwild – ausgenommen Böcke – freigegeben. Diese Jagden klappten!

Sie klappten so gut, dass Rechnungshöfe versuchten, aus der Wald und Wild dienenden Dienstleistung Jagd eine lukrative Nebennutzung zu machen. Die Jagden wurden ausgeschrieben. Jagdvermittler interessierten sich für sie. Das Geschäft boomte. Drückjagdstände wurden für zahlende Gäste benötigt. Immer mehr Jäger aus Nachbarländern kamen, vor allem aus Holland und Belgien. Man bucht eine Woche Drückjagd in Hessen oder Brandenburg und jagt jeden Tag in einem anderen Revier. Dagegen ist wenig einzuwenden. Fraglich ist nur, wie weit es eine Dienstleistung für Wald und Wild bleibt? In manchen Forstämtern wurden beim Schwarzwild wieder Alters- oder Gewichtsbeschränkungen eingeführt. Jahre hatte es gedauert, ehe dieses Denken überwunden war. Nun aber kamen zahlende Gäste, deren Erwartungen sich auch nicht immer mit jenen der Forstverwaltungen deckten. Es gab Klagen enttäuschter Gäste, wenn einer keinen oder nur wenig Anblick hatte, wobei auch ein geringer Anblick signifikant größer sein konnte als die jagdliche Erfahrung des Gastes. Also mussten wieder Kriterien aufgestellt werden, welche die Strecken „im Rahmen" hielten, damit möglichst viele (Verkaufs-)Jagden veranstaltet werden konnten.

Die Schießprüfung auf bewegte Ziele mit der Büchse wurde obligat. Waren früher Hundeführer eingeladen, die ihre erfahrenen Hunde vom Stand aus schnallen konnten, wurden immer häufiger kommerziell arbeitende Meuten eingesetzt.

Das Schlimmste war die Entdeckung, dass man selbst bei perfekter Organisation nur Strecke machen kann, wenn entsprechend Wild da ist und dass solche Jagden kommerzielle Angebote sind und die Kunden primär ihre Wünsche befriedigen wollen.

Rausche-Unterdrückung und Rauschzeit-Synchronisation – nur Schlagworte

Mit diesem Modell und einigen Varianten sollten die Schwarzwildbestände reduziert werden. Wie sollte das gehen? Mit zwei widersprüchlichen Märchen: So wurde von der Wildbiologie behauptet, es komme vor allem auf die richtigen Altersstrukturen der Bestände an. Dann würden die Leitbachen die Rausche aller anderen Bachen in der Rotte unterdrücken, womit die Reproduktion sofort einbreche. Gleichzeitig wurde aber auch auf die Rauschzeitsynchronisation durch die Leitbache hingewiesen. Bringen wir diese beiden Aussagen auf den Punkt: Bei richtiger Rottenstruktur verhindert die Leitbache durch ihre Aggressivität bei allen anderen Bachen der Rotte die Rausche, und gleichzeitig sorgt sie dafür, dass alle Bachen der Rotte gleichzeitig rauschig werden ...

Rausche-Unterdrückung und Rauschzeit wurden zu jagdlichen Schlagworten, die außer in Deutschland und Österreich in allen europäischen Ländern Kopfschütteln verursachten! Hier aber wurde noch im zweiten Jahrzehnt dieses Jahrtausend daran festgehalten, in den Vorbereitungslehrgängen zur Jägerprüfung, wie an den Försterschulen und den forstlichen Fakultäten der Universitäten[7]. Und selbstverständlich war es immer wieder Thema in den Jagdzeitungen.

Schwarzwild lebt heute in den meisten Großstädten Europas und fühlt sich dort sichtlich wohl.
Foto: iStock/RuDmS

Wer hätte ihnen das verübeln können? Beiträge von Autoren, die Zweifel äußerten, wurden meist gar nicht gedruckt.

Jahrzehnte wurde der Abschuss von Leitbachen verteufelt und mit Wildschäden im Feld in Verbindung gebracht, ebenso mit dem Fehlen „reifer" Keiler. Tatsächlich kommt es zwischen annähernd gleichrangigen Bachen immer wieder zu Streitereien um die Rangordnung. Dabei kann es auch zu einem Wechsel an der Spitze der Rotte kommen. Da die weiblichen Frischlinge in den Mutterrotten bleiben, sind in der Regel auch annähernd gleichrangige Bachen in den Rotten, was zu Auseinandersetzungen und Abspaltungen führen kann.

Rotten können aber auch nicht unbegrenzt anwachsen. Sind es zu viele Mitglieder, entsteht Unruhe, und die Nahrungssuche wird – je nach Reviersituation – ineffizient. Dann gibt es zwei Möglichkeiten: Entweder die bisherige Leitbache dankt mit ein oder zwei Kolleginnen ab und gründet eine neue Rotte oder eine unter ihr rangierende Bache tut dies.

---

[7] Auf Nachfrage bei einem der führenden wildbiologischen Institute wurde mitgeteilt, es handle sich, was die Rausche-Unterdrückung betreffe, um einen Übersetzungsfehler aus dem Russischen. Leider konnte die Quelle nicht mehr festgestellt werden ...

Wo Schwarzwild auftritt, entstehen teure Schäden, deren Höhe die der Jagdpacht leicht übersteigen kann. Foto: Bruno Hespeler

Auch die Behauptung, aus irgendeinem Grund mutterlos gewordene halbwüchsige Frischlinge würden, oft gemeinsam mit einem oder zwei Überläufern, ohne den im Wald verbleibenden Rest der Rotte im Feld zu Schaden gehen, weil sie sich der Gefahr im Feld noch nicht bewusst seien, ist etwas weit hergeholt. Ausflüge und Erkundungstouren junger Rottenmitglieder sind nicht außergewöhnlich, selbst wenn die Mutterbache noch lebt. Immerhin waren die angeblich von Frischlingen verursachten Feldschäden der Grund, Jahrzehnte hindurch generell vor dem Abschuss von Bachen zu warnen!

Schäden durch Wildschweine

Noch im letzten Drittel des vergangenen Jahrhunderts wurde von vielen Jägern und selbst von Forstleuten die Meinung vertreten, Schwarzwild richte im Wald keine Schäden an. Tatsächlich können diese sogar erheblich sein. Ungezäunte Eichensaaten werden von den Sauen fast immer geplündert. Gepflanzte Eichen werden von den Sauen gelegentlich reihenweise herausgepflügt. Andererseits schaffen Sauen auch „Saatbeete“ für Bucheckern und Eicheln.

Lästig und teuer ist die Beschädigung der Kulturzäune. Sauen schaffen sich fast überall Zugang. Sie heben die Zäune auf, wühlen sich unter ihnen durch oder rennen einfach dagegen. Ist ein Zaun schon etwas älter und sind einzelne Pfosten bereits angefault, liegt oft ein ganzer Zaunabschnitt flach. Reh- und Rotwild oder andere Wiederkäuer entdecken solche „Eingänge“ sehr schnell. Bietet der Bewuchs im Zaun schon ausreichend Deckung, wird die Fläche zum bevorzugten Einstand. Entsprechend hoch ist der Verbiss!

Bis in die 1980er-Jahre wurde immer wieder gefordert, die Förster müssten die Sauen im Wald in Ruhe lassen, um sie so von den Feldern abzuhalten. Das war natürlich Unfug. Keine einzige Sau hat auf Mais, Hafer oder Kartoffeln verzichtet, weil im Wald die Bejagung eingeschränkt wurde. Allerlei Modelle wurden entwickelt und propagiert. Eines war das „Lüneburger Modell“, bei dem es in erster Linie darum ging, „alte, reife Keiler“ heranwachsen zu lassen und Altbachen möglichst zu schonen.

SCHWARZWILDBEJAGUNG WIRD ZUNEHMEND SCHWIERIGER

Die fortschreitende Verbauung des Landes, der weitere Ausbau der Verkehrswege, wachsenden Einschränkungen und Erschwernisse bei der Bejagung werden „Spielereien“ bei der Schwarzwildbejagung irgendwann nicht mehr zulassen. Eines der Probleme ist die wachsende Parzellengröße in der Landwirtschaft. Im Mais, aber auch in anderen Getreidearten und Ölfrüchten ist es kaum noch möglich, das Schwarzwild zu bejagen. Sobald das Wild auf großer Fläche Deckung hat, verlässt es diese vor der Ernte nicht mehr. Auch viele europäische Kommunen haben heute schon größte Probleme mit dieser Wildart im öffentlichen Raum. Das betrifft auch Großstadtfriedhöfe, wo Sauen ganze Grabfelder umbrechen, Blumenzwiebeln und anderen Grabschmuck fressen, Grabdenkmäler unterwühlen und zur Gefahr werden lassen. Unglaublich teuer sind Schwarzwildschäden auch auf Sportstätten und Golfplätzen, wo meist Rollrasen Verwendung finden.

Selbst dort, wo die Jäger Verantwortung zeigen und den Fang von Schwarzwild unterstützen, finden sich unglaublich schnell „Bürgerinitiativen“, die den Fang auf politischem Weg wie durch andere Aktivitäten zu verhindern wissen. Wie aber erlegt man auf einem Friedhof, zwischen hunderten von Grabsteinen, mit der Büchse eine Sau? Mit Schrot und Kirrung zwischen Komposthaufen ist das vertretbar. Da fällt selbst ein Überläufer um!

Schrotschuss & Bogenjagd im urbanen Bereich

Aber mit einem solchen Vorschlag erzeugt man nicht nur Gegenwind, sondern Sturm. Schon mein Bekenntnis, einmal im Jahr in der Schweiz an einer Rehjagd mit Schrot teilzunehmen, löst Beschimpfungen und Drohungen jener Selbstgerechten „Fachleute“ aus, die das noch nie selbst erlebt haben. Dabei habe ich in über 30 Jahren bei Schrotjagden auf Rehe weit weniger Nachsuchen erlebt als bei Drückjagden mit der Büchse. Das Problem ist nicht das Gewehr, sondern jener, der damit umgeht! Schweizer Jäger sind absolut disziplinierte Jäger, und die kantonalen Jagdgesetze geben vor, auf welche Distanz mit Schrot geschossen werden darf.

In manchen Schweizer Kantonen dürfen auf der Treibjagd nicht nur Rehe mit Schrot erlegt werden, sondern auch leichte Sauen. Allerdings – wenn bei einer Legalisierung bei uns genauso sorg- und verantwortungslos geschossen würde, wie es auf unseren Niederwildjagden zu erleben ist, müsste man zum absoluten Gegner jeder Schrotjagd werden!

Auch der Schuss mit dem Bogen ist in Deutschland und Österreich auf Wild jeder Art verboten. Dennoch hat die Bogenjagd auch hierzulande viele Anhänger. Die Durchschlagskraft moderner Jagdbögen und Pfeile steht der eines Büchsengeschosses nicht nach. Auf den alljährlichen Jagdmessen kann man sich leicht überzeugen, wie viele Anhänger die Bogenjagd hat. Tatsächlich darf man fast überall in Europa und in Übersee mit dem Bogen jagen.

Er wird in Zukunft – wenn auch als Ausnahme – in urbanen Räumen immer wieder zum Einsatz kommen. Die Hinterland-Gefährdung ist weit geringer als bei einem Büchsenschuss, die Splitterwirkung und die Ablenkungsgefahr sind ebenfalls geringer. Der Bogenschuss erregt aber auch weit weniger Aufmerksamkeit, selbst wenn bei der Büchse ein Schalldämpfer verwendet wird.

Großes Risiko: Es ist nicht auszuschließen, dass ein Pfeil nicht so trifft wie er sollte. Dann kann das beschossene Tier mit dem Pfeil im Körper vom Platz gehen! Solche Situationen gilt es auszuschließen. Friedhöfe sind in der Regel umzäunt, ebenso Industrieanlagen.

In Sonderfällen brauchbar

Bogenjagd ist fast immer reine Sportjagd und keinesfalls dazu geeignet, teils weit überhöhte Rot- und Rehwildbestände abzubauen. Sie erfordert geringe Distanz zum Wild und viel Zeit.

NIEDERWILD, AUER- UND BIRKWILD

Auf die durchwegs als dramatisch zu bezeichnende Situation des Niederwildes wird auch an anderer Stelle eingegangen. Zwar werden in Europa (auch in Österreich) in manchen Revieren immer noch gute Fasanen- und Hasenstrecken erzielt, doch handelt es sich bei den Fasanen häufig um „Industrievögel". Sie kommen in meist großen Brutanstalten zur Welt, und viele sehen das Tageslicht erst kurz vor ihrem Tod. In Deutschland und Österreich schreiben die Jagdgesetze zwar eine Mindestfrist zwi-

Rebhühner gehören zu den in Mitteleuropa aussterbenden Arten. Vor lächerlichen 150 Jahren waren sie in vielen Revieren noch ein Massenwild. Im alpinen Raum brüteten sie bis in Lagen um 1500 Meter Seehöhe. Heute ist das unvorstellbar. Die industrielle Landwirtschaft nimmt ihnen sichere Bruträume ebenso wie Insekten und Sämereien! Foto: iStock/Andyworks

schen dem Zeitpunkt des Aussetzens und der Bejagung vor. Allerdings überleben diese von keiner Mutter mit der rauen Umwelt vertraut gemachten Vögel nicht lange. Feindvermeidung ist ihnen fremd, und ihr argloses Verhalten zieht ihre Nutzer geradezu an.

Noch schlechter ist es um die Rebhühner bestellt, auch wenn diese autochthon und winterhärter sind. Nicht anders ergeht es den früher im an Grünland reichen Flach- und Hügelland fast überall zahlreich vorhandenen Wachteln.

In den Ländern des ehemaligen Ostblocks werden alljährlich Hunderttausende Fasanen, Rebhühner und Stockenten für den Jagdtourismus aufgezogen.

Der Feldhase profitiert zwar von der Klimaerwärmung, wird jedoch gleichzeitig Opfer der immer häufigeren Starkregen und Überschwemmungen.

Wiesenbrüter ohne Chancen

Die immer intensiver werdende Bewirtschaftung der Wiesen, ständig wachsende Parzellengrößen und der Maschineneinsatz lässt die meisten bodenbrütenden Arten keine Gelege mehr hochbringen. Sie werden von der Lerche über Kiebitz, Wachtel, Rebhuhn und Fasan bis zur Großtrappe Opfer „rationaler" Bewirtschaftung. Die Wiesengesellschaften wurden absolut artenarm. Es dominieren Hochleistungsgräser, welche Untergräser und vor allem Kräuter verdrängen.

Zukunft der Niederwildjagd?

Es muss nicht so sein, aber der Jäger sollte sich darauf einstellen, dass er – falls die Prognosen der Wissenschaft stimmen – auf die Niederwildjagd im klassischen Sinne wird weitgehend verzichten müssen.

Nahrung und Witterung regulieren nicht ausschließlich, aber doch maßgeblich nahezu alle Pflanzen und Tierbestände. Nutzer kommen erst an zweiter Stelle.

BIRKWILD

In Oberösterreich wurde dem Birkwild im Rahmen eines neuen Jagdgesetzes eine ganzjährige Schonzeit zugebilligt. Gleichzeitig wurden für 2024 51 Birkhähne zum Abschuss freigegeben! Die Landesregierung beruft sich dabei auf ein Gutachten des Forschungsinstituts für Wildtierkunde und Ökologie der Veterinärmedizinischen Universität aus dem Jahr 2008. Betreiben wir tatsächlich Naturschutz?

Birkwildbejagung in den Nachbarländern

Land	Status	Jagdzeit
Belgien	ganzjährig geschont	
Dänemark	ganzjährig geschont, Balz- und Brutzeit waren immer tabu	
Deutschland	ganzjährig geschont	
Frankreich	ganzjährig geschont	
Italien		Herbstjagd vom 1.10 bis 30.11.

Land	Status	Jagdzeit
Kroatien	ganzjährig geschont	
Luxemburg	ganzjährig geschont	
Niederlande	ganzjährig geschont	
Österreich		während der Brutzeit
Polen	ganzjährig geschont	
Schweiz		16.10. bis 30.11.
Slowakei	ganzjährig geschont	
Slowenien	ganzjährig geschont	
Tschechien	ganzjährig geschont	
Ungarn	ganzjährig geschont	

Nach 1945 gab es zahlreiche Projekte, Birkwild durch Aussetzen skandinavischer Vögel zu stützen. Sie sind nahezu alle gescheitert oder überlebten nur in ganz geringer Stärke, weil ständig weiter ausgesetzt wurde. Ursachen sind der dramatische Verlust der Moor- und Heideflächen sowie die industrielle Landwirtschaft im Flachland. Im Gebirge ist es der Verlust der Almflächen und die sich nach oben schiebende Waldgrenze.

Doch selbst in Großschutzgebieten des Ostens, wie dem Nationalpark Bibrza in Polen, auf welche der Mensch kaum Einfluss nimmt, sind die Vorkommen restlos zusammengebrochen.

AUERWILD

Noch vor rund 100 Jahren war das Auerwild von der Ostseeküste bis zum Balkan in vielen Wäldern zahlreich vertreten. Halbwegs gesicherte Vorkommen finden sich inzwischen fast nur noch im Alpenraum. Zwar gab es mit großem Aufwand in vielen Mittelgebirgen wie im Flachland zahlreiche Versuche der Wiederansiedlung, die jedoch – wie beim Birkwild – nahezu alle gescheitert sind.

Es wird schwierig sein, bei unseren Nachkommen Verständnis dafür zu finden, dass wir heute selbst „sterbende“ Restvorkommen noch bejagen!

Wo Trockenheit, Sturm oder Feuer ganze Hänge vernichten, wird auch in hundert Jahren kein Auerhahn mehr balzen. Vielleicht ist man dann zu einer generellen ganzjährigen Schonzeit bereit?
Foto: Monika Baudrexl

DIE LANDWIRTSCHAFT ÄNDERT ALLES

PARZELLENGRÖSSE UND FRUCHTVIELFALT

Schon in der Vergangenheit hat die Landwirtschaft Tier- wie Pflanzenarten sowohl gefördert wie ausgelöscht. Nehmen wir als Beispiel den Feldhasen. Die Gletscher verdrängten ihn aus Europa. Das Abklingen der letzten großen Kaltzeit fällt mit der Neolithischen Revolution zusammen. Diese brachte für den Feldhasen langfristig Vorteile. Was die Bauern für sich als Nahrung anbauten, war für den Feldhasen ein Gewinn. Die

Ein rund 300 Hektar großer Maisacker, wie er den Vorstellungen der EU von einer industriellen Landwirtschaft entspricht. Hier kann das Schwarzwild nicht mehr bejagt werden, weil es keine ausreichenden Strukturen gibt. „Schussschneisen" sind für das Schwarzwild uninteressant, weil die schlauen Wildschweine ihre Gefährlichkeit schnell erkennen. Foto: Haymo Hespeler

Getreide wird heute viel enger gesät als in der ersten Hälfte des vergangenen Jahrhunderts, und es wird mit Herbizid behandelt. Das ist nicht nur für Bodenbrüter nachteilig, sondern auch für den Feldhasen, für den die Bewegung im Getreide schwerer wird und der kaum noch Wildkräuter findet. Foto: Bruno Hespeler

Diese Aufnahme entstand nicht in Nordafrika, sondern in Polen. In vielen Teilen Europas erreichen heute einzelne Ackerparzellen schon die Größe von Eigenjagden. Nach der Ernte liegen die Flächen oft bis zum Frühjahr brach, und der Wind trägt die dünne Humusschicht ab. Foto: Bruno Hespeler

Bevölkerungsdichte blieb in den Jahrtausenden vor unserer Zeitrechnung äußerst gering, und die einzige „Agrarmaschine" der damaligen Zeit war der Mensch selbst ... Entsprechend waren auch die Agrarflächen klein und reich an Randlinien – ideal für den Hasen.

Kleinbäuerliche Strukturen, Fruchtvielfalt und Dreifelderwirtschaft dominierten in Europa bis ins beginnende 19. Jh. hinein. Sie und das Fehlen von Handelsdüngern und Pflanzenschutzmitteln begünstigten hohe Feldhasenbestände.

Erst mit der beginnenden Technisierung, der Erfindung von Mineraldüngern und der ständigen Parzellenvergrößerung ging die Zahl der Feldhasen kontinuierlich zurück. Heute wird diese Tierart von der Landwirtschaft gebietsweise an den Rand des Aussterbens gedrängt.

Je kleiner die einzelnen Parzellen sind und je mehr Kulturpflanzen in buntem Wechsel angebaut werden, umso kürzer sind die Wege, die ein Hase zurücklegen muss, um satt zu werden. Das macht es seinen Nutzern schwer, ihn zu erbeuten. Heute muss er jedoch fast überall weite Strecken zurücklegen, wenn er beispielsweise von den Rüben in den Klee möchte. Die herbstliche, früher häufig erst im Spätwinter umgebrochene Stoppel fehlt weitgehend. Mit ihrer bunten Vielfalt an Kräutern bot sie nicht nur abwechslungsreiche Nahrung, sondern auch jede Menge Arzneipflanzen.

Heute bleiben viele Äcker den Winter über schwarz liegen oder der Erntemaschine folgen unmittelbar Pflug und Sämaschine mit Wintergetreide. Häufig wird auf der abgeernteten Fläche auch Gründünger oder Zwischenfrucht wie Raps oder Senf angebaut. Damit will man, besonders wenn die Hauptfrucht Mais war, auch die im Boden verbliebenen erheblichen Stickstoffmengen abbauen, die ansonsten als Nitrat ins Grundwasser gelangen können. Senf und andere Kreuzblütler sind Futterpflanzen unserer Wildwiederkäuer, ebenso von Hasen, Wildkaninchen oder Fasan. Sie sind meist „Alleinherrscher" auf großen, weitgehend strukturlosen Flächen.

MASCHINEN KONTRA LEBEN – MÄHVERLUSTE

Verluste durch landwirtschaftliche Maschinen erlitten Wildtiere schon immer. Die wenigsten fanden Beachtung. Nur die Kitzverluste fanden alljährlich Erwähnung in den Medien. Sie waren in früheren Jahrzehnten schon hoch, obwohl bis in die 1970er-Jahre noch kleine, leistungsschwache Traktoren mit Balkenmähwerken vorherrschten und Balkenmäher vereinzelt sogar noch von Pferden gezogen wurden. Die Traktoren waren langsam, und der Fahrer konnte viele im Gras abliegende Kitze erkennen, rechtzeitig stoppen und sie aus dem Gefahrenbereich bringen.

Seither wurde immer mehr Grünland in Ackerland umgewandelt. So gibt es zwar heute weniger Grünland, dafür arbeiten gewaltige Maschinen, mit bis zu fünf Mähwerken gleichzeitig. Da kann der Fahrer die Mähstreifen nicht mehr auf Kitze kontrollieren. Und wenn er doch noch eines entdeckt, ist der Bremsweg zu lange. Die Kitzrettung erfolgt immer häufiger mit Drohnen und Wärmebildkameras.

Keine Rehe auf den Wiesen

Früher erfolgte die Heumahd im Voralpenland so um Pfingsten herum. Auf guten Flächen wurde zweimal gemäht – Heu und später das Grummet. Heute erfolgen in niederschlagsreichen Gebieten bis zu sechs Mähgänge! Teilweise erfolgt der erste Schnitt schon kurz nach der Schneeschmelze. Er wird entweder künstlich getrocknet und zu Pellets gepresst oder siliert. Durch die frühe und häufigere Mahd kommen viele Arten nicht mehr zur

Ein Bild, das 1982 im Allgäu aufgenommen wurde: Der Bauer sitzt auf der höchst einfachen Maschine, mit der das gemähte Gras gewendet wird. Sie wird vom Pferd gezogen … Foto: Bruno Hespeler

Versamung. Was bleibt sind Wiesen, die von den Rehen gemieden werden. Damit entsteht der Eindruck, es gäbe keine Rehe mehr!

Der Jäger erinnert sich wehmütig an die guten alten Zeiten, als er allabendlich in den Wiesen die Rehe sah. Der strukturelle Wandel dieser Pflanzengesellschaften – Verlust der Artenvielfalt, häufigere und immer schnellere Mahd – wird ihm eher selten bewusst. Er sieht die hohen Abschussquoten als Ursache.

Rotwild, Damwild und Muffelwild kommen mit derartigen Wiesen eher zurecht. Sie zählen zu den „Grasern“, während Rehe ausgesprochene „Selektierer“ sind.

Keine Wildkräuter im Mais

Wer Mais, den am höchsten subventionierten Neophyten, anbaut, muss spritzen. An den hellen Rändern vernichten Herbizide die für viele Tierarten überlebenswichtigen Wildkräuter. Innerhalb der Flächen fehlt vielen Wildkräutern zusätzlich das notwendige Licht. Ohne Wildkräuter finden insektenfressende Vogelarten keine Nahrung mehr. Insekten, aber auch feine Sämereien sind nicht nur für Kleinvögel in deren erster Lebensphase unverzichtbar, sondern auch für Wachteln, Rebhühner und Fasanen.

Schwarzwild profitiert, Jäger verliert

Zu den Gewinnern heutiger Landwirtschaft gehört das Schwarzwild. Es ist der Mais, der in den letzten Jahrzehnten gewaltig an Anbauflächen gewonnen hat. Voraussetzung für die Erweiterung war die Zucht von Maissorten mit immer kürzerer Reifezeit. Sie haben den Mais auch für höhere Lagen tauglich gemacht. Im Mais findet Schwarzwild perfekte Deckung und über Monate hinweg besonders eiweißreiche Nahrung. Das gilt auch für die übrigen Schalenwildarten, vom Reh bis zum Wisent.

Es ist jedoch unzutreffend, wenn wir die Ausbreitung des Schwarzwildes nur dem Mais zuschreiben. Kürzere und weniger strenge Winter haben wahrscheinlich den noch größeren Einfluss auf den Reproduktionserfolg dieser Wildart.

Die Strukturen und Arbeitsweisen der industrialisierten Landwirtschaft beeinflussen die Jagd in vielfacher Hinsicht. Der Jäger zählt somit zu den Verlierern heutiger Landwirtschaft. Diese hat viele Arten ausgelöscht und erschwert dem Jäger die notwendige Bejagung der verbliebenen Arten. In den meisten Fällen muss er für die entstehenden Wildschäden auch noch aufkommen, wobei der Wildschadenersatz mitunter höher ist als die Jagdpacht selbst.

ERNTESCHOCK, NICHT NUR BEIM WILD

Ein unschätzbarer Vorteil der kleinflächigen Wirtschaftsweise war, dass sich die Landschaft während der Ernte eher langsam veränderte. Wildtiere mussten nicht weiträumig ausweichen, um Deckung und Nahrung zu finden. Noch vor einem halben Jahrhundert, als es im Voralpenland fast ausschließlich Grünland gab, nahm die Heuernte drei bis vier Wochen in Anspruch. Das Mähgut musste absolut trocken sein. Feuchtigkeit konnte zur Erhitzung des Heustockes führen und die Baulichkeit entzünden. Heute hat fast jeder Grünlandhof eine Belüftungsanlage. Der gesamte Ernteablauf ist technisiert, vom Mähen bis zur maschinellen Entladung des eingefahrenen Heus.

Heinzen waren aus Fichtenstangen gefertigte Pfosten, durch die kreuzweise Löcher gebohrt und Querhölzer gesteckt wurden. War gemäht, schlug man die angespitzten Pfosten in den Boden und legte den Grünschnitt auf die Querhölzer. Für Hiefler verwendete man junge, beim Durchforsten einer Kultur anfallende, bis etwa zwei Meter hohe Fichtenstämmchen, deren Äste nicht ganz beim Stamm abgehackt wurden, sodass ungefähr 5–10 cm lange Spitzen übrig blieben. Das untere, angespitzte Ende wurde wie bei den Heinzen in den Boden gesteckt und das Gras wurde um die Hiefler herumgewickelt.
Foto: Bruno Hespeler

Früher wurden bewusst keine großen Flächen auf einmal gemäht, weil die Bauern immer mit Schlechtwettereinbrüchen rechnen mussten. Nicht selten wurde das fast trockene Mähgut Opfer eines Gewitterregens, musste neuerlich trocknen und verlor an Qualität. In niederschlagsreichen Gebieten wurde der Wiesenschnitt deshalb auf „Schwedenreiter“ oder Heinzen (regional auch Hiefler oder Hiefel genannt) gehängt, damit der Schnitt auch, wenn es zwischendurch mal regnete, trocknen konnte. Das war ein erheblicher Arbeitsaufwand, den man heute nur noch vereinzelt im Gebirge findet.

Was damals – Stück für Stück – in einem Monat gemacht wurde, dauert heute, wenn das Wetter mitspielt, wenige Tage. Das ist im Ackerbau nicht anders. Leistungsfähige Mähdrescher ernten nicht nur bei Tag, sondern auch in der Nacht. Der Landwirt arbeitet nicht nur mit eigenen Maschinen. Immer häufiger beauftragt er Maschinenringe und landwirtschaftliche Unternehmer mit der Ernte.

Die heutige Landwirtschaft provoziert Wildschäden

Die Landwirtschaft bestimmt in den von ihr dominierten Gebieten den Jahresrhythmus des Schalenwildes – Stein- und Gamswild ausgenommen. Sobald im Feld große Flächen mit Deckung und Nahrung vorhanden sind, übersiedelt das Wild vom Wald ins Feld. Dort wird es unsichtbar und weitgehend unbejagbar. Auf die im Feld entstehenden Schäden hat der Jäger wenig Einfluss, da große Parzellen auch mit E-Zäunen nicht wirklich sicher geschützt werden können.

In kleineren Rotwildrevieren mit hohem Feldanteil steht im Wald Monate hindurch wenig Hochwild. Der Jäger muss sich darauf einstellen, dass eine Abschusserfüllung kaum möglich sein wird, denn Mais, Hirse, Sonnenblumen und andere Wirtschaftspflanzen bieten dem Schalenwild Tageseinstände, die es für Wochen und Monate nicht mehr verlässt und es so jeder Bejagung entzieht. Damit steigen die Wildschäden gewaltig.

Mit der Ernte dreht sich das Blatt: Aus großflächiger Deckung wird kahle Flur. Das Hochwild übersiedelt in den Wald, wo es konzentriert Schäden verursacht. Abschusserfüllung im Zuge der Ernte ist nur beim Schwarzwild möglich, das heute teilweise vom Mähdrescher aus erlegt wird.

Getreideacker in „idealer“ Lage für Rot- und Schwarzwild. Er grenzt an drei Seiten direkt an den Wald an. Drohnen sind bei der Erfassung der Schäden eine große Hilfe. Foto: Haymo Hespeler

WENN WILDSCHÄDEN NICHT MEHR BEZAHLBAR SIND

Schwarzwildschäden im Mais

Im Jahr 2023 betrug Österreichs Maisanbaufläche knapp 304.000 Hektar[8], das sind knapp 11,7 % der gesamten landwirtschaftlichen Fläche. In Deutschland wurde im selben Jahr auf 2.450.500 Hektar[9] Mais angebaut. Mehr als die meisten anderen landwirtschaftlichen Nutzpflanzen wird Mais praktisch von der Aussaat bis zur Ernte von zahlreichen Tierarten genutzt. Obwohl – landesrechtlich unterschiedlich – nur die von bestimmten Wildarten verursachten Schäden ersatzpflichtig sind, ist der Mais die für den Jäger teuerste Feldfrucht.

Der Landwirt ist in seiner Entscheidung, auf welchen Flächen er Mais anbaut, grundsätzlich frei. Mit der Nähe zum Wald wächst jedoch die Gefahr der Wildschäden! Weit draußen im Feld liegende Maisflächen werden eher dann heimgesucht, wenn ihre Größe sie zu sicheren Tageseinständen macht. Der Jagdausübungsberechtigte – in Deutschland teilweise auch die Jagdgenossenschaft – sind für Schäden so oder so ersatzpflichtig.

---

8 Quelle: Statista Austria

9 Quelle: Statistisches Bundesamt

Wildschäden

Nach dem deutschen Bundesjagdgesetz ist bei Gemeinschafts-Jagdbezirken grundsätzlich die Jagdgenossenschaft für Wildschäden ersatzpflichtig. Sie kann aber, was die Regel ist, die Ersatzpflicht im Jagdpachtvertrag dem Jagdpächter auferlegen. Bei mehreren Pächtern haftet jeder einzelne voll. Bei Eigenjagdrevieren trägt der Verpächter den Wildschaden selbst, doch kann auch er diesen vertraglich dem Jagdpächter übertragen.

In Österreich haftet der Jagdausübungsberechtigte und falls die Gemeinde einen Jagdverwalter bestellt hat, dieser (Landesjagdgesetz beachten).

In Österreich wie in Deutschland kann der Wildschadenersatz im Pachtvertrag auch limitiert werden. Ebenso kann der Jagdpächter auch zur Übernahme von Schäden verpflichtet werden, die nach dem jeweiligen Jagdgesetz nicht ersatzpflichtig sind, zum Beispiel solche an Sonderkulturen wie Weingärten oder Schäden, die durch Feldhasen (BRD) verursacht wurden.

WENN NICHT MEHR VERPACHTET WERDEN KANN

Immer häufiger können heute Reviere nicht mehr verpachtet werden, weil vor allem der Maisanbau ein unkalkulierbares Risiko darstellt. Die steigende Parzellengröße macht eine wirksame Bejagung fast unmöglich. Schwierig wird es besonders dort, wo nur die vom Schalenwild verursachten Schäden ersetzt werden müssen. Am Mais sind in

Relativ einfach und eher unbedeutend sind die vom Biber im Mais angerichteten Schäden, kenntlich an den glatten, schrägen Schnittflächen. Foto: Bruno Hespeler

unterschiedlichen Reifestadien auch Rabenvögel, Fasane, Tauben, Dachse, Biber, Nutria, Bisam, Ratten und andere Tiere interessiert. Das Maß der von ihnen angerichteten Schäden ist zwar vergleichsweise gering, summiert sich jedoch. Vor allem aber vermischen sie sich und lassen sich nur schwer korrekt zuteilen.

Der Jäger verdient am Schwarzwild schon lange nichts mehr. Nicht selten ließe sich mit den Schadenssummen leicht ein Rotwildrevier pachten. Allerdings können im Mais auch Rot- und Damwild erhebliche Schäden verursachen.

Je nach Pachtvertrag bleiben die Grundbesitzer auf den Schäden sitzen. Die Flächen unbejagt lassen geht auch nicht. Also muss das ganze Revier in Regie genommen werden. Das ist bei Eigenjagdrevieren einfacher als bei Gemeindejagden oder Gemeinschafts-Jagdbezirken. Formal muss dort ein Jagdverwalter angestellt werden. Der muss, um von der zuständigen Behörde akzeptiert zu werden, jagdpachtfähig sein.

Die Wildschadens-Ausgleichskassen

In Mecklenburg-Vorpommern, im Norden Deutschlands, hat man vor Jahren wegen eben solcher Verhältnisse die Wildschadens-Ausgleichskassen eingeführt. Diese sind Körperschaften des öffentlichen Rechts. Grundlage ist eine Verordnung zum Landesjagdgesetz. *„Die Kasse gleicht die durch Rot-, Dam- und Schwarzwild verursachten Wildschäden aus und legt den Wildschadensausgleich auf ihre Mitglieder um. Die Kasse arbeitet kostendeckend und nicht gewinnorientiert."* So steht es in der Hauptsatzung.

Die gesetzlichen Mitglieder der Kasse sind die jeweils im Kassengebiet befindlichen Jagdgenossenschaften, Eigentümer eines Eigenjagdbezirks, Pächter oder Benannte eines Jagdbezirks und Landwirte, die eine Nutzfläche von mindestens 75 Hektar bewirtschaften. Daneben gibt es noch freiwillige Mitglieder. Das sind Landwirte, die eine Nutzfläche von weniger als 75 Hektar bewirtschaften und ihre Mitgliedschaft erklären.

Was die Leistungen der Kasse betrifft, so können diese bei Vorliegen bestimmter Umstände gemindert werden. Das ist unter anderem dann der Fall, wenn *„die Abschusspläne oder Mindestabschüsse der zu Schaden gehenden Wildart nicht oder nur unzureichend erfüllt wurden"* oder wenn *„durch den Jagdausübungsberechtigten in wildschadensgefährdeten Gebieten keine möglichen oder zumutbaren wildschadensverhindernden Maßnahmen durch eine rechtswirksame Vereinbarung mit den Landwirten getroffen wurden …"*

Diese Regelung ist insofern interessant, als alle im Landesjagdgesetz genannten Personen oder Gruppen Pflichtmitglieder sind. Das gilt auch für Pächter oder Eigentümer reiner Waldreviere. Damit soll sichergestellt werden, dass alle im Vertrag genannten Wildarten auch im Wald intensiv bejagt werden.

Dachsschäden sind oft schwer eindeutig zu erkennen und vermischen sich mit jenen des Schwarzwildes. Foto: Bruno Hespeler

Derartige Wildschadens-Ausgleichkassen wären in Österreich nicht nur möglich, sie könnten gebietsweise auch unverzichtbar werden!

SCHALENWILD UND WALDVERJÜNGUNG

WILDVERBISS, WASSERMANGEL & ANDERE „GESUNDHEITLICHE“ PROBLEME DES WALDES

Ein Dauerbrenner ist der Wildverbiss und in dessen Folge die Waldentmischung. Das heißt, wo Keimlinge gefressen und Jungbäume regelmäßig verbissen werden, können einzelne Baumarten völlig verschwinden. Vom ursprünglich an Baumarten reichen Wald bleibt schließlich ein Wald, der im Wesentlichen nur aus einer oder zwei Baumarten besteht. Meist sind es Fichten, die den Dauerverbiss überstehen. Fallen diese auch noch aus, bleiben bestenfalls Baumleichen.

Die Wiederaufforstung ist – gerade jetzt, wo das Klima in vielfältiger Form dem Wald zu schaffen macht – schwierig. Immer häufi-

Auf dem Weg von der Malga Saisera, hinauf zum Rifugio Pellarini, wo schon seit mehr als 80 Jahren nicht mehr gejagt wird. Überall wunderschöne Weißtannen aus Naturverjüngung, obwohl es nur ganz wenige Alttannen gibt.
Foto: Bruno Hespeler

Solche total verbissenen Jungtannen können 20 und mehr Jahre alt sein. Weißtannen überleben bis zu 80 Jahre im lichtarmen Unterstand. Doch als Minderheit zwischen den schnellwüchsigeren, dem Licht zustrebenden Fichten werden sie von diesen überwachsen und müssen aufgeben. Foto: Bruno Hespeler

Das Borkenkäferproblem ist seit Jahren in aller Munde. Befallen werden vor allem bereits geschwächte Bäume. Ursache ist in weiten Gebieten der Wassermangel. Die Bäume verlieren Widerstandskraft, der Harzfluss stockt. Während gesunde, kräftige Bäume angreifende Borkenkäfer mit einem Tropfen Harz „neutralisieren", haben geschwächte Bäume invasiven Angriffen nichts entgegenzusetzen. Foto: iStock/Andreas Nesslinger

ger scheitern Aufforstungen an der Trockenheit. Und es ist das Schalenwild, welches die Jungbäume zusätzlich verbeißt – vielfach „totbeißt".

Baumsaaten und Jungwald lassen sich mit Zäunen schützen. Da gibt es zwar immer noch eine ganze Reihe von Problemen durch Kleinnager, Vögel und Wildschweine, doch im Prinzip funktioniert der Zaun – auch wenn er für viele Waldbesitzer zu teuer ist.

Wie aber sollen Jungbäume ans überlebenswichtige Wasser kommen, wenn selbst ausgewachsene Herz- und Tiefwurzler inzwischen auf großer Fläche verdursten? Hinzu kommt, dass Bäume, denen das Wasser ausgeht, keine Widerstandskraft gegen Krankheiten oder gegen die Konkurrenz der Begleitflora haben. Was ihnen unter „normalen" Verhältnissen gelang, beispielsweise im Sommer längere Trockenperioden zu überstehen, schaffen sie nicht mehr. Kaum gepflanzt, verdorren die Jungbäumchen.

Wir sehen den Borkenkäfer als ein Riesenproblem für unsere Wälder. Tatsächlich ist deren Gesundheitszustand das Problem. Daran, dass den meisten Wäldern heute die Kraft fehlt, sich schnell und erfolgreich gegen den Borkenkäfer zu wehren, tragen wir die Schuld – die gesamte Gesellschaft, die Förster eingeschlossen!

Fast überall sinken die Grundwasserpegel, doch politisch gibt es keinerlei Bestreben, den Wasserverbrauch einzuschränken. Im Gegenteil: Der Wasserverbrauch von Industrie, Landwirtschaft und Privatpersonen wird ebenso gigantisch steigen wie der Stromverbrauch!

FORSTLICHE AUSBILDUNG

Forstliche Bildungsstätten entstanden erst nach und nach und waren zunächst private Initiativen. Um Wirtschaftsführer eines Forstbetriebes zu werden, bedurfte es noch in der ersten Hälfte des 20. Jh. – im Privatdienst – nicht zwingend einer akademischen Ausbildung, nicht einmal einer Forstlehre. Viele Forstleute gingen aus dem Militär hervor. Ein Beispiel war Ulrich Scherping, Oberstjägermeister des Deutschen Reiches. Auch er kam vom Militär und übernahm mit Ende des Ersten Weltkrieges die Forst- und Gutsverwaltung Rogau in Schlesien.

1933 stand er an der Spitze der Jägerschaft und war einer der eher Wenigen, der von Anfang an den Abbau der viel zu hohen Schalenwildbestände forderte – womit er oft genug im Widerstreit mit hohen, besonders jagdfreudigen Forstbeamten stand.

Was es in der ersten Hälfte des 19. Jh. gab, war eine jagdliche Ausbildung – der „gelernte Jäger". Daraus rekrutierten sich nach und nach die Förster, Holzmeister, Forstmeister usw. – ganz unterschiedliche Dienstbezeichnungen, die bis in die 1930er-Jahre den Arbeitnehmern von ihren Dienstherren nach Gutdünken „verliehen" wurden. Die Jagd stand bis weit ins 18. Jh. absolut im Vordergrund dieses Berufes. Jagd und Hege blieben, bis in unsere Tage, ein ganz wesentlicher Moment forstlicher Tätigkeit. In der Praxis bedeutete Hege viel Wild, viel jagdliche Freude und Abwechslung!

Der Artenreichtum findet sich bis heute in den meisten deutschsprachigen Jagdgesetzen. Artenreichtum bei den Bäumen wollten auch einige Forstgesetze, was aber keineswegs Mischwald oder gar Dauerwald bedeutete. Die meisten Wälder waren bis Ende des zweiten Jahrtausends ziemlich gleichförmig, artenarm und gleichaltrig. Sie entstanden durch Pflanzung oder Saat aus Kahlschlägen.

Während die Begründung neuer Waldgenerationen durch Pflanzung vor allem Geld für Pflanzen und Arbeitskräfte erfordert, verlangt Naturverjüngung – wenn man mit ihr auch wirtschaftlich vertretbare Be-

Solche monotonen, bodenkahlen, gleich alten Forste entsprachen rund zwei Jahrhunderte dem Betriebsziel vieler Forstverwaltungen. Für das Schalenwild waren sie „Hungerlöcher", in denen selbst die Jungfichten geschützt werden mussten. Wildfreundliche, stabile Wälder sehen anders aus! Foto: Bruno Hespeler

triebsziele erreichen will – nur forstliches Können, Einfühlungsvermögen in das Wesen und die Bedürfnisse der Waldbäume. Pflanzung ist der absolut bequemere Weg, langfristig aber auch der teuerste.

Forstleute, die vor diesem Weg warnten, gab es schon im 19. Jh. genug. Gehör bei den eigenen Kollegen und in den Chefetagen ihrer Verwaltungen fanden sie eher selten. Spätestens in der zweiten Hälfte des 20. Jh. wurde deutlich, dass es so – ohne schwerwiegende Folgen für den Wald – nicht weitergehen konnte. Politisch wurde eine Umkehr verlangt – und diese gleichzeitig ausgebremst!

Das Bild der Wälder wurde vielfach noch in der zweiten Hälfte des 20. Jh. von den Finanzministern bestimmt, deren Verlangen in der Politik zuweilen mehr Gewicht hatte als jenes der für den Wald zuständigen Landwirtschafts- oder Umweltminister! Die meisten Finanzminister hatten und haben wenige in ihre eigene Amtsführung fallende Jahre im Blick. Das Maß bestimmt immer noch die Wahlperiode. Wer jedoch vom Wald spricht und um ihn besorgt ist, muss in Jahrhunderten denken.

Die Öffentlichkeit, so sie sich überhaupt dafür interessiert, bekommt nur mit, dass es Rehe, Hirsche und Borkenkäfer gibt, die den Wald schädigen können. Das Wort „warum“ kommt in der Diskussion kaum vor. Und während eine neue Förstergeneration zunehmend die These *„Wald vor Wild“* vertritt, beschwört ein Teil der Jäger die Behauptung, die Förster wollten das Wild ausrotten. Ich lebe und arbeite, seit ich die Schule verließ, als Jäger. Ich habe noch keinen Förster getroffen, der mir andeutete, Rehe oder Hirsche ausrotten zu wollen. Selbstverständlich sehen auch Förster den Wald als komplexen Lebensraum und sind nicht mit allem einverstanden, was man von ihnen verlangt. Was unser aller Mitwirken beim Niedergang der Wälder betrifft, so sei an unsere grenzenlose Vermehrung und unsere immer höheren Lebensansprüche erinnert!

Wer braucht wen?

Wir sollten immer daran denken, dass zwar ein Wald ohne Schalenwild leben kann, nicht jedoch dieses ohne gesunden Wald. Nicht Hirsch und Reh bestimmen, ob das Wasser für unsere Enkel reichen wird, es ist der Wald, der Grundwasserstand und Klima wesentlich mitbestimmt und so ganz nebenbei Hirsch und Reh und letztlich uns selbst hier so leben lässt, wie wir es gewohnt sind. Der Wald macht den Europäer, die Wüste den Beduinen.

Österreichs Gesicht wahren

Ohne Wald würde das Gesicht Tirols oder der Steiermark eher an die kahlen Hänge und baumlosen Flusstäler Afghanistans erinnern als an das gute alte – jagdfröhliche – Österreich! Jene, die nach uns kommen, werden fragen, wer die Weichen gestellt hat.

Brauchen wir die Jagd?

Im öffentlichen Wald Italiens wird seit über 80 Jahren nicht mehr gejagt und nicht gefüttert. An der Grenze zu Kärnten liegen 21.000 Hektar italienischer Bundeswald. Dort wachsen ohne Pflanzung und irgendwelchen Schutz neben Fichten auch Weißtannen und Buchen. Auf der Kärntner Seite wird gejagt und gefüttert. Dennoch muss in vielen Revieren selbst die Fichte geschützt werden. Da zwängt sich doch der Gedanke auf, dass es besser sein kann, gar nicht zu jagen (und nicht zu stören), als laienhaft schlecht zu jagen.

Fichten im Kärntner Gailtal, wo trotz Jagd und Fütterung selbst die Fichten geschützt werden müssen und Tannen keine Chance haben. Welche Aufgabe erfüllt dort die Jagd?

Foto: Bruno Hespeler

WIR SAUFEN DEM WALD DAS WASSER WEG

Großereignisse, die Millionen Tote forderten, wie der Dreißigjährige Krieg, die Pest, Erster und Zweiter Weltkrieg änderten an der langfristigen Bevölkerungsentwicklung nichts. Seit 1950 sank zwar die Geburtenrate von durchschnittlich 5 auf nur noch 2,7 Kinder je Frau. Dennoch wuchs die Weltbevölkerung auf gegenwärtig rund 8 Milliarden. Der Ressourcenverbrauch hat sich in dieser Zeit vervielfacht.

Bevölkerung, Landwirtschaft und Industrie verbrauchen gewaltige Wassermengen, die der Natur fehlen. Der Grundwasserspiegel sinkt fast überall. Daran leidet der Wald, das macht die Bäume krank und anfällig. Wir ruinieren die Welt mit unserem übersteigerten Komfortverhalten. Vor 80 Jahren hatten eher wenige Haushalte eine Dusche, heute duschen wir täglich und zuweilen auch zwei- und dreimal. Dieselbe Entwicklung betrifft auch das Wechseln unserer Kleidung, das Beregnen unserer Gärten und vieles mehr. Österreichs private Haushalte verbrauchen im Durchschnitt 130 Liter Wasser pro Kopf und Tag. Davon entfallen 22 % alleine auf Duschen und Baden[10]. Enorm sind die von der Landwirtschaft verbrauchten Wassermengen, Tendenz steigend.

Hamburg trocknet die Heide aus, Frankfurt holt sich sein Wasser aus Vogelsberg, Taunus und Rhein, und München „saugt" neben seinem Umland das Wettersteingebirge aus. Stuttgart und andere Kommunen holen „Rheinwasser" gleich aus dem

[10] Bundesministerium Land- und Forstwirtschaft, Regionen und Wasserwirtschaft, 2024

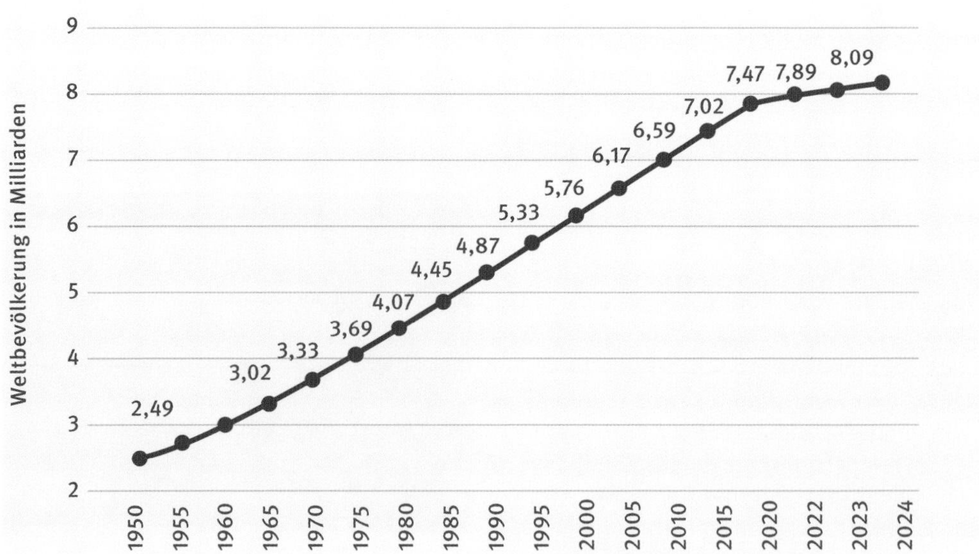

Entwicklung der Bevölkerungsdichte: 1950 gab es weltweit 2,49 Milliarden Menschen, 2024 bereits 8,09 Milliarden – mehr als das Dreifache! Grafik: Werbeagentur Rypka

Bodensee. Wien zapft die Steiermark an. Diese als Beispiele angeführten Kommunen holen ihr Wasser aus den genannten Landschaften. Dort sterben großflächig die Wälder (besonders das flachwurzelnde Nadelholz), und die Landwirtschaft kann nicht mehr beregnen.

Mehrfach musste in den letzten Jahren die Schifffahrt im Rhein eingestellt werden. Politik und Medien ordnen den Wassermangel der Klimaerwärmung zu. Tatsächlich haben sich die Industriegiganten an den großen Flüssen niedergelassen, weil sie dort ausreichend Wasser zur Verfügung haben oder zumindest hatten. Frankfurts Stadtwald war lange ein waldbauliches Vorzeigeprojekt. Seine gewaltigen Eichen waren bei Forstleuten bundesweit bekannt. Heute sterben nicht nur Buchen und Eichen, sondern der Wald insgesamt auf großer Fläche.

Dass Deutschland oder auch Europa mit Windrädern und Solaranlagen das Weltklima retten kann, ist eher unwahrscheinlich bis naiv. Dass damit der Wasserverbrauch verringert und dem Wald geholfen wird, erscheint lächerlich! Die Politik setzt weiterhin auf Wachstum und erklärt diese Haltung für alternativlos ...

Auswirkungen des Wassermangels auf Wald und Jagd

Was aber hat das mit der Jagd zu tun? Viel: Wo die masttragenden Buchen und Eichen ausfallen, fällt auch Nahrung für alle derzeitigen Schalenwildarten aus. Damit wird sich zumindest lokal nicht nur die Populationsdynamik dieser Arten – vom Reh bis zur Gams – ändern. Besonderen Einfluss kann das auf die Schwarzwildpopulationen haben. Wir müssen uns – lokal – auf Verhaltensänderungen des Wildes und letztlich auf notwendige Änderungen unserer Jagdpraxis einstellen.

Jungbäume, die unter chronischem Wassermangel leiden, sind krankheits- und stressanfällig. Es kann länger dauern, ehe sie die Äserhöhe überschreiten, womit sie auch längere Zeit verbissgefährdet bleiben. Völlig offen ist, welche Baumarten neu in unsere Wälder kommen, welche Begleitflora sich entwickeln wird. Diese Dinge können die Verbisssituation sowohl entlasten wie belasten. Im Schlepp neuer Baumarten können auch neue Tierarten und Pilze einwandern. Auch das kann sich positiv wie negativ auswirken.

Selbst wenn sich die Niederschlagsmengen nicht wesentlich ändern, so ist doch wahrscheinlich, dass sich die Niederschlagsverteilung ändert. Die Gefahr von Frühjahrshochwässern wächst. Das kann die Bestandsdynamik vieler Arten durchaus beeinflussen.

Auswirkungen des Wassermangels auf Landwirtschaft und Jagd

Welchen Einfluss gravierender Wassermangel in der Landwirtschaft hat und wie sich das auf Wildschäden in dieser auswirken wird, ist noch nicht abzusehen.

KLIMATISCHE VERÄNDERUNGEN: AUSWIRKUNGEN AUF LAND- UND FORSTWIRTSCHAFT

Es wird uns gesagt, was kommen wird, aber wir wissen es dennoch nicht

Klimawandel ist in aller Munde. Wessen Interessen bei den Prognosen mehr Gewicht haben – die von Lobbyisten, Politikern und letztlich auch noch Medien – bleibt offen. Bisher hat selten etwas gestimmt. Es sei daran erinnert, dass uns die Wissenschaft noch vor einem halben Jahrhundert erklärt hat, wir befänden uns am Anfang einer neuen Eiszeit. Heute erfahren wir in jährlichen Abständen, gerade wieder den heißesten Sommer seit Beginn der Klimaaufzeichnungen erlebt zu haben ...

Robinien wachsen auch auf besonders armen und trockenen Böden. Ihr wunderschön gemasertes Holz ist in der Möbelindustrie gefragt, und Robinien-Honig schmeckt köstlich. Aber in Brüssel sieht man eine Bedrohung Europas durch sie ... Foto: Bruno Hespeler

DIE WÄLDER STERBEN – WEN INTERESSIERT ES?

Ich erinnere mich noch gut an die 1960er-Jahre. Schon damals begannen in Deutschland Waldbauern und einzelne Förster über die viel zu hohen Wildbestände zu murren. Sie hatten den Einfluss des wiederkäuenden Schalenwildes auf die Waldverjüngung erkannt. Forstleute sahen jedoch ebenso die Probleme, welche sich aus Altersklassenwirtschaft und Reinbeständen entwickelten. In weiten Teilen Deutschlands und Österreichs war das, was als Wald bezeichnet wurde, mehr oder weniger reine Fichte, Föhre oder Buche in der dritten Generation – Wirtschaftsforste.

An frühen Mahnern hat es in der Forstwirtschaft nicht gefehlt. Meist standen diese einer Mehrheit von Kollegen gegenüber, die, Ärger vermeidend, einfach weiterwurstelten. Heute sterben ganze Waldabteilungen an Trockenheit, Käfer und Sturm. Sie werden geräumt und nicht selten wieder mit reiner Fichte aufgeforstet, teilweise sogar im öffentlichen Wald.

Sieht man von zahlreichen Fernsehdokumentationen und Beiträgen in den Printmedien ab, ist wenig geschehen. Die Menschen haben kaum Neigung, ihre Lebensgewohnheiten zu ändern. Der Wasserverbrauch sinkt nicht, er steigt. Und wir Jäger – wie schaut es mit der Bereitschaft aus, die Abschusspläne zu erfüllen, geschweige denn anzupassen?

Große, baumlose Flächen waren bereits 2023 geräumt. Abgestorben waren die Fichten bis zur Waldgrenze hinauf. Foto: Bruno Hespeler

Der Wald und das Klima

Gut, Europa wird das Klima nicht retten, selbst dann nicht, wenn ernsthaft die Absicht bestünde. Dieses würde sicher auch ohne Anwesenheit des Menschen ständigen Schwankungen unterliegen. Der Einfluss des Menschen auf Tempo und Verlauf der Klimaschwankungen sei damit nicht geleugnet. Noch zu Beginn dieses Jahrtausends verkündeten zahlreiche Fachleute, die Temperaturen würden selbst dann noch viele Jahrzehnte steigen und das Ozonloch würde ebenso weiterhin wachsen, wenn sofort alle vorgeschlagenen Maßnahmen umgesetzt würden!

Europa ist ein kleiner Hinterhof der Welt mit streitenden Bewohnern, mehr nicht. Die Antworten auf abgestorbene Berghänge, wie wir sie inzwischen in fast allen deutschen Bundesländern haben, sind eher politisch kalkuliert. Auch in Österreich folgen inzwischen jahrelangen Warnungen neue Bilder. Im Kärntner Mölltal starben in nur zwei Jahren ganze Berghänge bis zur Waldgrenze hinauf.

Selbst die Jägerschaft appelliert an ihre Mitglieder. Doch was geschieht tatsächlich? Der Vernunft folgen, der Kraft der Sukzession vertrauen, einen Vorwald aus Birke und anderen Sekundärholzer wachsen lassen, das werden die wenigsten Waldbesitzer. Die zuständigen Behörden werden die Aufforstung verlangen – so wie es nicht nur dem Gesetz, sondern auch Tradition und Großvaters Praxis entspricht.

Allerdings, woher soll ein Vorwald kommen, und was soll diesem folgen, wenn vor der Katastrophe fast nur Fichten wachsen

So sehen in Mitteleuropa heute schon viele Forstreviere aus. Die Räumung der Flächen übernehmen zwangsweise Forstunternehmen aus ganz Europa, ebenso die Wiederaufforstung. Danach wird sich der Waldbesitzer überlegen, ob er überhaupt noch eigenes Personal braucht. Das Auerwild – wenn es noch welches gab – wird wahrscheinlich für immer verschwinden, und die Rehe werden unsichtbar sein und sich um die Jungpflanzen „kümmern" ...

Foto: iStock/1David Taljad

durften? Im Schutz des Vorwaldes musste man pflanzen. Doch was würde in Landespflanzgärten oder in Deutschland bei den Forstbaumschulen ausreichend zur Verfügung stehen? Was würde auch nur annähernd dem Wilddruck standhalten, wo bisher schon die Fichten geschützt werden mussten? Wer wäre bereit, eine wirkliche Zäsur einzugehen?

Der Fluch unserer Enkel

Jene, die nach uns kommen, werden es nicht nur sehen und wissen, sie werden auch jene in alle Ewigkeit verfluchen, die sich heute weigern, ernsthaft etwas zu ändern!

Eichelhäher: „Helden der sozialen Arbeit"

Ok – der Titel ist gestohlen. Im Original hieß es „Helden der sozialistischen Arbeit" und diente zur Auszeichnung von Mitarbeitern in der DDR, die als besonders fleißig eingestuft wurden. Mit der deutschen Wiedervereinigung wurde er abgeschafft. Wenn wir das Wort sozialistisch durch sozial ersetzen, wäre der Orden eine verdiente Anerkennung für den Eichelhäher. Kein einziger Forstbetrieb im Lande hat je so viele Eichen gepflanzt wie der Häher! Man findet sie nahezu überall, wo Boden und Lichtverhältnisse halbwegs passen.

Häufig bleiben sie unsichtbar, weil es ihnen nicht gelingt, die ersten Lebensjahre erfolgreich hinter sich zu bringen. Sobald sie die Moosschicht, das Beerkraut oder das Waldgras unter sich gelassen haben, werden die meisten von ihnen abgefressen. Das kann dort, wo selbst die dominierende Baumart Fichte jeden Herbst geschützt werden muss, auch gar nicht anders sein!

Mit den gefiederten Helden des Waldes ist das allerdings so eine Sache. Wir nennen unsere südlichen Nachbarn abfällig „Singvogel-Fresser". Ihnen eilt der Ruf voraus, alljährlich Millionen Singvögel in Schlingen und allerlei Schlagfallen zu fangen und zu konsumieren. Das stimmt zwar so schon lange nicht mehr, wohl aber in anderen EU-Ländern wie Frankreich (dort trotz Verbot) oder Kreta (wo die EU die Bejagung ziehender Singvögel schon während der Beitrittsverhandlungen erlaubt hat, um den Beitritts-Kandidaten nicht zu verlieren).

Den „Singvogel-Fressern" stehen wir als „Singvogel-Wegwerfer" gegenüber. Eichelhäher gehören zoologisch – wie alle Rabenvögel – zu den Singvögeln. Diese genießen zwar innerhalb der EU ganzjährig Schutz, der aber auf politischen Druck immer wieder aufgeweicht wird. Die Jäger verweisen auf die angeblich großen Schäden, welche die Häher in der Landwirtschaft verursachen. Und so werden derzeit alleine in Kärnten

Es ist keine Ehre für den Eichelhäher, wenn er aus Langeweile abgeschossen und anschließend mit Jagdhornklängen bedacht wird. Angemessen wäre es, ihm für seine Verdienste um die Walderhaltung den Titel „Professor honoris causa“ zu verleihen ... Foto: Andreas Palatin

jährlich 1.500 Eichelhäher zum Abschuss freigegeben. Umgelegt auf Kärntens Landesfläche ist das bedeutungslos – aber auch völlig absurd. In den meisten anderen Bundesländern ist die Situation im Prinzip dieselbe.

Warum schießen wir Jäger die Häher, es kann uns ja – siehe Rehwild – niemand dazu zwingen? Die Häher werden zum Ersatz des Niederwildes gemacht, dem die industrielle Landwirtschaft kaum noch Überlebenschancen lässt. Wo Hase und Fasan nur noch als letzte Mohikaner vorhanden sind, schießt man bei den traditionellen Treibjagden Eichelhäher. Am Ende eines Jagdtages wird dann die Strecke gelegt. Da stehen die Schützen um zwei, drei Hasen und etliche Eichelhäher herum. Die toten Kreaturen werden – so die offizielle Darstellung – mit Jagdhornklängen „geehrt“! Ob es die „Geehrten“ auch so sehen, ist nicht bekannt.

Warum aber schießen wir – ausgerechnet jetzt, wo viele unserer Wälder am Ende sind – genau jene, die für den Wald so viel tun? Was denkt sich eine Landesregierung oder wer berät sie in dieser Frage, wenn sie hierzu ihr Sanctus gibt?

Eichelhäher: Wider die Trostlosigkeit

Eichelhäher sind Allesfresser, die neben Weichtieren, Nagern, Insekten, Singvogeleiern und selbst Aas auch Obst und Nüsse sammeln. Im Spätsommer und Frühherbst konzentrieren sie sich auf die Eicheln. Da pendeln sie den ganzen Tag zwischen den Nahrungsbäumen und ihren Vorratsplätzen. Meist sind die Distanzen gering, doch wurden auch Flugstrecken von mehr als 5 Kilometer gemessen. Auf kurzen Strecken transportiert der Häher pro Flug oft nur zwei oder drei Eicheln, wobei eine im Schnabel transportiert wird, die anderen jedoch im Kropf. Die meisten dieser Früchte werden an Waldrändern, aber auch auf Lichtungen versteckt. Beobachtungen und Hochrechnungen ergaben Sammelleistungen einzelner Häher zwischen 2000 und 5000 Eicheln. Das können bis zu 15 Kilogramm sein. Nur ein geringer Teil wird später wieder gefunden und gefressen. Der Rest wird ungewollt gepflanzt.

Eichelhäher verhalten sich je nach Lebensraum als Stand-, Strich- und Zugvögel. Schon dieses Verhalten trägt dazu bei, dass viele der versteckten Eicheln nicht mehr gefunden werden. Die Klimaerwärmung hilft dem Häher, sein Brutgebiet in höhere Lagen auszudehnen. In vielen Gebirgen überlappen sich die Siedlungsgebiete von Eichel- und Tannenhäher.

DER WALD DER ZUKUNFT

Klimaprognosen sind inzwischen die Voraussetzung für Milliardengeschäfte und Spekulationen aller Art. Das betrifft auch den Wald der Zukunft. Vielleicht bekommen wir in Mitteleuropa einfach die Klimadaten, die Südeuropa schon lange hat? Wenn ja, dann werden sich auch die Gesichter unserer mitteleuropäischen Wälder ändern. Dann werden Baumarten bei uns Einzug halten, die ihre Wanderungen nach Norden noch in der jüngeren Vergangenheit am Südrand der Alpen beendet haben.

Mit neuen Baum- und Straucharten werden ebenso neue Parasiten, Krankheiten, Vogel- und Säugerarten zu uns kommen. Alle werden sie einen kleinen Beitrag zur Veränderung dessen leisten, was wir landläufig Ökosystem nennen. Heute noch relevante Wildschäden können an Bedeutung verlieren, neue können auftreten. Wir wissen es nicht. Alle diese Änderungen werden möglicherweise auch Einfluss auf unsere Jagdpraxis nehmen. Wir werden wahrscheinlich nicht zu hoch pokern, wenn wir annehmen, dass uns die eine oder andere Art verlorengeht. Unsere liebgewordenen Vorstellungen vom „deutschen Wald“ könnten vergänglich sein. Das gilt dann aber auch für das Spektrum unserer Wildarten wie unserer Jagdmethoden!

Es ist denkbar, dass vor allem die von Nadelholz dominierten, bisher auf suboptimalen Standorten wachsenden Wälder vorrangig verschwinden. Die Sicherheit des Waldes wird seine Baumartenvielfalt sein. Es wird ein Wald sein, in dem die Natur mehr zu sagen hat als der primär auf Holznutzung fixierte Mensch.

DIE FELDER DER ZUKUNFT: NÄSSE UND IHRE AUSWIRKUNG AUF DAS WILD

Beregnung

Kommen wir zurück zum Wasserverbrauch. Reh, Hirsch & Co sind nicht unbedingt wasserscheu. Aber sie lieben es überhaupt nicht, im Bereich von Beregnungsanlagen zu äsen und schon gar nicht, dort zu ruhen.

Für am Boden brütende Vögel ist auf solchen Flächen kein Platz mehr. Auf Beregnungsflächen finden wir weder Fasan, Rebhuhn oder Wachtel. Feldhasen sind eher Bewohner trockener Steppenlandschaften. Sie haben sich mit mitteleuropäischen Verhältnissen zwar arrangiert, aber eine Dauerberegnung überlebt der Junghase, der ja schon unmittelbar nach der Geburt auf sich selbst gestellt ist und nur ein- oder zweimal in 24 Stunden von der Häsin zum Säugen aufgesucht wird, nicht. Die ständige Feuchtigkeit fördert gefährliche Hasenkrankheiten wie die Kokzidiose. Ihr fallen im Spätsommer und Herbst viele Junghasen zum Opfer. Hier übernimmt der Fuchs eine tragende Rolle. Je stärker Hasenkrankheiten zuschlagen, umso wichtiger ist er! Das trifft besonders bei der Kokzidiose zu, die eine sehr kurze Inkubationszeit hat. Füchse erkennen krankheitsbedingte Handicaps der Hasen sehr schnell. Während gesunde Hasen eher selten von Füchsen erbeutet werden, fallen ihnen von Krankheiten befallene ziemlich sicher zum Opfer. Der Jäger muss daher froh sein, wenn sich noch Füchse für diese „Arbeit“ finden.

Die Blätter des aus China stammenden Götterbaumes erinnern an jene unserer Esche, was dazu führt, dass er oft übersehen wird. Er gehört zu den wenigen, wirklich invasiven Baumarten.
Foto: Bruno Hespeler

Der Scheinindigo ist ein durchaus hübscher Strauch mit einem hohen Durchsetzungsvermögen. Auf für ihn optimalen Standorten kann er heimische Arten durchaus lokal verdrängen. Bekämpfungsmaßnahmen scheinen zwar notwendig, ob sie zum Ziel führen, ihn aus Europa wieder zu vertreiben, ist dennoch fraglich.
Foto: Bruno Hespeler

Im Gegensatz zur heimischen Hainbuche meidet die Hopfenbuche Standorte, die periodisch überschwemmt werden. Foto: Bruno Hespeler

Die Manna-Esche ist ein Kalkzeiger des Mittelmeerraumes, der es warm mag. Nördlich der Alpen kommt sie vereinzelt schon auf Weinbau-Standorten vor. Foto: Bruno Hespeler

Landwirtschaftliche Flächen werden vielfach während der gesamten Vegetationszeit beregnet. Damit fallen sie für zahlreiche Tierarten als Lebensraum aus.
Foto: iStock/Dave Acheson Photography

Kranke Logik

Die Logik vieler Jäger und selbst mancher Wildbiologen lautet jedoch gerade umgekehrt: „Wenn die Hasen schon unter der Kokzidiose leiden, können wir keine Füchse mehr dulden!" Daher sind die zuweilen geradezu fanatischen Fuchsbekämpfer die Wegbereiter und Unterstützer der Kokzidiose!

Niederschlagsmenge

In den letzten Jahrzehnten erlebten wir in Mitteleuropa in immer engeren Abständen Starkregen, die uns von Wissenschaftlern und Medien teilweise als Jahrhundertregen oder Jahrhunderthochwasser vorgestellt wurden. Inzwischen werden solche Einstufungen sparsamer verwendet. Die Wissenschaft erklärt uns außergewöhnliche Starkregen und Überschwemmungen, wie sie um die Jahreswende 2023/2024 Norddeutschland heimsuchten, mit der Erwärmung der Weltmeere. Es steigt mehr Feuchtigkeit von den Meeren auf und regnet über Land wieder ab. Das würde bedeuten, dass solche oder ähnliche Regenmengen zur Regel werden könnten. Allerdings litt das von zwei Meeren umschlungene Spanien zur selben Zeit unter einer katastrophalen Trockenheit.

Was passiert, wenn sich die Niederschläge tatsächlich so wie hier angedacht entwickeln? Unter starken Niederschlägen leiden Feldhasen, Fasane, Rebhühner und nicht zuletzt Kleinnager. Besonders betroffen sind vor allem Bodenbrüter. Großflächige Überschwemmungen bedeuten existenzielle Probleme für nahezu alle Bodenbrüter, einschließlich jener Arten, die ihre Nester im Flachwasser bauen. Doch selbst wenn die Eier nicht überflutet werden und die Küken schlüpfen, bringen Starkregen die Insekten in Bedrängnis – und die sind eine unverzichtbare Kükennahrung!

Auch ob es viele oder wenig Mäuse und damit Fuchsnahrung gibt, bestimmt in erster Linie die Witterung. Starke Niederschläge im Frühjahr und Sommer und mehr noch Überschwemmungen lassen die Mäuse in ihren Bauen ertrinken. Die wichtigste Beute des Fuchses sind Mäuse und andere Kleinnager. Sie bestimmen das Auf und Ab der Fuchspopulationen.

Was den Hasen betrifft, so hat meine Generation noch gelernt, in guten Hasenrevieren dürften die Jahresniederschläge 600 Millimeter nicht überschreiten. Alles was darüber läge, sei für den Feldhasen kritisch. Folgen regelmäßig wiederkehrender Überschwemmungen könnten mittelfristig Forderungen sein, den Feldhasen aus der Liste der jagdbaren Tiere zu streichen oder zumindest eine ganzjährige Schonzeit zu verordnen.

Hingegen erreichen Europäische Feldhasen im Süden Chiles (gemeint ist die Region Los Lagos, die ehemalige Region *X* im Süden des Landes), im Zentraltal sowie in den unteren Lagen der Valdivianischen Regenwälder Siedlungsdichten, die weit über dem liegen, was wir gegenwärtig in Deutschland oder Österreich finden – trotz zahlreicher Nutzer wie Puma, Andenfuchs und Greifvögel. Und vor allem trotz der hohen Niederschlagsmenge, die dort lokal bis 4000 Millimeter erreicht! Offenbar kommt es nicht so sehr auf die Niederschlagsmengen an als auf deren zeitliche Verteilung. Niederschläge sind während der Aufzucht von Jungtieren besonders kritisch zu sehen. Entscheidend ist also, wie man sieht, die Niederschlagsverteilung.

KLIMATISCHE VERÄNDERUNGEN UND JAGDLICHE KONSEQUENZEN

Klima ist eine sehr langfristige Angelegenheit. Es gibt keine geraden Linien von oben nach unten oder umgekehrt, sondern ein ständiges, „kleinkurviges" Auf und Ab. Die letzte große Vereisung, die Weichsel-Würm-Kaltzeit[11], liegt zumindest 10.000 Jahre zurück. Das Maximum der Vereisung wird von der Wissenschaft im Zeitraum zwischen 24.500 und 18.000 Jahren v. Chr. angesetzt. Dieser lange Zeitraum setzte sich aus zahl-

[11] Kaltzeiten sind einzelne Perioden innerhalb einer Eiszeit.

Überschwemmungen werden die verbliebenen Niederwildvorkommen ebenso wie zahlreiche andere Tierarten regional weit mehr beeinträchtigen als in der Vergangenheit. Hier sind die Diskussionen um Sommerfuchsbejagung, Rabenkrähen und Wiesel nur noch Zynismus. Foto: iStock/MIK Art

losen gegenläufigen Abschnitten der Erwärmung wie der Abkühlung zusammen, die jedoch eine Tendenz ergaben. Für Europa wird eine „Kleine Eiszeit" von Beginn des 15. bis ins 19. Jh. hinein angenommen. Diese „Kleine Eiszeit" gilt als Beweis dafür, dass durchaus markante Klimaschwankungen auch in relativ kurzen Zeitabschnitten von wenigen Jahrhunderten erfolgen können. Als Begleiter solcher „Kleiner Eiszeiten" sehen Wissenschaftler heute Vulkanausbrüche.

HITZE, STÜRME & WASSERMANGEL TROTZ ÜBERFLUTUNGEN

Ein Anstieg der Jahresmitteltemperaturen in Europa während der letzten Jahrzehnte lässt sich nicht leugnen. Aussagen darüber, wie lange er andauern wird und welche Ausmaße erreicht werden, darüber ist sich nicht einmal die Wissenschaft einig.

Falsche Hoffnungen

„Jahrhundert-Überflutungen", wie sie inzwischen alljährlich kommen, vernichten Existenzen und Leben, aber die Grundwasserpegel sinken dennoch weiter – einfach weil der Wasserverbrauch steigt und Niederschläge schneller abgeleitet werden!

Nun bedeutet Klimaänderung ja nicht nur Temperaturanstieg. Das wäre mit Blick auf die Jagd die „leichteste Übung". Unsere südlichen Nachbarn leben schon lange mit Temperaturen, die im Mittel höher liegen als die unsrigen. Dennoch finden wir auf dem Balkan, in Griechenland, Italien und Spanien – wo die Lebensräume stimmen – sogar gute Niederwildbestände und alle bei uns vorkommenden Schalenwildarten.

Begleiterscheinungen, wie eine sich ändernde Niederschlagsverteilung, häufigere und heftigere Stürme und Feuer können auf die Jagd regional weit mehr Einfluss nehmen als der Temperaturanstieg selbst. Während diese Zeilen getippt werden, stehen in Mitteleuropa große Landstriche völlig unter Wasser. Wenn aber Tausende und sogar Zehntausende Hektar Land unter Wasser stehen, werden dort nicht nur die Mäuse ertrinken.

WOZU BRAUCHEN MANCHE WILDTIERE SCHNEE?

Wir Menschen könnten – wenn man den Wintersport unberücksichtigt lässt – problemlos ohne Schnee leben. Schließlich kommt man in Gambia, Kamerun und Ägypten auch ohne aus. Eng wird es ohne Schnee für einige Tiere. Der Mensch lässt sich giftige Kunststoffplatten auf seine Hausfassaden kleben, um es im Winter schön warm zu haben. Murmeltiere und eine ganze Reihe weiterer Tierarten hoffen hingegen auf eine ihre Winterbehausungen isolierende Schneedecke!

Während Murmeltiere, Siebenschläfer, Ziesel & Co für viele Monate einfach abtauchen, benehmen sich andere Wildarten eher wie „Kurzzeit-Camper". Birkhühner und ihre Verwandtschaft nutzen den Schnee, um mit eisigem Bergwind und Frost besser zurecht-

Unsere Murmeltiere sind Eiszeitrelikte. Wo der Schnee ausbleibt, wird es im Winter kalt im Bau, und sie haben ein Problem. Foto: Bruno Hespeler

zukommen. Sie buddeln sich in den Schnee ein und überstehen so auch bitterkalte, vom Sturm durchpeitschte Winternächte. Ihre Schneehöhlen sind nichts anderes als maßgeschneiderte Iglus!

Nicht nur Vögel suchen Schutz im Schnee. Rehe graben zwar keine Schneehöhlen, aber sie lassen sich zuweilen weitgehend einschneien. Sogar der Feldhase nutzt hin und wieder den Schnee zur Isolation. Er liegt in der Ackerfurche oder auf der winterlichen Wiese, tief in seine Sasse gedrückt. Dass der Schnee auf seinem Rücken nicht sogleich schmilzt, zeigt, dass sein Balg den Körper gut isoliert.

Wildtiere haben sich im Laufe ihrer Evolution an die Bedingungen ihrer Lebensräume angepasst. Wer im offenen, deckungsarmen Gelände lebt, legt auf Tarnung Wert. Das gilt besonders für die Bewohner von Hochlagen wie Schneehühner und Schneehasen. Im Winter schützt sie ein weißes Äußeres, um im Schnee nicht aufzufallen. Dieser gibt ihnen aber auch Kälteschutz. Die Sommergefieder der Schneehühner beinhalten Strukturen und Farben ihrer Lebensräume. Im Winter ist fast alles blendend weiß.

Das Problem sind die Übergangszeiten im Frühling und Herbst. Die Schneehühner können ihr Gefieder nicht von einem Tag auf den anderen wechseln. Allerdings werden Alm- und Geröllzonen im Herbst auch nicht schlagartig weiß und im Frühling wieder aper. Ausgelöst wird der Gefiederwechsel von der Tageslichtlänge, wobei auch die Temperaturen einen gewissen Einfluss haben. Zeiler berichtet, dass in Südtirol manche Schneehühner überhaupt nicht umfärben.

Die letzten Winter waren eher schneearm, und es aperte früh aus. Das ist für die Schneehühner fatal. Sie bewegen sich im blendend weißen Wintergefieder in einer

Für die Schneehühner ist ihr Gefieder ein perfektes Tarnkleid. Im Winter verschwindet es in der weißen Landschaft. In schneearmen Lagen färben sie manchmal nicht völlig durch.
Foto: iStock/pilipenkD

Wenn der Schnee im Frühjahr geht, wechseln Schneehühner ihr Gefieder. In das reine Weiß des Winters mischen sich immer mehr unterschiedliche Brauntöne. Im Sommergefieder lösen sie sich optisch in den Farben der Hochlagen auf. Foto: iStock/pilipenkD

schneefrei gewordenen Landschaft. Damit werden sie vor allem für den Steinadler regelrecht zur „Leuchtreklame“! Beim Wechsel vom Sommer- ins Wintergefieder haben sie dasselbe Problem, weil der Schnee in den meisten Jahren später kommt. Bereits blendend weiß, fehlt ihnen die Tarnung.

Flexibler sind hingegen Hermelin und Mauswiesel. Sie orientierten sich beim Haarwechsel schon immer am Wetter. In milden Wintern bleiben Hermeline in tieferen Lagen komplett braun. In schneereichen Lagen wechseln sogar die Mauswiesel ins weiße Winterkleid. Gleichwohl lernen die meisten Jäger immer noch, Mauswiesel würden ganzjährig braun bleiben!

Auch den Schneehasen macht der Schneemangel zu schaffen, obwohl diese beim Haarwechsel etwas flexibel sind. Die Klimaerwärmung führt überdies dazu, dass die braunen Waldhasen ihren Lebensraum immer weiter nach oben ausdehnen. Die deutlich kleineren Schneehasen müssen – nicht nur der braunen Hasen wegen – ebenfalls nach oben ausweichen, wo ihnen der vegetationsarme Fels Grenzen setzt.

Schneehasen sind in schneearmer Landschaft besonders auffällig. Foto: iStock/Yurii Belov

WENN DIE VEGETATION SCHNELLER WIRD

In den letzten Jahren machte der Winter immer schneller Feierabend und übergab an den Frühling. Das merken auch Allergiker, schließlich blüht die Hasel heute im Schnitt drei volle Wochen früher als Mitte des letzten Jahrhunderts. 2023 war es schon Mitte Jänner so weit. Das heißt, der phänologische Vorfrühling fand bereits im Winter statt! Die meisten von uns empfinden das eher angenehm. So freuen sich auch viele Jäger, dass für Wildtiere die Notzeit früher zu Ende geht. Die Frage ist, ob das wirklich allen nützt.

Schnee schützt die Böden vor Austrocknung. Wo der Schnee im Winter fehlt, trocknet die Sonne die Böden aus. Taut der Schnee, kommt das Wasser vor allem der jungen Vegetation zugute. Fällt statt des Schnees Regen, fließt dieser überwiegend schnell ab. Sind die Böden noch gefroren, bleibt kaum etwas. So kann es ohne Schnee länger dauern, ehe es am Boden grün wird. Das ist für manche Arten nachteilig.

Früherer Brutbeginn kann problematisch sein

Vor einem halben Jahrhundert kamen die Ringeltauben, aber auch Waldschnepfen, Bachstelzen und andere Vögel in der zweiten Märzhälfte aus ihren Winterquartieren zurück. Kaum im Brutrevier angekommen balzten sie, bauten Nester und begannen mit der Brut. Heute verbringt die Mehrheit der Ringeltauben den Winter im Brutrevier oder weicht nur kurzen Kälteeinbrüchen lokal aus. Tauber balzen vereinzelt schon im Jänner. Auch auf dem Wasser haben es viele eilig. Ein früher Brutbeginn bedeutet

In der älteren Jagdliteratur wurden Ringeltauben als relativ seltene, scheue Waldbewohner und Zugvögel beschrieben. Heute sind sie ein Massenwild, das sich in der Landwirtschaft zuweilen unangenehm bemerkbar macht. Viele sind Standvögel geworden. Foto: Bruno Hespeler

jedoch nicht zwangsweise, dass es für früh geschlüpfte Küken auch ausreichend Insekten gibt.

Wir Menschen könnten den vorgezogenen Start des Frühlings gelassen sehen, würde sich der Winter, wenn sich schon viele Blüten geöffnet haben, nicht noch einmal für wenige Nächte zurückmelden. Was zur Ernte werden sollte erfriert, noch ehe es zu wachsen begann. Nicht nur die Obstbauern müssen bei vorgezogenem Frühlingsbeginn mit Verlusten rechnen. Manche landwirtschaftlichen Kulturpflanzen – etwa Spargel, Weizen oder Zuckerrüben – brauchen, ehe sie loslegen, Frostperioden.

Doch da gibt es noch andere Probleme. Nicht alle Insekten warten ungeduldig auf wärmere Temperaturen. Bienen „verpennen" unsere Frühblüher schon einmal. Eher stehen die Hummeln zur Bestäubung der ersten Blüten bereit.

Denkbar, dass sich die kürzeren Winter bei einigen Arten auf deren Vermehrungsraten auswirken. Ringeltauben machen meist zwei Jahresbruten, seltener drei. Während viele Jungvögel in ihrer ersten Lebensphase auf Insekten angewiesen sind, bekommen Tauben Kropfmilch. So könnten in Zukunft drei Bruten zur Regel werden. Auch auf die Vermehrung von Wildkaninchen und Feldhase könnte sich die verlängere Vegetationszeit positiv auswirken.

FRÜHES WINTERENDE UND LANGER WANDERHERBST

Ein verkürzter Winter und ein verlängerter Sommer werden sich sowohl positiv als auch negativ auswirken – das gilt für den Tourismus wie für die Wildtiere. Schon heute überlebt die Mehrzahl der Skigebiete nur noch mit künstlicher Beschneiung. Doch während vor wenigen Jahren noch der Berg bis ins Tal weiß und auch das Schifahren abseits der Pisten möglich war, verbindet heute immer öfter nur noch ein weißes, künstlich beschneites Band die beiden Liftstationen. Die Skisaison wird, außer in den Gletscherregionen, später beginnen und früher enden. Doch auch die Gletscher liegen jetzt schon absolut im Sterben. Rechts und links der Pisten wird der Schnee unterhalb Gletscherhöhe immer mehr zur Mangelware. Vor allem wird die Zeit der Skitourengeher kürzer. Für die Natur ist das – isoliert betrachtet – ein dickes Plus.

Wie sich diese Verschiebungen auf Wildtiere auswirken, ist schwer zu sagen und wird wohl von der lokalen Situation abhängen. Nehmen wir als Beispiel die Gams: Es ist denkbar, dass sich kurze Winter in niedrigeren Lagen, wo Äsung im Winter zugänglicher und die Lawinengefahr im Spätwinter geringer ist, eher positiv auswirken.

Der Tourismus klagt bereits seit Jahren über Schneemangel und zunehmende Erwärmung im Winter. Für die Gams kann das einen leichteren Zugang zur Äsung bedeuten. Möglicherweise erhöht sich aber auch die Lawinengefahr.
Foto: iStock/Lysogor

Rotwild, das nicht halbjährig in Gattern inhaftiert wird, darf vielleicht, seinen Instinkten folgend, die Lagen oberhalb der Waldgrenze nutzen. Skeptiker befürchten eher, dass es den Bergwald nutzt und Verbiss-Schäden hinterlässt. Birkwild, Stein- und Schneehühner werden wahrscheinlich weniger beunruhigt und sparen Kalorien.

Im Herbst gehören Natur und Jagd eher zu den Verlierern. Die geschlossene Schneedecke wird später kommen, Wanderwege bleiben begehbar. Zumindest dort, wo sich bei Bergstationen auch eine Gastronomie befindet, kann die Zahl der Bergwanderer größer sein als die Zahl der Skitourengeher bei Schnee. Das bedeutet nicht nur viel Unruhe für all jene, die noch Energie für den Winter sammeln müssen, sondern bei Gams- und Steinwild auch für die bevorstehende Brunft.

Was den Jäger betrifft, so mögen ihm die Bergbahnen eine Hilfe sein. Aber er muss sich die Landschaft auf breiter Fläche mit Bergwanderern und Mountainbikern teilen – und das in einer Jahreszeit, in der die Nächte lang und die Tage kurz sind.

Die Menschen, mit denen sich der Jäger die Landschaft teilen muss, werden nicht weniger. Die Jagd genießt heute noch Privilegien, welche ihr die Gesellschaft Stück für Stück nehmen wird. Stures Festhalten am Gestern wird kein Rettungsring sein!
Foto: iStock/Apostolus Giontzis

VON ALTEINGESESSENEN UND ZUWANDERERN

ALS DIE GROSSEN AUSGEROTTET WAREN ...

Ich erinnere mich noch recht gut an meine Kindheit, Jugend und beruflichen Anfänge. Dass meine Lehrer die Ausrottung von Bär, Wolf, Fischotter und vielen anderen, ehemals in Europa beheimateten Tieren als höchst bedauerlich darstellten, entsprach wohl dem, was ihnen das Kultusministerium auftrug.

Die Ökologie des Wolfes erklärten ihnen die Gebrüder Grimm und deren Kollegen. So gehört Rotkäppchen heute noch zum Allgemeinwissen eines ganzen Volkes. Etwas später, als ich schon Jäger war, las ich mich in die traurige Geschichte von *Lupus lupus* ein und war sichtlich erleichtert. Nun war mir klar, dass es gar nicht die Jäger waren,

Der Wolf scheut den Menschen. Zu tödlichen Angriffen auf Menschen kommt es jedoch regelmäßig durch Rinder, Hunde und Schwarzwild.

Foto: iStock/Phototech

die den Wolf ausrotten wollten – es waren quasi die Bauern, die sie dazu nötigten! In Jagdzeitschriften und Sonntagsreden amtierender Jagdfunktionäre wurde diese Fehlentwicklung zuweilen bedauert und auf die Bedeutung der großen Beutegreifer im Haushalt der Natur hingewiesen. Nun waren sie weg und würden nie mehr wiederkommen ...

Wissenschaftler klärten uns auf, dass wir nun deren Aufgaben übernehmen müssten. Wohl in illustrer Runde ersann man eine Grafik, die dem Volk in einfachster Weise Zusammenhänge und Notwendigkeit erklärte. Brülls Pyramide war geboren, und sie hielt sich – ich konnte mich davon überzeugen – bis heute selbst im universitären Lehrbetrieb!

Europas Menschen haben sich all die Jahrzehnte für den Erhalt wesentlich größerer und stärkerer Raubtiere in aller Welt eingesetzt. Sie muten der in Hütten lebenden Bevölkerung Afrikas die Duldung von Löwen zu, die ihr Vieh und ihre Kinder fressen. Leoparden mitten in Indiens Städten sind in Ordnung, Tiger in Dschungeldörfern ebenso. Und für die Rettung der Eisbären (wie?) machen wir im Moment Millionen locker. Bären und Wölfe finden wir in Italien, in der Schweiz und in Frankreich wirklich ok, aber die Verhältnisse bei uns sind – leider – völlig anders ...

Das, womit vor wenigen Jahrzehnten niemand gerechnet hätte, wurde Realität. Nach den aus Tschechien in den Bayerischen Wald eingewanderten und auf bayerischer Seite regelmäßig erschossenen Luchsen kam „Bruno". Der Jungbär wurde 2004 im italienischen Adamello-Brenta Nationalpark geboren und wanderte 2006 über die Tiroler Grenze nach Bayern. Dort wurde er von den führenden Politikern überschwänglich willkommen geheißen. Ruhe ließ man ihm indessen keine. Er wurde zum Gehetzten, verfolgt von einer internationalen Journalistenmeute wie von den Ergüssen zahlreicher

Die Pyramide soll zeigen, dass der menschliche Jäger die großen Nutzer des Wildes – Bär, Wolf und Luchs – ersetzt. Das kann er jedoch gar nicht. Weder ist er in der Lage, im notwendigen Sinne zu selektieren, noch hat er auch nur annähernd die jagdliche Fähigkeit und Zeit. Was den Europäischen Braunbären betrifft, so ist dieser überwiegend Vegetarier und Aasfresser.

Foto: Archiv Hespeler

„Experten", die mit besonderen „Bärenhunden" aus Skandinavien eingeflogen wurden. Beigeordnet wurde ihnen ein Veterinär der Uni Wien, der Bruno betäuben sollte. Den nordischen Experten wurde schon kurz nach ihrer Landung in München nachgesagt, deutsche Spirituosen zu schätzen.

Bruno zeigte sich indessen ziemlich menschenscheu und ergriff bei Begegnungen mit Menschen die Flucht. Alleine der Umstand, dass er sich sehen ließ und dass er inzwischen quasi als „politisch Verfolgter" in seiner Not auch dem Mundraub nachging, brachte ihm den Titel „Problembär". Am 26. Juni 2006 wurde Bruno schließlich auf Weisung des Umweltministeriums erschossen. Der Name des Schützen durfte nicht genannt werden. Dennoch kursierte später der Name eines staatlichen Berufsjägers. Bestätigt wurde dieser nie.

Im Bayerischen Landtag kam es zu einer Anfrage der SPD-Fraktion, doch verweigerte der damalige Umweltminister Schnappauf (CSU) jede Auskunft zum Gewehrtyp, zu Kaliber und Munition.

HOFFNUNG IN ÖSTERREICH

In der zweiten Hälfte des 20. Jh. sah es in Österreich – kurz – so aus, als sei die Einstellung zum Großraubwild eine andere – eine zukunftsfähige – geworden.

1972 wanderte ein männlicher Bär aus Slowenien nach Österreich ein. Die Medien verpassten ihm schnell den wohlklingenden Namen „Ötscherbär". Er durchstreifte zunächst die Steiermark, ließ sich dann im Ötschergebiet, im Grenzbereich von Niederösterreich und Steiermark, nieder. Dem Tourismus im genannten Raum tat das keinen Abbruch, und auch in der Landwirtschaft fiel er nicht besonders unangenehm auf.

In Slowenien leben über 1000 Bären, dennoch gab es in den letzten 50 Jahren zwar mehrere Zwischenfälle, bei denen fast immer frei laufende Hunde im Spiel waren, aber kein einziges Todesopfer. In Österreich werden alljährlich Menschen von Rindern getötet, ebenso von Hunden sowie von anderen Nutz- und Wildtieren.
Foto: Bruno Hespeler

Ärger verursachte er den Jägern, indem er die für das Rehwild gedachten, mit industriellem Kraftfutter beschickten Fütterungen zerlegte. Vergessen wird dabei gerne, dass bei unseren Nachbarn die Rehfütterung verboten ist.

Damit stand die Rückkehr einer ursprünglich heimischen, dann aber ausgerotteten Wildart der Manipulation einer anderen heimischen Tierart mit Kraftfutter zur Trophäenhege gegenüber. Für das Rehwild selbst stellte der Bär keine Gefahr dar. In den Jahren 1989 bis 1993 setzte der WWF im Ötschergebiet drei weibliche Bären aus. Sie sollten diese Wildart in Österreich wieder heimisch werden lassen. Der Versuch gelang, und in den Folgejahren wurden 31 Bären in Österreich geboren. Dazu kamen noch die vier Altbären sowie einige „Pendler" im Grenzgebiet von Slowenien, Friaul und Kärnten.

Die in den ersten Jahren zahlreichen Hinweise gingen nach 2006 zurück, und es konnte auch kein Nachwuchs bestätigt werden. Totfunde waren ebenso wenig zu verzeichnen. Vermutet wurden Abwanderungen, doch hätte es dann in den benachbarten Bundesländern Hinweise geben müssen. Schließlich ist die Landschaft fast überall mit Wildkameras bestückt. Was es gab, waren Gerüchte, die Bären seien illegal erschossen worden. Ermittlungen wurden eingeleitet. In einem Fall gab es starke Indizien, aber letztlich keine handfesten Beweise. Nur in einem einzigen Fall wurde der Schütze offiziell festgestellt, allerdings erst nach seinem Tod. Der WWF wollte auf eigene Kosten im Ötschergebiet neuerlich Bären aussetzen, was aber von den zuständigen Behörden, der Landwirtschaft und der Jägerschaft strikt abgelehnt wurde.

Irritation
„Die Hoffnung stirbt zuletzt", sagt ein altes Sprichwort, aber es verschweigt, dass auch der stirbt, der bis zuletzt hofft!

Auch in Kärnten wurde zumindest ein aus Slowenien kommender, noch dazu besenderter Bär illegal erschossen. Der Sender dokumentierte die Wanderung des Tieres und letztlich auch den Tatort. Am 9. Mai 2009 erloschen die Signale. Es gab sogar Hinweise auf den Schützen, doch die Mühlen der zuständigen Organe mahlten auffällig langsam. Am 11. Juni wurde dann der fachmännisch enthäutete Kadaver auf slowenischer Seite, unterhalb einer Passstraße in einem Bach liegend, gefunden. Es wurde 2012 sogar ein Strafverfahren gegen den Schützen eröffnet, einen damals 48-jährigen Kärntner Jäger. Er wurde, trotz starker Indizien, „im Zweifel für den Angeklagten" freigesprochen.

DEUTSCHLAND WURDE WOLFSLAND

Mitte des 19. Jh. war der Wolf im Gebiet des heutigen Deutschlands ausgerottet. In Österreich hielt er sich bis 1882 in der Steiermark. Danach gab es nur noch einige wenige Nachweise. Erst 1954 tauchte in Osttirol ein Wolfspaar auf, das sich sogar fortpflanzte, um danach zu verschwinden. Nach 1970 wurden in Oberösterreich, der Steiermark, in Kärnten und 2009 auch in Tirol immer wieder Wölfe gesehen und teilweise erlegt. Genetische Untersuchungen zeigten, dass die Wölfe aus drei verschiedenen Populationen stammten, und zwar aus den Westalpen, dem Balkan und aus den Karpaten. Was die gemeldeten Sichtungen betrifft, so ist nicht sicher, ob es sich tatsächlich immer um Wölfe handelte.

Eine Rückkehr dieser Wildart nach Österreich, im Sinne von Rudelbildungen und Reproduktion, konnte erst im Jahre 2016 nachgewiesen werden. Auf dem Truppenübungsplatz Allentsteig, nahe der Grenze zu Tschechien, registrierte eine Wildkamera zwei Alt- und zwei Jungwölfe. In der Folge tauchten Wölfe in allen Bundesländern auf.

In Deutschland verteilten sich die eingewanderten und reproduzierenden Wölfe auf bisher zwölf Bundesländer. Von Anfang an bildeten sich Interessengruppen, die auch für Panik sorgten. Der Wolf wurde zur Bedrohung für Menschen; als Menschenfresser hochstilisiert, spaltete er die Bevölkerung. Im Zeitraum 2020/21 wurden insgesamt 184 Rudel oder Paare und 556 Welpen ermittelt. Rechnet man die durchziehenden Einzelwölfe hinzu, kamen in allen Bundesländern, die drei Stadtstaaten (Berlin, Bremen und Hamburg) eingeschlossen, Wölfe vor.

Die illegalen Tötungen nahmen in Deutschland wie in Österreich zu, ebenso die Zahl der Verkehrsopfer. Durch die legalen wie illegalen, vor allem aber unselektiven Abschüsse, wurden Rudel immer wieder zerstört, mit der Konsequenz ständig neuer Rudelbildung. Rudel mit alten, erfahrenen Alphatieren an ihrer Spitze konzentrieren sich weniger auf Weidetiere als junge, die noch wenig Erfahrung mit Wildtieren haben. In anderen Ländern warnen daher Wildbiologen vor den Folgen der nicht kalkulierbaren Abschusserlaubnis.

Wie wir Wölfe züchten

Wenn Rudel durch unqualifizierte Abschüsse zerstört werden, entstehen neue, kleinere Rudel und damit auch mehr Alphatiere, was nichts anderes bedeutet als eine höhere Reproduktion und höhere Schäden an Weidetieren.

Die Wolfshysterie hat Wolfsschäden produziert! Zielführender wäre es, dort, wo es geboten erscheint, wolfsfreie Zonen einzurichten und die Tiere in den ausgewiesenen Wolfsgebieten weitgehend in Ruhe zu lassen. Sie vermehren sich nicht endlos.

TRAUERSPIEL LUCHS

Österreich grenzt im Böhmerwald an Tschechien und in den Karawanken an Slowenien. Aus beiden Ländern wanderten immer wieder einzelne Luchse nach Österreich ein, wurden illegal erschossen oder verschwanden einfach. Erst 1976 startete im steirisch-kärntnerischen Grenzgebiet, auf der Turrach, ein Projekt der Universität Göttingen, unter Leitung von Prof. Antal Festetics. Drei männliche und drei weibliche Luchse wurden besendert und freigelassen. Bei den ersten drei Tieren handelte es sich um Wildfänge aus den slowakischen Karpaten. Drei weitere Luchse folgten 1978 aus dem Zoo in Ostrava.

Heute wird bemängelt, das Projekt sei schlecht vorbereitet gewesen und deshalb gescheitert. Jedenfalls verschwanden alle ausgesetzten Luchse im Nirgendwo. Am Lebensraum konnte es kaum gelegen haben. Große Bergwälder, Almen und eine sehr hohe Schalenwilddichte boten die besten Voraussetzungen. Die Stimmung in der Jägerschaft war gespalten. Es gab einen kleineren Teil sehr aufgeschlossener Jäger, die das Projekt begrüßten und Hoffnungen daran knüpften. Der größere Teil war eher kritisch bis radikal. Befürchtet wurde vor allem die Ausrottung des Rehwildes.

Es sterben weit mehr Rehe durch Kraftfahrzeuge, Krankheiten oder Hunde als von Luchsen genutzt werden. In manchen Revieren übertrifft der Fallwildanteil sogar die Zahl der erlegten Rehe. Die Aussage, Luchse würden nur selbst gerissenes Wild annehmen, ist nachweislich falsch. Foto: Bruno Hespeler

Zwar gab es in den Folgejahren angeblich relativ viele Sichtungen sowie Fotos, die jedoch von den Experten nicht bestätigt werden konnten. Unter ihnen waren auch wildfarbene Hauskatzen und einmal sogar ein Cocker-Spaniel.

Aberglaube

Die Rückkehr des Luchses nach Mitteleuropa wurde lange durch Mutmaßungen und Behauptungen erschwert. Das größte Hemmnis waren völlig unrealistische Einschätzungen der Rehwilddichte, die sich in den geringen Abschussfreigaben dokumentierten. Diese lagen noch zu Beginn dieses Jahrtausends vielfach deutlich unter drei Rehe je 100 Hektar Jagdfläche. Der Nahrungsbedarf des Luchses wurde meist mit einem Reh pro Woche angenommen. Dabei wurde bestritten, dass der Luchs, wo es sich anbietet, auch Fallwild und andere Beutetiere frisst. Fakt ist, dass beispielsweise die alten Karpatenjäger den Luchs regelmäßig am Luderplatz erlegten – also beim Verzehr von Fallwild!

Im Nationalpark Bayerischer Wald untersuchte die Wildbiologin Hucht-Ciorga die Beuteausnutzung des Luchses. Dabei wurden, wenn ein Riss zu Ende ging, auch Fallwildrehe nachgelegt, die ohne weiteres angenommen wurden.

Lange ging man davon aus, dass Luchse die Nähe menschlicher Siedlungen meiden und daher weit größere Gebiete benötigen als heute bekannt ist. Das führte zu Aussagen, dass Gebiete wie beispielsweise der Schwarzwald nicht ausreichend groß wären, um Inzucht zu vermeiden. Tatsächlich gibt es inzwischen zahlreiche Beispiele, die zeigen, dass sich Luchse auch ohne Not selbst in Gebieten mit Massentourismus, in nächster Nähe von stark frequentierten Wanderwegen oder in absoluter Nähe zu Gasthäusern aufhalten und dort sogar ihre Kinderstuben haben.

In den Schweizer Nordalpen lag die Größe der Luchs-Wohngebiete in den 1980er-Jahren zwischen 96 und 450 km². Der dortige Waldanteil liegt bei nur 24 % (Goßmann-Köllner u. Eisfeld).

Das tatsächliche Problem ist der fehlende Genaustausch, weil es zwischen den weit verstreuten Vorkommen (z. B. Vogesen und Karpaten) keine Kontakte gibt. Das zeigte sich in körperlichen Deformationen schon vor Jahren in der Population Sloweniens wie gegenwärtig im Schweizer Jura, wo Luchse ohne äußere Ohren geboren wurden.

Südlich der Donau gab es 1998 im Bereich des heutigen Nationalparks Kalkalpen einen ersten gesicherten Nachweis, ebenso in den Folgejahren. 2009 wanderte ein Kuder zu, der aus einem Gehege entwichen war und im selben Jahr wieder verschwand. 2011 wurden im Nationalpark zwei Wildfänge aus der Schweiz ausgesetzt. Die Katze brachte bereits im Folgejahr Junge zur Welt, während der Kuder und vermutliche Vater 2012 schon wieder als verschollen galt. Im März 2013 wurde neuerlich eine Schweizer Luchsin freigelassen. Diese reproduzierte noch im selben und im darauffolgenden Jahr. Von sechs 2013 geborenen Jungluchsen lebte im August 2014 jedoch nur noch einer.

Luchse in Bayern

Der Umgang mit Luchsen in Bayern ist eines der dunkelsten Kapitel jüngerer Jagdgeschichte! In den 1970er-Jahren wurden im Nationalpark Bayerischer Wald vom Bund Naturschutz in Bayern erstmals illegal Luchse ausgesetzt. Genaue Daten sind keine mehr vorhanden bzw. zugänglich.

Weder Bär noch Wolf sind so scheu und vorsichtig wie der Luchs. Noch heute wird er mit Gift und Fallen bekämpft – unabhängig von der Gesetzeslage. Foto: Bruno Hespeler

Außerhalb des Nationalparks wurden von Anfang an erschossene Luchse gefunden, wobei von einer hohen Dunkelziffer auszugehen ist.

Mit welcher kriminellen Energie die Täter vorgingen, wird an einer besenderten Luchsin deutlich, die im März 2012 in der Nähe des Nationalparks tot aufgefunden wurde. Sie wurde dem Institut „Zentrum Pharmakologie und Toxikologie" der Universität Göttingen zur Untersuchung übergeben. Dabei stellte sich heraus, dass ein in der Nähe der toten Luchsin gefundener Rehkadaver mit dem Nervengift Carbofuran präpariert war. Dieses fand sich auch im Magen der Luchsin. In Deutschland ist das gefährliche Mittel seit 2007 verboten. *(Quelle: Pressemitteilung 044/12 des Nationalparks Bayerischer Wald)*

2013 wurde bei Bodenmais, ebenfalls im Bayerischen Wald, neben einem Wanderweg eine trächtige Luchsin abgelegt, die zuvor erschossen worden war. Ein gutes Jahr später fand man bei Lam, nahe der Grenze zu Oberösterreich die abgetrennten Pfoten eines Luchses. Sie lagen provokativ nahe einer Fotofalle. Die ganze Perversität und Schamlosigkeit des oder der Täter zeigte eine Luchsin, die im Dezember 2015 bei Oberkreuzberg, ebenfalls im Bayerischen Wald, in einem Straßengraben gefunden wurde. Offensichtlich sollte ein Verkehrsunfall vorgetäuscht werden. Die Untersuchung ergab jedoch, dass sie stranguliert worden war. Sie war demnach in einer Schlinge gefangen worden. Selbstverständlich war es wieder ein „Wilderer". Die polizeilichen Ermittlungen führten zu keinem Ergebnis.

Wie aber hätte sich ein „nicht jagdberechtigter Wilderer" verhalten? Sicher hätte er nicht die Absicht gehabt, einen Luchs zu fangen, um ihn sich präparieren zu lassen! Da hätte der Präparator ebenso ein Lump sein müssen wie er selbst. Dass es ein Wilderer mit Feinschmecker-Ambitionen war, der einfach einmal ein zartes Luchsfilet oder Luchshirn mit Rührei kosten wollte, ist höchst unwahrscheinlich. Er hätte den Luchs ja nicht zur Verdeckung der Straftat in den Straßengraben geworfen.

Wie aber hätte sich ein Jäger verhalten, wenn er in seinem Revier einen mit einer Schlinge gewilderten Luchs gefunden hätte? Der hätte doch sicher die Polizei samt Jagdverband informiert und alles getan, damit der Täter gefunden und seine eigene Unschuld bestätigt worden wäre. Dies selbst dann, wenn er sich über den Tod des Luchses gefreut hätte. Schließlich musste er ja annehmen, dass es dem Wilderer um Rehe ging!

Die Zukunft der großen Nutzer

Wir Jäger werden lernen müssen, dass ein funktionierendes Ökosystem nicht nur aus uns nützlich erscheinenden Pflanzen und Tieren bestehen kann. Die Folge eines solchen Denkens wird sein, die Ökologie unseres eigenen Status zu hinterfragen. Es wird schwer sein nachzuweisen, dass wir Menschen nicht die einzige für den Rest dieses Planeten absolut gefährliche und schädliche Art sind!

Was die großen, gerade zurückkehrenden Beutegreifer betrifft, so haben diese durch Jahrtausende in einem wechselweisen Auf und Ab mit jenen Arten gelebt, die ihre Nahrungsgrundlage waren. Weder Wolf noch Luchs haben irgendeine andere Art ausgerottet. Diese Aufgabe behielt sich der Mensch vor.

Wenn wir die Jagd, so wie wir sie verstehen und schätzen, erhalten wollen, muss Toleranz und das Verstehen ökologischer Zusammenhänge ein Teil unserer jagdlichen Grundausbildung werden!

ARTEN KOMMEN, ARTEN GEHEN

Über die Entstehung der Erde gibt es verschiedene Vorstellungen. Der Zustand, in den wir Heutigen hineingeboren wurden und jener aller Zeiten davor ist das Ergebnis ständiger Veränderungen. Diese führten ebenso zur Entstehung der Dinosauriere wie zu deren Verschwinden. Das Klima wechselte zwischen Warm- und Kaltzeiten. Auch viele heute bei uns lebende Arten werden durch relativ bescheidene Veränderung verschwinden, andere werden kommen. Denken wir an die derzeit in Massen aussterbenden Insektenarten. Sie alle sind unter anderem an das Vorkommen bestimmter Pflanzenarten gebunden, die wiederum von bestimmten Standortfaktoren abhängig sind. Nicht nur wir Jäger suchen fast immer nach sehr einfachen Erklärungen, die uns selten weiterbringen.

Beispiel: Der knapp 60.000 Hektar große Bibrza-Nationalpark im Nordosten Polens ist ein einmaliges, selbst von der Landwirtschaft unberührtes Feuchtgebiet. An ihn schließen sich noch rund 90.000 Hektar weitere, fast unberührte Schutzgebiete an. Noch Ende des 20. Jh. gab es dort Birkwild „wie in alten Zeiten“. Mein Freund Joszef, der dort die Besucher führt, berichtet, dass er im ganzen Jahr kaum mehr als ein Dutzend Birkhühner sieht. Noch vor nicht allzu langer Zeit konnte er im Winter Flüge mit um die 100 Hühner beobachten. Warum?

Gefährden mehr Arten die Biodiversität?

Warum man in Zeiten bedrohlichen Artensterbens bestrebt ist, eingewanderte Arten, die durch ihre Verbreitung bewiesen haben, die hier gebotenen Lebensbedingungen sogar besser zu nutzen als manche alteingesessene Arten, ist völlig unverständlich. Wir müssten ja froh sein, wenn Arten zu uns finden, die sich hier, trotz teils dramatisch veränderten Lebensbedingungen, behaupten können. Die Forstwissenschaft sucht fast verzweifelt nach Baumarten, die mit Trockenheit besser zurechtkommen als beispielsweise die als „Brotbaum“ gepriesene und inzwischen großflächig vor Trockenheit, Sturm und Käfer kapitulierende

Fichte. Dennoch gibt es Bundesländer, die der trockenheitsresistenten Robinie, selbst in der Feldflur und im urbanen Raum, den Kampf angesagt haben, obwohl uns diese in den vergangenen 500 Jahren nicht überrannt hat.

Wenn der Klimawandel – ob wir wollen oder nicht – zu wieder mehr Trockenstandorten führt und der dramatisch steigende Wasserverbrauch auch der Landwirtschaft Beschränkungen auferlegt, dann werden sich wahrscheinlich nicht nur die Ziesel freuen. Auch Feldhasen lieben Landschaften mit „Steppencharakter", die Fasane eher nicht ...

Denkbar, dass in vielen Flusstälern die jetzt schon fast periodisch kommenden Hochwasser nicht nur zu katastrophalen Überschwemmungen führen. Das kann gebietsweise Mäuse dramatisch in Bedrängnis bringen. Die Landwirte würden dieses Detail der Natur nicht übelnehmen, die Gesamtsituation sehr wohl. Es werden ja nicht nur Mäuse absaufen, sondern zahllose andere Arten, von der Erdhummel über das Ziesel bis zum Niederwild. Da werden Wildacker und „Beutegreifer-Regulation" schnell zur Farce, die irgendwann auch Bevölkerung und Medien durchschauen.

Da stellt sich die Frage, ob wir von uns selbst eingeschleppte „Ausländer" wie den Waschbären weiterhin dulden dürfen, wenn schon dem Fuchs die Mäuse vor dem Fang absaufen. Waschbären stehen sogar im Ruf, Eierdiebe zu sein (wie unser heimischer Dachs, der Igel, der Iltis, selbst der Fuchs, die Rabenvögel und manche anderen Arten auch). Ein Problem für Bodenbrüter sind jedoch nicht die tierischen Nutzer von Eiern, sondern der Verlust an Dauergrünland. An der geänderten Grünlandnutzung sind nicht Dachs und Waschbär schuld, sondern der Mensch! Daran ändert auch die Bekämpfung von „Eier-Räubern" nichts.

Wie viele bleiben?

„Empirisch hat man eine Faustregel abgeleitet, der zufolge sich von 1000 im Freiland auftretenden exotischen Arten nur 100 länger halten, nur zehn dauerhaft etablieren können und davon wiederum eine invasiv wird."

Quelle: BUND: 7 Standpunkt 2015

In manchen unserer Fachzeitungen läuten die Alarmglocken, weil Waschbären in großem Stil – so wird berichtet – die Nester von Graureihern und Kormoranen ausräumen. Diese Fachzeitungen beschwören aber auch die Notwendigkeit, Graureiher und Kormorane endlich wirksam zu regulieren, um die Biodiversität nicht zu gefährden. Jagdbehörden erteilten schon Ausnahmegenehmigungen für den Abschuss beider Arten – während der Brut- und Aufzuchtszeit ...

Während der Waschbär fast nur feuchte Laubwälder in tieferen Lagen bewohnt, finden wir Brutplätze der Graureiher in der Schweiz noch in Höhen von über 1200 Metern.

Den Waschbären werden aber – und damit dreht sich das Blatt wieder – angeblich auch die eingewanderten Marderhunde zur Existenzbedrohung. Auch das war mehrfach zu lesen. Dabei nutzen Waschbär, Marderhund, Rotfuchs und Dachs ganz unterschiedliche – wenn auch sich überlappende – ökologische Nischen. Sie stellen zumindest teilweise unterschiedliche Lebensraumansprüche, zeigen unterschiedliche Verhaltensweise und setzen bei ihrer Nahrung und deren Beschaffung unterschiedliche Schwerpunkte. Wer an einen bestimmten Standort am besten angepasst ist, setzt sich durch!

Waschbär und Marderhund werden als Konkurrenten von Rotfuchs und Dachs gesehen. Was den Fuchs betrifft, so ist er gleichermaßen Nahrungsgeneralist, Sammler wie Jäger, ebenso Carnivore wie Vegetarier. Er bewohnt, abgesehen von reinem Fels und ewigem Eis, so ziemlich alle Lebensräume. Seine Dichte ist in großen, geschlossenen Wäldern geringer als in Großstädten, und er ist ganzjährig aktiv.

Der Dachs ist ebenfalls Nahrungsgeneralist. Mit dem Jagen hat er es nicht, er sammelt lieber. Im Gegensatz zum Fuchs mag er die reine Feldlandschaft nicht, kommt aber in manchen großen Wäldern eher häufiger vor als der Fuchs. Da er nicht jagt und sowohl Wirbellose, Mäusenester und Obst im Winter kaum ausreichend zu finden sind, hält er in dieser Zeit eine temporäre Winterruhe.

Der Waschbär meidet das Feld ebenso wie Wälder, in denen glattrindige Laubbäume dominieren. Der Grund ist sein Fluchtverhalten. Während der Fuchs bei Gefahr den großen Gang einlegt, sucht der Waschbär auf dem nächsten geeigneten Baum Schutz. Grobrindige Bäume erklimmt er mühelos, glattrindige wie die Rotbuche weisen ihn ab. Als Sammler ernährt er sich zu rund einem Drittel vegetarisch, wird aber von vielen Autoren als gefährlicher Räuber dargestellt. Während Fuchs und Dachs auch in Hochlagen zu finden sind, gibt der Waschbär in Lagen über 500 Meter Seehöhe auf und geht in die Winterruhe. Was er bevorzugt, sind feuchte Laubwälder mit einem großen Anteil alter Eichen. Schon seine Lebensraumansprüche machen die Einordnung als besonders invasive und für die Biodiversität gefährliche Art durch die Europäische Union zur Farce. Wildbiologen, die ernsthaft an dieser Tierart geforscht haben, kommen zu ganz anderen Ergebnissen.

Der Marderhund wird keiner der vorgenannten Arten zum ernsthaften Konkurrenten. Im Gegensatz zum Waschbären nutzt er auch landwirtschaftliche Flächen, bevorzugt jedoch Wälder mit Schilf und Wasserflächen. Optimal sind Lagen bis 300 Meter. Über 500 Meter ist er nicht mehr zu finden. Er bewegt sich ausschließlich auf dem Boden und ist ein guter Schwimmer. Klettern kann er nicht. Sicherheit findet er in Feuchtgebieten. Wie Dachs und Waschbär hält er eine Winterruhe. Als Jäger und als Aasfresser würde er das nicht tun! Sein ganzes Verhalten gibt uns Hinweise auf Nahrung und Nah-

Der Waschbär bevorzugt feuchte Wälder mit alten Eichen. Das sind Lebensräume, die wir in Deutschland und Österreich eher selten finden. Dennoch ordnet ihn die EU den gefährlichsten und invasivsten Neozoen zu. Foto: iStock/JossK

„Jagdwirtschaftlich haben Marderhund und Waschbär keine große Bedeutung. Ihr Einfluss auf das Niederwild wird häufig überschätzt.“ Foto: iStock/sduben

rungserwerb. Marderhunde sind folglich Allesfresser und überwiegend Sammler. Ihr Nahrungsspektrum ähnelt dem der Dachse, doch ist bei den Wirbeltieren der Anteil an Lurchtieren auffallend hoch. In der kalten Jahreszeit liegen diese in Winterstarre, und auch die Weichtiere verkriechen sich in der Erde.

Marderhund versus Rotfuchs und Waschbär

In nahezu allen vom Marderhund in Mitteleuropa bewohnten Räumen lebt auch der Waschbär, umgekehrt jedoch nicht. Das legt die Vermutung nahe, dass diese beiden Arten keine Nahrungskonkurrenten sind. Interessant: In Finnland, mit seinem hohen Anteil an Mooren, Seen und anderen Gewässern, werden weit mehr Marderhunde erlegt als Rotfüchse.

WEN HABEN SIE VERDRÄNGT UND WEM NÜTZEN SIE?

So ein „Fremdling“ den es laut allgemeiner Meinung zu bekämpfen gilt, ist der aus Amerika nach Europa gekommene Sonnenbarsch, der in 35 Arten vorkommt. Während zahlreiche heimische Fischarten unter steigenden Wassertemperaturen leiden und ihre Vorkommen rückläufig sind, kommt er mit diesen eher gut zurecht. Sonnenbar-

Sonnenbarsche lieben warme, stehende oder langsam fließende Gewässer. Sie halten sich bevorzugt im flachen Wasser auf. Nachgesagt wird ihnen, Räuber von Fischbrut zu sein. Nicht gesagt wird, dass auch ihre Brut von zahlreichen Arten genutzt wird. Foto: iStock/wrangel

sche haben bei uns viele Nutzer und gelten als gute Speisefische. Damit stehen sie auf einer Stufe mit einer ganzen Reihe nach Europa verbrachten „Wirtschaftsfischen“.

Ebenfalls aus Nordamerika kam die Kanadische Wasserpest (*Elodea canadensis*) zu uns. Sie wurde von der Wasserwirtschaft zur Bedrohung erklärt. Sie soll heimische Arten verdrängen, Gewässer zum Umkippen bringen, Wasserkraftwerke und Schleusen verstopfen. Absolut positiv ist ihre hohe Sauerstoffproduktion zu bewerten. Sie hat einen hohen Nährwert und wurde daher als Viehfutter verwendet. Die Unterwasserwälder, die sie bildet, bieten zahlreichen Wasserbewohnern Deckung, Nahrung und Laichplätze. Längst bildet die Wasserpest zusammen mit anderen Wasserpflanzen Vegetationseinheiten. Ihre dicht sitzenden kleinen Blättchen und ihre Eigenschaft, dichte Schwimmteppiche zu bilden, bieten zahllosen Kleinlebewesen Aufenthalt und sorgen so für reiche Nahrung für die heimische Fischfauna und für sauberes Wasser. Inzwischen wurde sie von Fadenwürmern entdeckt, die ihre Knospen fressen.

Einfach nachdenken

Die Frage mag aufkommen, was Sonnenbarsch und Kanadische Wasserpest den Jäger interessieren? Ganz einfach: Von beiden eingewanderten Arten leben auch autochthone Arten, die wir zum jagdbaren Wild zählen, z. B. Otter, Entenarten und Reiher.

Jahrzehnte hindurch wurden die Jäger angehalten, Bisam zu bekämpfen. In Deutschland wurden für diese sogar Prämien bezahlt, und einige Bundesländer beschäftigten hauptamtliche Bisamfänger. Doch der Bisam blieb. Seine Bestände schwanken, je nach Nahrungsvorkommen und Winter. Auch die Hoffnung, der heimgekehrte Fischotter würde die Bisam-Vorkommen löschen, zerschlug sich. Beide Arten kommen längst gemeinsam vor und miteinander aus.

Es war der Naturschutz, der in Deutschland den Biber wieder einbürgerte. Heute sind fast alle geeigneten Lebensräume in Mitteleuropa wieder besiedelt, und die Art macht sich – vor allem im urbanen Raum – gelegentlich unbeliebt. Im städtischen Bereich fällen sie Parkbäume, in Gärten Obst- und Ziergehölze. Eher selten entfernen sie sich dabei mehr als 20 Meter vom Gewässer. Bäume lassen sich mit Hasengitter relativ einfach und preisgünstig schützen.

Dummheit und Macht

Wie pervers ist eine Welt oder eine Organisation, die den Verlust von Arten, denen wir aus wirtschaftlichen Überlegungen permanent die Lebensgrundlagen entziehen, mit der Ausrottung zuwandernder Arten beantwortet, die hier noch Nischen und ausreichend Lebensgrundlagen finden?

Wir werden uns an zuwandernde Arten gewöhnen müssen, unabhängig davon, was einige Menschen in Brüssel oder in den einzelnen Staaten beschließen. Die Jagd wird zahlreiche Erschwernisse erfahren, und niemand wird die Sinnhaftigkeit der Jagd nach der Anzahl erlegter Bisam, Nutrias oder Halsbandsittichen bewerten.

DIE JAGD UND DER NATURSCHUTZ

WIR ALLE BETREIBEN NATURSCHUTZ

Tun wir das wirklich? Na ja, in Deutschland wie in Österreich wurden die meisten Verbände, die sich in der Natur bewegen, als Naturschutzverbände anerkannt, selbst dann, wenn sie im Einzelfall gegen Naturschutz-Projekte stimmen oder einfach schweigen. So sind auch alle Jagdverbände Naturschutz-Organisationen, ebenso die Fischer, der Alpenverein, Vogel- und Ameisenschutz und viele andere. Die Anerken-

Die Schweiz hat ihre „Banngebiete“ im Jagdgesetz festgeschrieben. Die Wildhut hat überdies – da bestens ausgebildet und mit Polizeistatus – Befugnisse, die im überbürokratisierten Deutschland oder in Österreich nicht vorstellbar sind. Foto: Bruno Hespeler

nungen sind politische Entscheidungen. Die jeweilige Organisation trägt die Forderung an die Parteien heran, und diese kalkulieren die Wählerstimmen.

Naturschutz ist sozusagen politisches Kleingeld. Man könnte auch von geistiger Korruption sprechen. Eines von zahllosen Beispielen ist der Vogelschutz. In Deutschland unterstützt der Deutsche Bund für Vogelschutz den Bau von Windkraftanlagen, obwohl diese in großem Stil bedrohte Arten wie Gänsegeier, Störche, viele ziehenden Vogelarten und Fledermäuse bedrohen. Da spielt der Schutz der Landschaft und die Qualität der Ackerböden im Umfeld dieser Anlagen keine Rolle mehr.

Wo immer Kritik an diesem Verhalten laut wird, bemüht man die Demokratie und die mit ihr verbundene Notwendigkeit, Kompromisse zu schließen. Die Sinnhaftigkeit des Kompromisses besteht aber immer häufiger darin, dass eine Interessengruppe die Vorstellung der anderen akzeptiert. Das beginnt beim Straßenbau und endet beim Nationalpark noch lange nicht …

Wie lange Fasanen in Europa tatsächlich schon in Freiheit leben, ist nicht nachprüfbar dokumentiert. Wahrscheinlich wurden sie bereits von den Römern nach Europa gebracht, wo sie als Ziervögel in Volieren oder für die Küchen gehalten wurden. Als wildlebende Jagdvögel sind sie in weiten Teilen Europas erst im 19. Jh. nachweisbar. Während ihrer Aufzucht bekommen sie Schnabel-Aufsätze aus Plastik aufgesetzt, um Kämpfe oder das Ausrupfen von Federn zu vermeiden. Foto: iStock/Brezko

Verschiedene Interessen „im Namen des Naturschutzes"

Auch die Fischer, die Jahrzehnte hindurch in großem Stil für den Angelsport – meist schon fangfähige – Regenbogenforellen einsetzten, nahmen für sich in Anspruch, Naturschutz zu betreiben. Dass damit die Gewässerökologie gigantisch durcheinandergebracht wurde, interessierte kaum. Gut – zur Ehre der Sportfischerei muss zugestanden werden, dass solche Dummheiten weitgehend Vergangenheit sind.

Wir Jäger schädigten unsere natürlichen Fasanenvorkommen durch die massenhafte Aussetzung von Zuchtfasanen, angeblich zur „Blutauffrischung", Besatzstützung und Begründung neuer Vorkommen. Dabei wird wohl niemand den Jägern glauben, dass sie Fasanen aussetzen, um schwache Vorkommen wieder aufzubauen, nur um sie kurze Zeit später wieder zu erlegen. Genau das ist passiert, und erreicht wurde damit das Gegenteil. Die Reste an gesunden Naturfasanen, mit Instinkten und Verhaltensmustern, die sie über Generationen den Bedingungen der jeweiligen Landschaft angepasst hatten, gingen zahlenmäßig unter. Sie vermischten sich und wurden dominiert von den in großer Zahl ausgesetzten, völlig unerfahrenen Zuchtfasanen.

DIE KOMPLETTE ZERSTÖRUNG DER LANDSCHAFT

Wir leben in einer von Ideologien bestimmten Weltordnung, in der erhoffte Gewinne Vernunft ersetzen. Der Bauer, der ausreichend Grund für Windräder zur Verfügung stellt, hat ausgesorgt. Der schöne Satz, den man uns in der Schule beigebracht hat, wonach Eigentum verpflichtet, war wohl nie so ernst gemeint. Inzwischen hat er Sinn verloren.

Eine Heimat zu haben, auf die man stolz sein kann, ist sicher auch ein Stück Eigentum, auch wenn es nicht im Grundbuch steht. Was aber ist noch Heimat, wenn uns in weiten Teilen Mitteleuropas zehntausende Windräder den Blick auf sie versperren? Warum wehren wir Jäger uns nicht? Weil wir mitverdienen wollen, weil es uns an Mut für ein freies Wort fehlt? Weil wir alle in Abhängigkeit leben, privat, im Beruf und selbst auf der Jagd? Warum wehren sich jene nicht, die vorgeben, nicht nur unsere Interessen zu vertreten, sondern vor allem jene des Wildes? Weil es um Zuschüsse geht, die eventuell verlorengingen oder um politische Mandate?

Windkraftanlage auf der Parndorfer Platte, 79 Anlagen in nächster Nachbarschaft eines Trappen-Schutzgebietes (Nationalpark Neusiedler See). Foto: Bruno Hespeler

(WIND)RÄDER, DIE KEINER MEHR ZURÜCKDREHT

Wir jammern um unsere Raufußhühner, erzählen, wie wichtig es sei, „Raubwild und Raubzeug" zu regulieren, um das ökologische Gleichgewicht zu retten. Aber wir lassen es zu, dass die Lebensräume der Raufußhühner unter Windrädern versinken und Trappen-Schutzgebiete regelrecht mit ihnen „eingezäunt" werden. Mag sein, dass wir gegen die Macht des Geldes nicht ankommen, dass gar kein so großes Interesse an Birk- und Auerwild besteht. Immerhin kann, wer an einem toten Hahn als Zimmerschmuck interessiert ist, in den Osten fahren, wo man ihm gerne einen Abschuss verkauft.

Hubert Zeiler berichtet über die dramatischen Rückgänge des Birkwildes in einem Untersuchungsgebiet in Frankreich nach dem Bau von Windkraftanlagen in dessen Lebensraum. Die erste Anlage startete 2002 mit elf Windkraftanlagen. Im Jahr 2004 kamen zwei weitere hinzu. Der Höchststand betrug 41 meldende Hahnen. Fünf Jahre später waren es noch neun Hahnen! Benachbarte Vorkommen ohne Windkraftanlagen verzeichnen keinen signifikanten Rückgang.

Was hier kurz geschildert wurde, ist kein Einzelfall, sondern ebenso in anderen inzwischen „verwindradelten" Birkwildvorkommen feststellbar. Es besteht die Gefahr, dass wir uns von dieser Wildart in Österreich regional für immer verabschieden müssen!

Selbstverständlich rufen alle Planungen solcher Windkraftanlagen Proteste hervor. Um zu einer sachlichen Entscheidung zu kommen, werden „Experten" angehört und Gutachten bestellt. Doch wer heute einen solchen Auftrag annimmt, kennt die Argumente der beteiligten Parteien. Vor allem kennt er die Anschauungen und Wünsche seiner Auftraggeber, und er weiß, dass diese ihn – wenn er sie „im Regen stehen lässt" – mit keinem weiteren Gutachten mehr beauftragen werden.

Wissenschaft ist heute in den meisten Disziplinen ausgelagert – privatisiert. Auch wenn eine Hochschule oder Universität eine Sache selbst begutachtet, so muss sie doch für die Finanzierung sorgen. Erinnert sei an Versicherungen, wo selbst bei scheinbar klarer Faktenlage über Jahre hinweg von beiden Parteien Gutachter beauftragt werden, die zu völlig gegensätzlichen Aussagen kommen – alle mit dem Anspruch, streng wissenschaftlich zu sein! Am Ende muss ein Laie – nämlich ein Jurist – entscheiden, welcher Gutachter überzeugender argumentiert hat.

Es sind „Schredderanlagen"!

Windkraftanlagen sind „hoch effiziente" Schredderanlagen, die nicht zwischen häufigen und bedrohten Arten unterscheiden. Alleine in Nordspanien wurden bis 2016 insgesamt 1.892 Gänsegeier von Rotorblättern der Windkraftanlagen erschlagen. Was zählt ist nur der Profit.

Praktisch werden fast alle Greifvogelarten Opfer dieser Anlagen. Zu den häufigsten Opfern zählt der Rotmilan, aber auch so seltene Greife wie den Seeadler erwischt es. Infrage gestellt werden die Schutzbemühungen um die Großtrappen, in Brandenburg wie in Österreich. In beiden Ländern sind Windkraftanlagen unmittelbare Nachbarn von Trappen-Schutzgebieten.

Gefährdet sind ebenso Störche und Reiher und andere, eher schwerfällige Flieger. Besonders viele Kleinvögel werden während der Zugzeiten zu Opfern, vor allem bei

Nacht- und Schwarmziehern. Stark gefährdet sind überdies Fledermäuse. Diese leiden bereits unter dem dramatischen Verlust an Insekten.

Der Naturschutzbund Deutschland (NABU) schätzt, dass jährlich etwa 100.000 Vögel geschreddert werden. Andere Naturschutzverbände und selbst das deutsche Bundesamt für Naturschutz (BfN) bezweifeln diese Zahl, weil ja nur gefundene Kadaver erfasst werden können. Der Landesbund für Vogelschutz in Bayern (LBV) plädiert dennoch für Windkraftanlagen. Argumentiert wird von Vogelschützern, dass viele Arten ohnehin ein Opfer der Klimaerwärmung werden ...

DIE VERDRAHTETE LANDSCHAFT

Kabel und Zäune sind keine Nutzer heimischer Wildtiere. Sie sind ausgewiesene, höchst effiziente „Feinde“! Die Verdrahtung der Landschaft ist allgegenwärtig. Im Wald sind es die Kulturzäune, in denen Rehe von Schwammerlsuchern in Panik versetzt oder von Hunden gehetzt verenden. Zum Recht des Waldbesitzers, Kulturzäune zu bauen, müsste die exekutierbare Pflicht kommen, defekte Zäune instand zu setzen oder abzubauen. In vielen Revieren findet man hunderte Meter Maschengitter am Boden liegend, teilweise noch an Pfosten oder Spanndrähten hängend. Es rostet und wird nicht selten zur Todesfalle: am Boden liegend von Gras durchwachsen oder hängend von Jungbäumen und Ästen festgehalten. Häufig kommt Schalenwild mit einem Lauf in die Drahtmaschen, versucht sich zu befreien, was ihm nicht gelingt, hängt förmlich in der Luft, bricht sich die Läufe und verendet langsam und elend.

Stromleitungen, Kabel, Kulturzäune: Todesfallen für Raufußhühner

Auch intakte Kulturzäune sind für die heimischen Waldhühner eine große und allgegenwärtige Gefahr. Die relativ schwerfälligen Flieger erkennen die Zäune oft zu spät, prallen in die Drahtgitter oder an die etwas oberhalb dieser angebrachten Spanndrähte. Wenn sie Glück haben, brechen sie sich beim Anprall das Genick. Haben sie Pech, bleiben sie in den Maschen hängen und verenden qualvoll. Die wenigsten dieser Opfer werden gefunden.

Um diese Tragödien zu verhindern, wird seit Jahrzehnten empfohlen, die Gatter mit breiten, hellen Kunststoffbändern auffällig zu machen. Ob derartige Todesfallen im Wirtschaftswald notwendig sind, hängt wesentlich von der Schalenwilddichte ab. Vielerorts sorgte ein wachsendes Waldbe-

In den 1970er-Jahren gab es alleine im bayerischen Staatswald Kulturzäune in einer Länge, die München hätte mit Peking verbinden können. Ursache für diese waren hohe Schalenwildbestände, aber auch forstliche Entscheidungen, welche das Aufkommen eines naturnahen Jungwaldes verhinderten oder zumindest erschwerten.

Foto: Bruno Hespeler

Kulturzäune im Wald stellen tödliche Fallen für Raufußhühner dar. Sie müssen unbedingt sichtbar gemacht werden. Mit solchen breiten Kunststoffbändern geht das am einfachsten.
Foto: Bruno Hespeler

Eine 50 Meter breite Piste, eingebettet in den Bergwald, mittendrinnen der Lift mit Seilen und Masten. In der Sonne, aber auch bei Schneefall, Nebel oder Dämmerlicht sind sie kaum zu erkennen.
Foto: Bruno Hespeler

wusstsein in den letzten Jahren dafür, dass weniger Zäune gebaut wurden. Die großflächigen Schadholzflächen (Folgen von Trockenheit, Stürmen und Käferkalamitäten) werden, wo man nicht bereit ist, die Wiederbewaldung der Sukzession zu überlassen und dennoch keine Reinbestände mehr will, zu einem neuerlichen Anwachsen der Zaunflächen führen.

Raufußhühner, früher fast überall beheimatet, haben sich ins Gebirge zurückgezogen – dorthin, wo sich auch Liftbetreiber und Skifahrer wohlfühlen. Damit sind wir bei der nächsten Gefahr, die auf Raufußhühner lauert, bei den Kabeln der Lifte und Seilbahnen und den Versorgungsleitungen der Berghütten und Gasthäuser.

Auch Stromleitungen sind gefährlich (freilich nicht nur für Raufußhühner). Norwegische Forscher gehen davon aus, dass an den dortigen Stromleitungen alljährlich über 26.000 Birkhühner ihr Leben lassen! In Deutschland und Österreich leben, verglichen mit den skandinavischen Ländern, nur noch wenige Raufußhühner. Die Erschließung und Verbauung derer Lebensräume mit Aufstiegshilfen und Freileitungen ist in Österreich jedoch wesentlich höher. Gerade deshalb sind diese ein Naturschutzproblem, zu dem jetzt auch noch die Windkraftanlagen inklusive Zufahrtswege und Energieleitungen kommen.

In Frankreich, so berichtet Zeiler, ist man bestrebt, besonders gefährliche Abschnitte von Liften und Leitungen mit roten Bojen oder Spiralen kenntlich zu machen. Zeiler: *„Nachdem man in Frankreich die gefährlichen Abschnitte der Liftanlagen markiert hatte, wurden sechs Jahre lang 70 der gefährlichen Strecken kontrolliert. Das Ergebnis: ein einziges Kollisionsopfer!“*

Es wäre Sache der Jägerschaften, brauchbare Konzepte zu erstellen und sich für solche Schutzmaßnahmen mit aller Kraft einzusetzen. Mit der Forderung an die Jäger, zum Schutze bedrohter Arten verstärkt Raubwild zu bejagen, demonstriert man eher Hilflosigkeit!

TIERE, DIE AUS DER LANDSCHAFT FLÜCHTEN

Zahlreiche Tierarten ziehen heute das Leben in urbanen Räumen jenem in der freien Landschaft vor. So lebt Schwarzwild längst in vielen europäischen Großstädten, ebenso wie Füchse, Marder, Biber, Kaninchen, Enten und selbst Wanderfalken sowie Seeadler. Das Nahrungsangebot ist häufig größer und vielfältiger als in der freien Landschaft, und der Mensch tritt weit häufiger als Unterstützer auf denn als Feind. In Berlin frischen Bachen mitten in der Millionenstadt, in Parks, auf Friedhöfen und selbst auf Tennisplätzen oder zwischen Wohnblocks. Sie nutzen – gemeinsam mit Menschen – Zebrastreifen und Bürgersteige, ja selbst Bahnsteige. Darüber sollten wir Jäger uns Gedanken machen und die richtigen Schlüsse ziehen.

Hunderte Wildschweine leben in der Millionenstadt Berlin, und obwohl jährlich mitunter mehr von ihnen in der Stadt erlegt werden als vergleichsweise in den Walddistrikten Berlins, sehen sie Menschen nicht grundsätzlich als Feinde an. Wie auch, wenn sich zwischen 3,5 Mio. Einwohnern und derselben Zahl Touristen nur gut 30 Stadtjäger bewegen? Foto: Vorholt

VORTEILE FÜR STADT-WILDTIERE

Berlin hat mehr als 3.500.000 Einwohner, aber nur rund 30 „Stadtjäger“, die unter strengen Auflagen auffälliges Schwarzwild erlegen. Auffällig sind die Tiere, wenn sie Parks, Gärten oder Sportanlagen beschädigen oder sich gegen Menschen aggressiv zeigen. In der von Schnellstraßen, Autobahnen und S-Bahnen durchzogenen Millionenstadt werden regelmäßig Wildtiere verletzt und müssen getötet werden. Dennoch sind Wildschweine in keiner Weise scheu.

Es sind die Erfahrungswerte, welche Wildtiere in der Stadt sammeln. Sie lernen das Millionenheer der Menschen als friedlich und harmlos kennen. Jagdhandlungen durch die wenigen Stadtjäger sind seltene Ausnahmen, die nicht jedes Wildschwein erlebt. Ganz anders in den von den Berliner Forsten bejagten, sozusagen in die Stadt eingestreuten Walddistrikten. Dort wurde mit Mais vor bestimmten Hochsitzen gekirrt. Die als Gäste jagenden Privatjäger durften – aus Sicherheitsgründen – nur von den Hochsitzen aus schießen. Die Wildschweine hatten dieses „Reglement“ sehr schnell durchschaut. Einen Schaufensterbummel am Nachmittag wagten sie problemlos, auch Besuche in einem Altenheim, aber der nächtliche Wald war ihnen absolut suspekt. Sie benahmen sich dort, wo gejagt wurde, nicht anders als Wildschweine in den Wäldern Niederösterreichs, Bayerns oder in Schweizer Kantonen.

Zahllose andere, die Stadt bewohnende Tiere verhalten sich ebenso. Waschbären übersiedeln auf Dachböden und suchen „zum Abendessen“ sogar Restaurants auf. Rehe äsen gelassen die Rosen der Hausgärten oder die Stiefmütterchen der Parkanlagen. Selbst die Seeadler horsten im Stadtgebiet. Sie alle werden dort weder vergiftet noch illegal erschossen. In der freien Landschaft flüchten die Stockenten auf doppelte Flintenschussweite und mehr. Doch wo ständig viele Menschen verkehren, etwa vor einem Strand-Café, im Hafen, bei einem Parkteich oder am Dorfbach bleiben sie völlig gelassen, es sei denn, eine Jagdgesellschaft ist so dreist, sich um den Dorfteich zu stellen, dort die Enten aufzuscheuchen und darauf zu schießen.

Je mehr Druck wir draußen machen, umso mehr Wildtiere emigrieren in urbane Bereiche. Das wird ganz zwangsweise zu weiteren Jagbeschränkungen führen. Noch dürfen wir fast überall unmittelbar bis an bebautes Gebiet jagen. Das ist schon aus Gründen der Sicherheit unverantwortlich. Wir erregen damit auch den Unmut der Bevölkerung und hinterlassen bei Kindern wie bei sensiblen Erwachsenen unschöne, vielleicht im einen oder anderen Fall auch traumatische Eindrücke.

Dazu ein kleines Beispiel aus der Praxis: Bei der Vorstellung einer Arbeit über den Umgang mit Schwarzwild im urbanen Raum äußerte ein Behördenvertreter Unverständnis darüber, dass die Berliner Polizei sich weigerte, angefahrene Wildtiere mit einem Fangschuss zu erlösen. Der Vertreter der Polizei antwortete, dass viele jüngere Beamte und Beamtinnen schon mentale Probleme hätten, wenn einer der Stadtjäger vor ihren Augen den Fangschuss abgäbe. Es käme vor, dass Polizisten danach von Polizeipsychologen betreut werden müssten ... Die heute älteren Jäger haben ihre Prägung in Zeiten erfahren, als es auf dem Land gängige Praxis war, überzählige Katzen zusammen mit einem größeren Stein in einen Sack zu stecken und ins nächste Gewässer zu werfen. Hunde, die man loswerden wollte, bekamen einen derben Schlag mit einem

Hammer oder mit einer Axt auf den Kopf. Viele Leser wird jetzt das Grauen erfassen. Aber das war der Geist der Zeit.

Miteinander von Mensch und Wildtier in der Stadt

Was bei uns noch ein gewisses Aufsehen erregt, ist in anderen Ländern ziemlich normal: In einigen japanischen Städten ruhen Sikahirsche in Fußgängerzonen und auf Verkehrsinseln. In Anchorage in Alaska suchen im Sommer über 200 Schwarzbären in der Stadt nach Nahrung. Sie suchen in Vorgärten, balancieren auf Zäunen, leeren Mülltonnen ... Wenige Meter neben ihnen gehen Kinder in die Schule und Erwachsene ihren Geschäften nach. 1.000 Elche, so schätzen die zuständigen Ranger, kommen in die Stadt, wo sie vor den Jägern sicher sind. Nennenswerte Probleme gibt es nur während der Elchbrunft, wenn die Bullen aggressiv werden. Dann müssen die Ranger Mensch-Elch-Konflikte entschärfen!

In indischen Großstädten gibt es beachtliche Leoparden-Populationen. In der Millionenstadt Mumbai leben rund 40 dieser großen Katzen. Sie ernähren sich primär vom unerschöpflichen Heer der Straßenhunde. Die Tiere sind überwiegend nachtaktiv, werden aber von Kameras aufgezeichnet. In den Parks gehen Menschen wenige Meter an diesen weltweit als gefährlich geltenden Raubkatzen vorbei, ohne sie zu sehen. Der Leopard kann einen erwachsenen Menschen problemlos töten. Wenn er das in indischen Städten nicht tut, dann weil er begriffen hat, dass in der Konsequenz alle Menschen „Problem-Menschen" und ihm technisch überlegen sind.

Im Süden Chiles kamen Pumas zur Nahrungssuche bei Dunkelheit in Kleinstädte wie Osorno oder Puerto Mont. Hier fanden sie, was satt machen konnte – Hunde, Katzen, Kaninchen und Geflügel gab es genug, und niemand wartete mit einem Gewehr auf sie, so wie draußen auf den Haziendas. Vor Menschen ergriffen sie stets die Flucht, obwohl sie durchaus ernsthafte Gegner gewesen wären.

Sogenannte „Problem"-Tiere

Wir sprechen von Problem-Bären, wenn einer macht, was er immer und überall tut, etwa wenn er im urbanen Gebiet schnell einmal unsere Abfälle inspiziert oder einfach auf dem kürzesten Weg von A nach B will. Und manche der bei uns in Dörfern und Städten gesichteten und mit dem Wort „Problem" belegten, tage- und wochenlang Medien wie Politiker beschäftigende Wölfe entpuppen sich gelegentlich schlicht als Haushunde.

Während ich diese Zeilen schreibe, meldet eine Nachrichtenagentur, dass ein Rentner, der im Feld tot aufgefunden wurde und Bissspuren aufwies, nicht – wie zuvor von den Medien behauptet – von Wölfen getötet worden war. Er ist schlicht erfroren und in totem, gefrorenem Zustand von einem Fuchs „angenagt" worden. Jene Medien, die berichtet hatten, der alte Mann sei von Wölfen getötet worden, beriefen sich auf das Ergebnis der amtlichen DNA-Untersuchung. Die Meldung, Wölfe hätten den Mann getötet, verkaufte sich einfach besser.

Wenige Tage später „trumpften" die Medien mit der Meldung auf, ein Bär habe zwei Wanderinnen verfolgt, die in entgegengesetzte Richtungen geflüchtet seien. Dabei habe er eine der Damen einen steilen Hang hinuntergejagt, die dabei abgestürzt und zu Tode gekommen sei. Bei weitem nicht so gut würde sich die Meldung realitätsnahe verkaufen: „Zwei Damen begegneten bei einer Wanderung einem Bären, der sie unschlüssig anschaute. Eine der beiden Damen bekam Angst und flüchtete einen steilen Abhang hi-

Einen Prügel statt ein Handy

Es lohnt sich, darüber nachzudenken, warum Füchse mitten unter uns leben, ohne dass wir „ausflippen". Sie begegnen uns ganz gelassen, obwohl wir sie mit einem derben Prügel problemlos erschlagen könnten. Und weil dem so ist, warum sollte dann ein Bär oder Wolf, die beide ungleich stärker sind als wir, Angst vor uns haben? Die Frage ist doch, wie wir ihnen vordergründig begegnen: Vor 200 Jahren wagten sich bei Tageslicht wahrscheinlich weder Bär noch Wolf ins Dorf, außer sie waren krank. Einfach weil sie den ersten Versuch nicht überlebt hätten! Heute fahren wir mit Auto und Handy neben den beiden her und fotografieren ohne Ende. Wir ködern im Revier vor Wildkameras, Fotografen tun alles für gute Aufnahmen, und Hotelbesitzer bieten ihren Stammgästen „Wildlife" ...

Gefährlich sind hingegen Hunde, die von verblendeten Menschen „scharfgemacht" wurden. Gefährlich können auch weidende Rinder sein – vor allem Mutterkühe. Unberechenbar sind Bachen, die Frischlinge führen, aber auch sie wollen nur ihre Frischlinge verteidigen. Wer sich diskret zurückzieht, hat meistens gewonnen.

nunter, wobei es zu einem tödlichen Sturz kam." Wenn der Bär die Frau verfolgt hat, warum hat er sie dann nicht verletzt? Wollte auch er nur ein Selfie mit ihr machen?

Im September 2014 wurde in Salzburg ein Landwirt angeblich heftig von einem Bären attackiert und schwer verletzt. In ärztliche Behandlung ging er nicht, doch gab ihm nachträglich ein befreundeter Zahnarzt ein entsprechendes Attest. Sofort sendete der ORF die aufsehenerregende Nachricht. Landeshauptleute und „Experten" bildeten einen Krisenstab. Tage hindurch beherrschte der Bär die Medien. Der „Schwerverletzte" ließ sich indessen nicht in Augenschein nehmen und verweigerte ebenso ärztliche Behandlung. Er versteckte sich. Irgendwann stellte sich heraus, dass die Geschichte frei erfunden war. Kolportiert wurde, der Bauer, der selbst Jäger war, hätte Alkoholprobleme, überdies Angst vor seiner Ehefrau und die Bärengeschichte wohl zu seinem Schutz erfunden. Die Medienberichte verstummten ganz plötzlich ...

Im Mai 2024 berichteten die Medien reißerisch, im Trentino hätte ein Bär 15 Minuten einen Wanderer verfolgt, doch sei ihm dieser entkommen. Hallo – geht's noch, kann man so viel Dummheit wirklich verkaufen?

Der sich zivilisiert fühlende Mitteleuropäer bezieht einen erheblichen Teil seiner Informationen über die Natur wie über die Jagd speziell aus den „asozialen" Medien. Wer in diesen als Autor „sein Unwissen treibt", wird über Nacht zum „Experten". Niemand wird von ihm verlangen, dass er weiß, was und worüber er schreibt! Diese Entwicklung wird sich fortsetzen und wird dem Jäger die Erfüllung seiner Aufgabe immer schwerer machen.

Die Aufgabe des Jägers

Es wäre eine zukunftsweisende und lohnende Aufgabe des Jägers, die Diskussion über Bär, Wolf, Schakal und Luchs zu versachlichen. Mit Rotkäppchen als Grundwissen schaffen wir das nie. Wir schaffen es auch dann nicht, wenn wir nur jene „Experten" lesen oder anhören, bei denen wir sicher sind, dass sie unsere Sicht gegen Honorar bestätigen.

WO WILDTIERE IN REHA GEHEN KÖNNTEN

WO DIE JAGD RUHT

Im Juni 2012 entschied der Europäische Gerichtshof für Menschenrechte (EGMR), dass der Zwang, auf eigenem Grund die Jagd zu gestatten, gegen die Menschenrechte verstößt. Für Grundeigentümer war und ist es jedoch außergewöhnlich schwer, diesen Anspruch durchzusetzen. In Deutschland gelang es nur einigen wenigen Waldbesitzern. In Österreich klagten Waldbesitzer bisher vergeblich.

Der bereits 1914 gegründet Schweizer Nationalpark im Engadin ist mit 170 km² das größte derartige Schutzgebiet im gesamten Alpenraum. Hier darf seit nunmehr 120 Jahren nicht mehr gejagt werden – und es funktioniert! Hier gibt es keine Fütterungen, aber auch nur wenige Wege und Steige, die von Besuchern nicht verlassen werden dürfen. Tausende Besucher erleben hier mit Augen und Ohren am hellen Tage die Hirschbrunft.
Foto: Bruno Hespeler

Ohne Bejagungspflicht, so die Argumentation des VfGH, stelle das Ruhen der Jagd eine Eigentumsbeschränkung dar. Die flächendeckende Bejagung diene dem öffentlichen Interesse der Biodiversität, des Artenreichtums und der Vermeidung von Wildschäden. Allerdings ruht in Österreichs Nationalparken die Jagd zumindest auf wesentlichen Teilflächen, genau mit dem Ziel, die Biodiversität zu erhöhen. Und wenn der Waldeigentümer auf seinem Grund die Jagd ruhen lassen will, dann liegt ja wohl keine Eigentumsbeschränkung vor.

Weiter argumentiert der VfGH, ohne flächendeckende Bejagung würde die Unfallgefahr steigen, was allerdings auch bisher schon der Fall war. Abgesehen davon, würde nicht zwangsweise weniger Wild erlegt. Zudem, so wird argumentiert, entstünden in Österreich jährlich etwa 70 Millionen Euro Wildschäden. Das trifft zu, wobei diese Schäden trotz der flächendeckenden Bejagung seit Jahrzehnten kontinuierlich steigen. Der VfGH: „*Schon aus volkswirtschaftlicher Sicht ist es daher notwendig, die Wildbestände grundsätzlich zu kontrollieren und zu reduzieren.*“ Auch dem ist zuzustimmen. Dieses Ziel wäre allerdings nur zu erreichen, wenn die gesetzlich vorgeschriebenen Abschussquoten den tatsächlich vorhandenen Wildbeständen entsprechen würden und wenn die grobe Nichterfüllung dieser Quoten – vor allem was das weibliche Wild betrifft – sanktioniert würde. Genau das passiert in der Regel nicht. Österreich hat die höchsten Schalenwildbestände Europas, so Prof. Dr. Hackländer von der BOKU Wien. Der VfGH hat folglich für unverzichtbar erklärt, was nicht oder nur sehr unzureichend umgesetzt wird!

Es wäre zu erwarten gewesen, dass die jagdlichen Organisationen das Urteil des EGMR begrüßt hätten. Es war ja absolut nicht zu befürchten, dass Grundbesitzer in größerer Zahl ihre Flächen jagdlich stilllegen. Die Jägerschaften hätten aber die Möglichkeit gehabt, Regelungen zu erarbeiten, die in erster Linie dem Wild gedient hätten. Was Österreichs Justiz ignoriert hat: In Vorarlberg gab es Ruhezonen ohne Jagd schon vor dem Urteil des EGMR.

Können Grundeigentümer die Jagd auf ihrem Grund untersagen?

EU-Länder	
Belgien	auf Anfrage keine Antwort
Dänemark	Grundbesitzer entscheidet
Deutschland	auf Antrag kann die Jagd ruhen, doch werden dem Grundbesitzer erhebliche Probleme gemacht; teilweise wird verlangt, dass er sich vegetarisch ernährt ...
Finnland	Grundbesitzer entscheidet
Frankreich	Grundbesitzer entscheidet
Griechenland	Grundbesitzer entscheidet
Italien	auf Antrag bereits vor 2012 jederzeit möglich; stillgelegte Flächen müssen gezäunt oder mit amtlichen Tafeln markiert sein; bei Verpachtung sind grundsätzlich die ökologisch wertvollsten 6–10 % der Fläche als Rückzugsgebiete stillzulegen
Kroatien	auf Anfrage keine Antwort
Luxemburg	auf Anfrage keine Antwort

EU-Länder	
Niederlande	Grundbesitzer entscheidet
Österreich	nein, wird bisher abgelehnt. Wildruhegebiete gibt es nur in Vorarlberg auf Grundlage des Landesjagdgesetzes
Polen	jeder Grundbesitzer entscheidet selbst, ob auf seinem Grund gejagt wird oder nicht
Schweden	Grundeigentümer entscheidet
Slowakei	Grundeigentümer entscheidet
Slowenien	Grundeigentümer entscheidet
Tschechien	Grundeigentümer entscheidet
Ungarn	auf Anfrage keine Antwort

Ruheflächen für das Wild – ein Blick zu den Nachbarn

Echte Ruheflächen für das Wild sind in unzähligen anderen Ländern seit Jahrzehnten Standard. Selbstverständlich könnte man uns begeistern, gäbe es in unseren Revieren möglichst große Flächen mit Betretungsverbot für Nichtjäger. Ein Betretungsverbot für Jäger allerdings gibt es nicht! Dabei sind es doch gerade wir, vor denen Wildtiere die meiste Angst haben. Gut, wir argumentieren damit, den Jagdschutz ausüben zu müssen, aber das ließe sich ja wohl regeln.

Manche von uns schauen ziemlich überheblich auf Italiens Jäger herab. Dabei können die Italiener auf manche ihrer jagdrechtlichen Regelungen berechtigt stolz sein! Dass der Grundeigentümer darüber entscheidet, ob auf seinem Grund die Jagd ausgeübt werden darf oder nicht, erscheint selbstverständlich. Dieses Recht musste Italien nicht erst von der EU zugesprochen werden.

In der Schweiz wurden bereits in der zweiten Hälfte des 19. Jh. sogenannte „Jagdbanngebiete“ eingerichtet. Heute gibt es 43 derartige eidgenössische Schutzgebiete mit einer Gesamtfläche von 150.895 Hektar. Sie liegen mit einer Ausnahme (Sankt Gallen) alle in den Patentkantonen und sind im Schnitt 3.509 Hektar groß.

Neben den eigentlichen Banngebieten gibt es noch welche speziell für Raufußhühner. Eigene Schutzbestimmungen gibt es auch für Wasser- und Zugvogelreservate von internationaler und nationaler Bedeutung. Auch die Vernetzung von Lebensräumen regelt die Schweiz in ihrem *„Bundesgesetz über die Jagd und den Schutz wildlebender Säugetiere und Vögel“*.

Der Schweizer Bundesrat bestimmt im Einvernehmen mit den Kantonen auch Wildtierkorridore von überregionaler Bedeutung. In Deutschland oder Österreich ist das bis heute undenkbar.

NATIONALPARKS UNERWÜNSCHT ...

Eigentlich müsste man erwarten, dass Jäger die Einrichtung von Nationalparks freudig begrüßen. Schließlich schützen Nationalparks die Natur vor schweren Eingriffen und Flächenverlusten. Sie sind wertvolle Zellen, in denen jene Pflanzen und Tiere Rückzugs-

und Vermehrungsgebiete finden, die auf Flächen ohne hohen Schutzstatus nur noch geringe Überlebenschancen haben. Darüber müsste sich jeder Jäger freuen! Schließlich geht es um den Lebensraum des Wildes, auch wenn wir nicht jagdberechtigt sind, und nahezu alle jagdlichen Organisationen sind als Naturschutzverbände anerkannt.

Bisher war es – zumindest in Deutschland – so, dass ein Teil der Jäger schon in der Planungsphase heftig gegen die Ausweisung von Nationalparks anging. Für sie bedeutet ein Nationalpark einen Verlust an Jagdfläche. Dabei erzwingen die teils hohen Schalenwildbestände auch in den Nationalparks – zumindest auf Teilflächen – jagdliche Eingriffe. In diesen Fällen werden Privatjäger zur Jagd eingeladen. Auf einengende, die Bejagung behindernde, gleichzeitig aber wildbiologisch sinnlose Abschussbeschränkungen wird in der Regel verzichtet. Man kann sich jedoch nicht dem Vorwurf aussetzen, Trophäenjagd zu betreiben. Folglich werden die Trophäen in der Regel einbehalten. Diese Vorgangsweise wird vom Naturschutz wie von den Rechnungshöfen akzeptiert.

Bei einem Teil der Jäger führte auch das zu Protesten, bis zu den absurden Vorwürfen, man habe keine „Achtung“ vor dem im Rahmen dringend notwendiger Reduktion erlegten Wild. Nach den für Nationalparks geltenden internationalen Regeln muss zumindest ein Teil der Parkfläche unbejagt bleiben. Das ist schon deshalb sinnvoll und notwendig, weil Nationalparks auch der Forschung dienen müssen.

Es sind jedoch keineswegs nur Jäger, welche sich gegen die Ausweitung von Nationalparks stellen. Heftig wehrten sich auch in den Parks oder deren Umgebung ansässige Bürger gegen diese. Wegegebote oder das Verbot, Pilze und Beeren zu sammeln werden als Argumente gegen Nationalparks bemüht. Dabei sind in Deutschland und Österreich alle Nationalparks in Zonen unterschiedlicher Widmung und Schutz eingeteilt, die zumindest in Randzonen eine gewisse wirtschaftliche Nutzung zulassen. Nutzungen, die dazu dienen, den Charakter der Parklandschaft und damit die dort typischen Lebensgemeinschaften zu erhalten, sind selbst in Kernzonen zulässig. Dazu gehört beispielsweise die Almwirtschaft oder die Köhlerei. Beide fanden im gesamten Alpenraum schon vor zwei Jahrtausenden statt und haben Landschaft und Artenvielfalt geprägt.

Zu jenen, die Nationalparks – in der Planungsphase – ablehnen, gehörten kurioserweise auch private Vermieter von Gästezimmern und Ferienwohnungen, während Gastwirte und Hotelbetreiber eher Befürworter waren.

Nationalparks sind großartige Erlebnisräume, deren Wert für seine Besucher nicht zuletzt im Wegegebot liegen. Dieses garantiert, dass Besucher in vielen Parks selbst die Hirschbrunft fast „hautnahe“ erleben können.

BEVÖLKERUNGSENTWICKLUNG, LANDVERBRAUCH UND JAGDPRAXIS

NATURNUTZER UND TOURISMUS NEHMEN ZU

Deutschland ist mit derzeit 236 Einwohnern je Quadratkilometer eines der am dichtesten besiedelten Länder Europas. Es wird nennenswert nur von den Niederlanden mit einer fast doppelt so hohen Bevölkerungsdichte übertroffen. Österreich ist nur halb so dicht besiedelt wie Deutschland. Aber Österreichs landschaftliche und kulturelle Attraktivität macht es zu einem der beliebtesten Tourismusländer. Das ist wirtschaftlich sicher ein großes Plus. Für die Natur und die Jagd ist es jedoch ein Problem.

Man kann den Landverbrauch für Skipisten „kleinrechnen". Tatsächlich können zwei oder drei Lifte mit den zugehörigen Pisten dem Wild einen ganzen Berghang nehmen. Foto: iStock/FabianSPhotographie

Eine hohe Bevölkerungsdichte ist zwangsweise mit hohem Ressourcenverbrauch und einer das Land zerstückelnden Infrastruktur verbunden. Das betrifft nicht nur Aus- und Neubau von Straßen und Autobahnen, sondern auch die örtliche Infrastruktur. Ehe beispielsweise Lifte und Pisten wegen steigender Temperaturen und Schneemangel stillgelegt oder rückgebaut werden, sucht man nach alternativen Nutzungen. Diese beeinträchtigen Wildtiere zuweilen mehr als die ursprüngliche Nutzung. Während Skilifte und Pisten vier Monate in Betrieb waren, werden „Sommeranlagen“ meist doppelt so lange genutzt.

Der Lift läuft einfach weiter. Auf der ehemaligen Piste schlängeln sich die Mäander einer Sommerrodelbahn oder es entsteht ein „Schlachtfeld“ für Cross-Country und seine inzwischen zahlreichen Varianten. Doch dabei bleibt es selten. Neue Wanderwege kommen hinzu, in Hochlagen entstehen Loipen, und aus der eher bescheidenen Hütte an der Bergstation wird ein Restaurant mit Sommer- und Winterbetrieb. Wurden früher nur Pisten beschneit, liegt heute auch auf höher gelegenen Loipen Kunstschnee.

Lift- und Pistenbetreiber verweisen gerne auf den bescheidenen Landverbrauch ihrer Anlagen. Tatsächlich geht meist das Vielfache der genannten Fläche für viele Tierarten verloren. Betreiber errechnen den Flächenverbrauch Länge mal Breite. Die tatsächliche Störung geht aber weit in die Fläche hinein! Denn Rotwild steht im Winter eben nicht hundert Meter neben Liften und Pisten. Es hält Abstand. Ganz abgesehen davon bewegt sich ein Teil der Liftbenutzer selbst weit abseits der Pisten. Liftstationen sind vielfach Ausgangspunkte für Tiefschneefahrten durch die sensibelsten Teile des Bergwaldes. Die Tätigkeitsberichte der Bergwacht geben darüber Auskunft, wo sich Skifahrer tatsächlich bewegen!

Im Sommer ist es eher noch schlimmer. Je steiler das Gelände, umso größer ist der Landverbrauch und die gestörte Fläche. Die Wanderwege selbst beanspruchen nicht viel Grund. Im steilen Gelände müssen sie jedoch in Serpentinen geführt werden. Nicht nur das zwischen diesen Serpentinen liegende Gelände ist für viele Tierarten als Lebensraum und für uns als Jagdfläche verloren!

WIR WERDEN MEHR, DER FREIE RAUM SCHRUMPFT

Bevölkerungsdichte im Vergleich

Land	Bevölker. Zuwachs*	Dichte pro km²	Fläche in km²
Indien	+1,1	431	3.287.263
Niederlande	+0,5	423	41.543
Deutschland	+1,3	236	357.588
Schweiz	+0,9	214	41.291
Italien	+0,4	195	30.338
China	+0,3	149	9.596.961

Land	Bevölker. Zuwachs*	Dichte pro km²	Fläche in km²
Dänemark	+0,4	138	42.921
Polen	+0,3	118	312.696
Portugal	+0,3	113	92.212
Österreich	+1,4	108	83.882
Ungarn	+0,4	104	93.036
Slowenien	+0,2	104	20.273
Frankreich	+0,3	124	632.734
Spanien	+0,5	94	505.970
Kroatien	+3,7	68	56.594
Schweden	+0,6	23	447.435
Finnland	+0,3	16	338.472
Norwegen	+0,6	14	385.207
Russland	+0,2	8	17.074.636
Kanada	+0,5	4	9.984.670

** Zuwachs pro Jahr*

Schrumpfender Lebensraum für Wild

Wo der Lebensraum der Wildtiere kleiner wird, muss zwangsweise auch die Zahl der diesen Raum nutzenden Tiere schrumpfen. In der Praxis wird aber das genaue Gegenteil versucht: Man will mehr Tiere für die Jagd, weil es immer mehr Jäger gibt. Damit wachsen die Probleme nicht nur für die Tierarten selbst, sondern ebenso für die Land- und Forstwirtschaft, für die Jäger und letztlich für die gesamte Gesellschaft.

Immer wieder wird argumentiert, zumindest in Eigenjagdgebieten müsse der Jagdausübungsberechtigte selbst entscheiden können, welche Wilddichte er anstrebe. Wildtiere kennen jedoch keine Reviergrenzen und machen an diesen nicht halt. Daher werden Wilddichten, welche den Lebensraum nachteilig verändern, auch die Nachbarreviere nachteilig verändern und in den Nachbarrevieren neben ökologischen Schäden auch Kosten verursachen!

In Deutschland werden nach Angaben des Statistischen Bundesamtes derzeit pro Tag 55 Hektar Land für Siedlungen, Industrieanlagen und Infrastruktur verbraucht. Das sind im Jahr 20.075 Hektar (= 5,6 %). Im wesentlich kleineren Österreich meldet das Umweltbundesamt einen Verbrauch von 12 Hektar je Tag, das entspricht 4.380 Hektar im Jahr (= 5,2 %). Diese Entwicklung wird dramatisch, da die verbaute Fläche immer größer und die freie Landschaft immer kleiner wird.

LANDVERBRAUCH UND JAGD

Bedenkt man die Größe der beiden Länder, erscheint der Flächenverbrauch gar nicht so groß zu sein. Auf Wildtiere und Jagd wirkt er sich aber – vor allem in der freien Landschaft – gewaltig aus, weil ursprünglich noch nutzbare Flächen zwischen zwei auseinanderliegenden Straßen oder zwischen einer Straße und Siedlungshäusern verloren gehen, wenn diese Flächen nochmals zerschnitten werden. Flächenzerschneidung bedeutet immer Verlust an Lebensraumqualität und meist eine höhere natürliche Sterblichkeit. Häufig wird darauf mit einer Senkung der Abschussquoten reagiert, was die Situation neuerlich verschärft. Notwendig wäre das Gegenteil.

Asphaltierte Wege und Straßen sind für viele Kleinnager und Lurchtiere nur schwer überquerbare Hindernisse. Größere Tiere wie Rehe kommen eher damit zurecht, bezahlen aber einen hohen Preis. Die Zahl der Verkehrsopfer steigt.

Nicht nur Schalenwild fällt dem Straßenverkehr zum Opfer, auch alle jene Arten sind betroffen, die vor langer Zeit ausgerottet wurden und nun wieder zurückkehren. Otter, Biber, Wildkatze, Luchs, Wolf und Bär kommen unter die Räder, werden illegal abgeschossen und legal „entnommen" ... Foto: Bruno Hespeler

Verkehrsfallwild

In Deutschland wurden im Jahre 2005 insgesamt 72.081 Wildtiere getötet. Der Schaden wurde mit 447 Mio. Euro beziffert. 2017 waren es bereits 275.000 Opfer und die Schadenssumme stieg auf 744 Mio. Euro. Dies obwohl im genannten Zeitraum von Firmen und Jagdorganisationen optische und akustische Warnsysteme empfohlen und verbaut wurden, welche die Verluste auf ein Minimum reduzieren sollten. Gleichwohl stieg die Zahl des Verkehrsfallwildes. Der Gesamtverband der Versicherer (GDV) meldete 2021 pro Tag 800 Wildunfälle.

Bemerkenswert dabei ist der fast dramatische Anstieg in den Monaten April und Mai. Das ist bei den erwachsenen Rehböcken die Zeit der Revierkämpfe und der erhöhten Aktivität bei den Jährlingsböcken und Schmalrehen. Die Unfälle in dieser Altersklasse könnten reduziert werden, wenn die Jäger bereit wären, im Herbst mehr Rehkitze zu erlegen. Der frühzeitige Abschuss ist zwar Teil der kompensatorischen Sterblichkeit, entlastet jedoch die überlebenden Jährlinge, indem er ihnen Raum freimacht.

Wo versucht wird, die neuen „Todeslinien" mit Zäunen zu entschärfen, wird die Zerstückelung komplett. Es entstehen inselartige Vorkommen einzelner Arten. Da können dann am Stadtrand, zwischen Schnellstraßen, Kanälen, Eisenbahnen, Industrieanlagen und erweiterten Wohnsiedlungen durchaus noch ein paar Rehe leben. Doch der Blutaustausch wird fraglich. Die Bejagung wird zum Hochrisiko, und die Zahl der Opfer durch Autos, Hunde und Zäune ist oft weit höher als die Entnahme durch die Jagd. Die Tiere selbst müssen ihr gesamtes Verhalten – soweit es möglich ist – anpassen, von der Nahrungsaufnahme bis zur Ruhe.

Je nach örtlicher Gesetzeslage gehören derart zersiedelte und zerschnittene Bereiche zu einem Jagdrevier. Dabei ist für den zuständigen Jäger jeder Schuss und selbst das Bergen und Versorgen verunglückter Tiere mit einem hohen Risiko verbunden. Für den Jäger stellt sich die Frage, wie er unter solchen Umständen seinen Abschussauftrag erfüllen kann. Um Füchse, Steinmarder, Hasen und Kaninchen muss er sich vielfach keine Gedanken mehr machen ... Was die Rehe betrifft, die in ihrer erbärmlichen Lage die Keckheit besitzen, in Gärten, Friedhöfen und anderen öffentlichen Anlagen Nahrung zu suchen, können viele Jäger den vorgegebenen Abschuss gar nicht oder nur entlang der gefährlichsten Verkehrswege tätigen.

Wenn es einigen Rehen, ebenso auch Wildschweinen und anderen Tieren, gelingt, in solchen „Todeszonen“ erwachsen zu werden, haben sie ein gerütteltes Maß an „Cleverness“ bewiesen. Sie haben gelernt, mit der Gefahr umzugehen. Sie haben in solchen Landschaften am ehesten eine Zukunft. Werden sie erlegt oder überfahren, rücken ständig unerfahrene Artgenossen

Blick in eine veränderte „Landschaft“. Um 1900 hatte das noch beschauliche München 0,5 Mio. Einwohner, 1960 schon 1 Mio. und 2022 bereits 1,5 Mio. 2050 werden es vielleicht 2 Mio. sein. Die Politik und wir selbst gehorchen dem Prinzip „Wachsen oder weichen“ – bis zum bitteren Ende! Foto: iStock/aeri-pictures

nach. Das macht wenig Sinn. Notwendig ist die Absenkung des Bestandes im Zentrum, um das Abwandern in die „Todeszonen“ zu verhindern!

Ich habe schon vor knapp vier Jahrzehnten in meinem Buch „Jäger wohin?“ in solchen Fällen auf die Notwendigkeit eines „Stadtjägers“ hingewiesen. Wichtig ist, dass derartige Gebiete befriedet werden, also zu keinem Jagdgebiet gehören und dass der dort tätig werdende Stadtjäger eine spezielle, über die Jägerprüfung hinausführende Ausbildung hat, örtlich ansässig ist und über ausreichend Zeit verfügt. Er muss mit Menschen umgehen und komplexe Sachverhalte verständlich vermitteln können!

IMMER MEHR JÄGER AUF SCHRUMPFENDER FLÄCHE

Wo der Abschuss kontinuierlich nicht erfüllt wird und/oder die Verjüngung ausbleibt, wird schnell der Ruf laut, mehr Jäger auf die Fläche zu bringen. Der Zulauf zur grünen Zunft entsprach immer einer Pendelbewegung, doch war der langfristige Trend steigend. Die Jägerdichte beträgt heute das Mehrfache jener in der Mitte des vergangenen Jahrhunderts.

Der Jagd hängt grundsätzlich etwas Elitäres an, auch das Privileg Waffen besitzen und führen zu dürfen. Dabei geht es nicht jedem, der die Jägerprüfung macht, um die Möglichkeit jagen zu dürfen. Das zeigte sich deutlich nach der großen Flüchtlingswelle 2015. Damals erlebten besonders die privaten Jagdschulen einen hohen Zulauf. Man wollte sich und seine Angehörigen mit Waffen vor den Fremden schützen. Welch ein Unsinn!

Als Unternehmer, das sind auch die Betreiber von Lehrgängen und Jagdschulen, freut man sich immer über viele Kunden. Das tun aber auch viele jagdliche Organisationen. Deren Lehrgänge zur Vorbereitung auf die Jägerprüfung sind meist etwas billiger als die Angebote der Profis. Doch das scheint gegenwärtig nicht unbedingt entscheidend zu sein. Vor allem geht es den jagdlichen Organisationen um potentielle Mitglieder. Diese geben jeder Organisation politisches Gewicht – und Beiträge!

Was der einzelne Interessent bevorzugt, hängt meist nicht so sehr von den Kosten ab, sondern eher von der Zeit, die er aufwenden muss. Die Mehrheit der privaten Jagdschulen bietet dreiwöchige Lehrgänge in Vollzeit an. Das ist eine überschaubare Zeit für jene, die beruflich sehr eingespannt sind.

Die Lehrgänge der jagdlichen Organisationen ziehen sich über mehrere Monate hin, wobei der Unterricht nur einmal in der Woche stattfindet. Das ist für jene Interessenten vorteilhaft, die sich eine dreiwöchige Abwesenheit zeitlich nicht leisten können. Wer sich über die Qualität des Unterrichts Gedanken macht, der informiere sich, wie hoch die Erfolgsquoten der verschiedenen Anbieter in seinem Bereich sind,

Erlegen mehr Jäger mehr Wild?

Viele Verpächter und Forstverwaltungen sind auf der Suche nach Jägern, welche die Zeichen der Zeit erkannt haben. Ihnen ist

Reviere, die gute Hasenstrecken liefern, werden immer seltener. Wer glaubt, mit Fang und Abschuss der Hasennutzer den Abwärtstrend stoppen zu können vergisst, dass der Lebensraum – selbst wenn wir alle Nutzer ausschalten könnten, die Grenzen zieht. Wildtiere können nicht unsere Apotheken aufsuchen. Was ihnen hilft, muss die Natur liefern. Foto: Bruno Hespeler

nicht mehr ein möglichst hoher Pachtpreis wichtig, sondern Jäger, die ihre Aufgabe ernst nehmen, bevorzugt solche, die in Reviernähe ansässig sind.

Wie viel Wald darf ein Jäger durchschnittlich bejagen?

Land	Waldfläche	Jäger	Wald/Jäger
Deutschland	11,4 Mio.	403.000	28 ha
Österreich	3,9 Mio.	130.000	30 ha
Slowenien	1,2 Mio.	21.500	56 ha
Schweiz	1,2 Mio.	30.000	40 ha

* Die genannten Länder sind nicht nur Nachbarn, sie haben auch verwandte Jagdkulturen.

Wer die Jägerprüfung bestanden hat, will endlich jagen. Doch die meisten Reviere beherbergen genug Jäger. Häufig sind es aber auch die Verpächter, die darauf drängen, dass weitere Jäger auf Begehungsscheinbasis aufgenommen werden. Sie versprechen sich davon die Erfüllung der Abschusspläne und „Luft" für den Jungwald. Auch werden junge Grundbesitzer (Land- und/oder Forstwirte) angeregt, die Jägerprüfung abzulegen, um auf eigenem Grund und Boden zu jagen. Ob das klappt, hängt nicht zuletzt davon ab, wer die Ausbildung übernimmt.

Manche Ausbilder vermitteln genau das, was sie vor Jahrzehnten gelernt haben. So wird auch heute noch das Märchen vom guten und schlechten Vererber vermittelt. Noch lernen viel Prüfungskandidaten die Altersbestimmung des Rehwildes nach dem Zahnabschliff und allerlei anderen Körpermerkmalen. Vergessen wird, dass die Tiere dann bereits tot sind!

Vermittelt wird nicht selten die Angst, es ginge bereits ums letzte Reh. Förster, die dem Wald für den Erhalt von Trinkwasser, Luftreinhaltung und Biodiversität mehr Bedeutung beimessen als möglichst hohe Schalenwildbeständen, werden gelegentlich als Wildfeinde abgestempelt.

Ein Jäger um die Wende vom 19. ins 20. Jh. – als es noch keine guten und keine schlechten Vererber gab, wohl aber zartes und weniger zartes Wildbret. Geschossen wurde mehrheitlich noch mit Flinten, beschossen mit Schwarzpulver. Um einen simplen Rehbock zu erlegen, bedurfte es weder einer Weitschussbüchse mit zwölffachem Zielfernrohr noch eines Hochsitzes. Gefragt war jägerisches Gespür, sonst nichts ...

Gemälde von Jurij Šubic, Foto: Archiv Bruno Hespeler

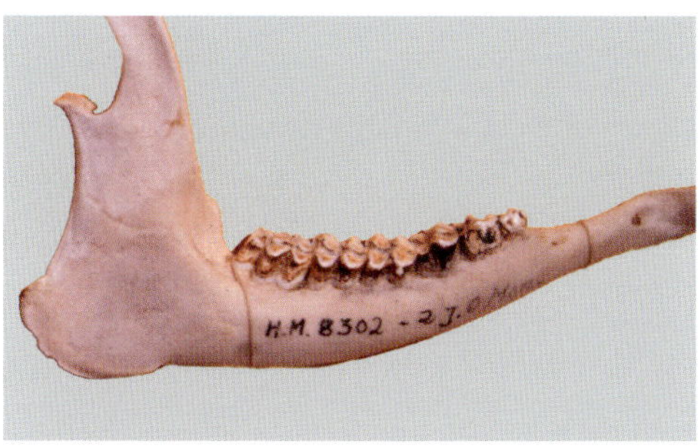

Der abgebildete Unterkiefer stammt von einem zweijährigen Reh und gehört zur Sammlung der Universität Göttingen. Dennoch wird auf den Pflichttrophäenschauen bis heute an der Vorlage der Unterkiefer festgehalten. Foto: Bruno Hespeler

Vielfach erhalten junge Jäger Erlaubnisscheine oder werden in anderer Form jagdlich beteiligt. Das heißt jedoch nicht, dass sie tatsächlich zur Abschusserfüllung nennenswert beitragen dürfen. In manchen Jagdgesellschaften dürfen Jungjäger[12] nur „Raubzeug kurzhalten ..." Viele Altjäger

[12] Der Begriff Jungjäger bezeichnet einen Jäger vom erfolgreichen Ablegen der Prüfung bis zur Pachtfähigkeit. Diese erlangt er in Deutschland mit dem vierten Jahresjagdschein. Der Begriff macht wenig Sinn, den physisch sind viele „Jungjäger" schon recht alt, da nicht wenige sich erst in der Pension entschließen, Jäger zu werden. Fachlich macht es noch weniger Sinn, weil die heutige Jägerausbildung – was die Theorie betrifft – qualitativ meist deutlich besser ist als jene des 20. Jh. Als Pflicht wurde die Jägerprüfung – mit Ausnahmeregelungen – erst in den 1950er Jahren eingeführt.

erwarten vom Jungjäger Hilfe beim Hochsitzbau und bei der Wildfütterung, aber Zurückhaltung bei der Abschusserfüllung. Wenn überhaupt, dann soll es „schwaches und krankes" Wild sein, das Jungjäger erlegen dürfen.[13]

Jagd muss etwas bewirken

Die Aufteilung des Abschusses nach Geschlecht, Alter oder sonstigen Klassen bewirkt gar nichts, solange die Höhe des Abschusses in keinem angepassten Verhältnis zum tatsächlich vorhandenen Wildbestand steht! Nach der Revolution von 1848 genoss weibliches Schalenwild und Jungwild über viele Jahrzehnte ganzjährige Schonzeit. In älteren Fachbüchern finden sich daher völlig absurde Angaben über die Geschlechterverhältnisse. Doch ist ein solches von beispielsweise 1:6 schon rein rechnerisch gar nicht möglich, da mit jedem neuen Geburtsjahrgang das Geschlechterverhältnis wieder korrigiert wird.

Alle Kriterien, die wir beim Abschuss von Schalenwild wissen müssen – Alter, Geschlecht, Kondition – scheinen bei Arten ohne nennenswerte Trophäen völlig vernachlässigbar. Wir selektieren weder beim Fuchs noch beim Hasen oder der Ente, und niemand bestimmt vor dem Schuss das Alter der Bache ...

JAGD IN „HOCHRISIKOGEBIETEN"

Rücken wir gedanklich vom besiedelten Gebiet etwas ab – hinaus in die ebenfalls zerschnittene Landschaft. Dort werden künftig noch weit mehr Menschen Sport treiben und Erholung suchen. Für den Jäger bedeutet das ein Mehr an Konflikten, aber auch absolute Behinderung der Jagdausübung. Das betrifft die Einzeljagd in Form von Pirsch und Ansitz wie die Gesellschaftsjagd.

Es ist das Publikum, das uns aus Sicherheitsgründen zwingen wird, die Jagdausübung einzuschränken. In Deutschland wie in Österreich darf Schalenwild nur mit Büchsengeschossen erlegt werden. Diese stellen im Erholungswald wie in der Feldlandschaft eine ernste Gefahr dar. Als Abpraller können sie ihre Flugrichtung völlig ändern und hunderte Meter weiterfliegen. Dazu müssen

In weiten Teilen Mitteleuropas sieht es heute schon so aus. Von der einst unverbauten Landschaft bleiben Fragmente von Erholungswald, in denen immer noch zahlreiche Tierarten leben, darunter auch jagdbare Arten. Hier wird der frei laufende Jagdhund ebenso zur Gefahr wie jeder Büchsenschuss! Foto: iStock/TrongNguyen

[13] Viele Jahrzehnte wurde der Öffentlichkeit erzählt, Jäger würden beim Erlegen von Wild keine Freude empfinden und daher nur krankes und schwaches Wild erlegen. Nimmt man diese Aussagen ernst, kam Jahrzehnte hindurch überwiegend Wild in den Handel, das in die Tierkörperbeseitigung gehört hätte!

keine Bäume vorhanden sein, ein Stein auf dem Ackerboden genügt. Selbst wenn das anvisierte Wild sauber getroffen wird, können Teile des sich im Wildtier zerlegenden Geschosses auf dem nächsten Wanderweg oder einer Straße noch tödlich zuschlagen!

Es gibt heute in vielen stadtnahen Revieren keine Tages- oder Nachtzeit mehr, in der nicht mit Menschen gerechnet werden muss! Gerade in jenen Stunden, in denen man früher davon ausgehen konnte, alleine im Revier zu sein, wurden längst zu absoluten „Hochrisikostunden“: Liebespaare in parkenden Autos, Jogger, Nachtwanderer, „Gassi-Geher“ und selbst Skilangläufer nutzen Nachtstunden.

Die Nachtaufnahme der Stadt Lüttich zeigt schön, wie sich die Stadt in die Landschaft frisst, wie den Straßen Häuser folgen und wie diese nach und nach zu geschlossenen Siedlungen werden. Aus freier Landschaft und Jagdfläche wird urbaner Raum. Foto: iStock-UlrichBeinert

Gestern gilt nicht mehr

Seit einigen Jahrzehnten wird empfohlen, bei Bewegungsjagden aus Sicherheitsgründen auf Treiber zu verzichten und diese durch Hunde zu ersetzen. Das war schon bisher nur dort zu empfehlen, wo die bejagte Fläche nicht von Straßen durchschnitten wurde. Von Hunden hochgemachtes Wild kann – wie die Jagdhunde selbst – schwerwiegende Kollisionen mit Fahrzeugen verursachen.

Die Zukunft wird in diesen Bereichen keine frei laufenden Hunde mehr dulden! Auch wenn sich die Politik sträubt: Es wird Bereiche geben, in denen Jagd ohne temporäre Sperrung bestimmter Revierteile nicht mehr möglich sein wird.

Es muss gar kein Kraftfahrzeug sein. Selbst innerhalb eines Treibens, fernab der nächsten Straße, kann ein Stück Schalenwild oder ein jagender Hund einen Spaziergänger, einen Radfahrer oder eine junge Mutter mit Kind zu Fall bringen und schwer verletzen. Zwar muss der Jagdleiter Vorsorge gegen derartige Unfälle treffen, was ihn aber nicht absolut aus der Haftung entlässt! Was bedeutet bei einer derartigen Jagd „Vorsorge“? Verständigung von Gemeindeverwaltung und/oder Polizei, soweit genehmigt, Sperrung von Forststraßen und Wanderwegen mit Schranken oder Sperrbändern und Hinweisschildern.

Was können die Konsequenzen sein? Jagdgegner fühlen sich durch diese Vorsorgemaßnahmen eingeladen. Sie demonstrieren und behindern die Jagd. Häufig werden (aus „Rache“) Jagdeinrichtungen beschädigt. Leserbriefkampagnen gegen die Jagd werden entfacht. Es kann zu unberechtigten Vorwürfen und Anzeigen gegen den Jagdleiter oder beteiligte Jäger kommen.

Wie kann man da noch jagen?

Die Zersiedelung der Landschaft und ihre Zerschneidung mit Verkehrswegen wird manche Jagdart zum Erliegen bringen. Niederwildjagden in der Feldflur werden nicht nur wegen des großflächigen Maisanbaus nach und nach verschwinden. Die traditionellen Kesseljagden, bei denen Jäger und Treiber einen Kreis bilden, dessen Durchmesser früher einen Kilometer und teilweise sogar mehr betrug, sind heute schon Relikte aus der Vergangenheit. Dies nicht nur, weil es früher viel mehr Feldhasen gab. Heute fehlt vielfach der unbebaute bzw. ungenutzte Platz, solche Jagden durchzuführen. Diese fanden mehrheitlich im Spätherbst statt, wenn die meisten Felder bereits abgeerntet und die Böden schon leicht gefroren waren. In früheren Jahren waren in dieser Jahreszeit nur noch wenige Menschen in der Feldflur unterwegs. Das hat sich ziemlich radikal geändert. Doch je mehr Menschen unterwegs sind, umso gefährlicher wird es!

Zu Beginn eines solchen Kesseltreibens durften die Schützen nur in den Kessel schießen. Folglich konnte keiner durch die Linien ziehen. Heute wird häufig auch nach rückwärts geschossen, was verantwortungslos ist. Den Mittelpunkt des Kessels markierte früher meist eine Stange mit einem Strohbuschen. Auf ihn marschierten Schützen und Treiber – unter Wahrung gleichmäßiger Abstände und bei Vermeidung von „Säcken" – zu. Hatte man sich dem Mittelpunkt auf etwa 150 Meter genähert, wurde das Signal „Das Ganze Halt" geblasen und anschließend „Treiber in den Kessel". Von da an durfte nicht mehr in den Kessel geschossen werden, sondern nur noch nach außen. Dort aber stehen heute schon die „Gaffer". Ob diese Kesseljagden in Österreich in ein, zwei Jahrzehnten noch erlaubt sein werden, ist zumindest fraglich. In Deutschland, mit seiner doppelt so hohen Bevölkerungs- und nur noch rudimentären Hasendichte, sind sie in vielen ehemals guten Hasenrevieren heute bereits Vergangenheit.

Erinnert sei daran, dass in Österreich viele Niederwildjagden nur noch unter starken Protesten von Tierschützern stattfinden und gelegentlich von der Polizei geschützt werden müssen.

Bejagung der Hasen zwischen Wohngebiet und Autobahn

Die Zeit der großen Hasenjagden geht unwiederbringlich zu Ende. Was – mit Blick auf die Sicherheit Unbeteiligter – noch möglich sein wird, könnten Feldjagden mit deutlich reduzierter, den Revierverhältnissen angepasster Schützenzahl sein. Auch den Hundeeinsatz wird man überdenken müssen, egal um welche Art von Treiben und Hunde es sich handelt. Bei den meisten derartigen Jagden wird der Jäger seinen Hund – außer bei der Nachsuche – an der Leine führen müssen. Das ist beim Schießen zwar eher hinderlich, reduziert aber die Gefahr von Zusammenstößen mit Fahrzeugen oder den Ärger mit Erholungssuchenden ganz wesentlich.

Bleiben wird vielleicht die Einzeljagd auf den Feldhasen, also das Passen auf den am Abend vom Wald ins Feld oder am Morgen vom Feld in den Wald rückenden Hasen. Diese stimmungsvolle Jagdart verlor vor allem deshalb an Bedeutung, weil die Schalenwildbejagung mehr und mehr den Einsatz des Jägers erfordert.

In Deutschland gibt es Bestrebungen, den Feldhasen auf die Rote Liste zu setzen und ihm ganzjährige Schonzeit zu gewähren. Dieser Trend wird sich fortsetzen, da aus Dörfern längst reine Wohnsiedlungen geworden sind. Bauern gibt es, vor allem im Flachland, immer weniger. Sie waren die Stützen der Jagd, welche diese auf Ortsebene verteidigten. Die Devise „wachsen oder weichen" schuf aus bäuerlichen Betrieben längst europaweit umweltfeindliche Agrarindustrien, bei denen Feldhasen und deren

Ob Mais, Hirse, Sonnenblumen oder Elefantengras angebaut wird, sie nehmen die Sicht und machen die Jagd gefährlich. Foto: Haymo Hespeler

Bedürfnisse längst kein Thema mehr sind. Die Bauern, die in der fünften Generation das Erbe ihrer Väter bewirtschafteten, sind nach und nach verschwunden. Entstanden sind mehrere tausend Hektar große Betriebe, über die Konsortien und Aktiengesellschaften verfügen. Längst sind in Europa Spekulanten aus Übersee wie der Präsidentensohn Hunter Biden oder Megakonzerne wie Black Rock marktbestimmend. Für die Jagd und ihre Anliegen wirkt sich das langfristig verheerend aus.

Dennoch wird man den Hasen, zumindest in Österreich, wahrscheinlich in kleinem Rahmen auch weiterhin bejagen können. Wo Straßen für den jagenden Hund keine Gefahr darstellen, werden kleine Standtreiben oder Riegler unter Einsatz des einen oder anderen Durchgehers oder klassisch mit dem kurz jagenden Stöberhund möglich sein.

Außerhalb des Waldes bietet sich – wo es die „entrümpelte Feldlandschaft“ noch hergibt – das Buschieren in kleinem Kreis an.

VIELE JÄGER – VIELE MEINUNGEN

Das Wichtigste wäre, unnötige interne Hemmnisse abzubauen. Das geht in Revieren mit Einzelpächtern wesentlich leichter als in Jagdgesellschaften. Wenn zwei, drei oder auch vier Jäger gemeinsam ein Revier pachten, ist jeder gleichermaßen entscheidungsberechtigt und verantwortlich. Selbstverständlich werden sich auch Einzelpächter untereinander über ihr Jagdkonzept absprechen. Letztlich kann aber jeder so jagen, wie es der Gesetzgeber vorsieht und der Verpächter erwartet.

Beschließt eine Jagdgesellschaft satzungsgemäß, mit dem Abschuss von Böcken nicht vor 1. Juni zu beginnen, bestimmte Böcke zu schonen oder nur auffällig schwache Kitze zu erlegen, gilt der Mehrheitsbeschluss. Ebenso können Mitglieder

Die Zeit der großen Niederwildjagden geht ihrem Ende entgegen. Die Siedlungen wachsen zusammen, und jeder Schuss birgt Risiken. Foto: Bruno Hespeler

Jagdgesellschaften

In Österreich ist die Mehrzahl der Gemeindereviere an Jagdgesellschaften verpachtet. Hierbei handelt es sich rechtlich um eingetragene Personengemeinschaften (Vereine), die zusammen ein Revier gepachtet haben. Sie sind, wie jeder andere Verein, nach dem Vereinsrecht organisiert. Jedes Mitglied ist zunächst dem jeweiligen Landesjagdgesetz (LJG) und den in seinem Rahmen erlassenen Verordnungen verpflichtet. Über die Details der Jagdpraxis entscheidet jedoch die gesetzlich vorgeschriebene Mitgliederversammlung, oder – wenn die Mitgliederversammlung das beschlossen hat – ein Ausschuss, die Mitglieder des Vorstandes oder dieser alleine.

Beispiel Kärntner Jagdgesetz: *§ 19 (1): „In einem Jagdgebiet dürfen nur so viele Personen die Jagd ständig ausüben, dass auf 50 Hektar – bei einem überwiegenden Bestand von Rotwild oder Gamswild auf je 100 Hektar – eine Person entfällt."*

Wichtig ist das Wort ständig. Eine ständige Jagderlaubnis besitzt – neben den Jagdpächtern und Eigenjagdbesitzern – wer einen ganzjährig gültigen Jagderlaubnisschein hat. Wird dieser ganzjährige Jagderlaubnisschein in zwei Scheine mit einer kurzen, dazwischenliegenden Pause geteilt, zählen diese beiden Scheine nicht als ständige Jagderlaubnis. Jagdgäste, die einen befristeten Erlaubnisschein haben (etwa für die Erlegung eines Rehbocks) oder die geführt werden, zählen ebenfalls nicht.

§ 10 (3): „Auf die zulässige Höchstzahl ist je angefangene 1500 Hektar eines Jagdgebietes ein für dieses Jagdgebiet bestelltes und angelobtes Jagdschutzorgan nicht anzurechnen."

In einem 1000 Hektar großen Revier, von dem 400 Hektar Wald sind, dürfen folglich über 20 Jäger ständig jagen. Es entfallen dann auf jeden Jäger gerade einmal 20 Hektar Wald. Wird der kleine Trick mit der Unterbrechung angewendet, dürfen es deutlich mehr Jäger sein.

per Mehrheitsbeschluss ausgeschlossen werden! Wer ausgeschlossen wird, tut sich meist schwer, in einem anderen Jagdrevier aufgenommen zu werden. Damit wird eine den Erfordernissen des Waldes und den Interessen der Waldbesitzer gerecht werdende Jagdausübung nicht unbedingt erleichtert ...

Vielfach ist es jedoch so, dass junge, jagdpassionierte Jäger, wenn sie mehr erlegen als den „alterfahrenen" gut erscheint, ausgebremst werden. Da spielt es keine so große Rolle, ob der Abschuss in den vergangenen Jahren erfüllt wurde und wie die Verjüngungssituation des Waldes ist. Fichte oder Föhre, mancherorts die Buche kommen allemal, wobei gerade die Fichte als Hauptbaumart in zahllosen Revieren geschützt werden muss. Wo das der Fall ist, darf man nicht mit einem standortgerechten Mischwald rechnen. Zur Ehrenrettung der Jäger muss allerdings anerkannt werden, dass viele Waldbesitzer über Jahrzehnte nur wenig Interesse an standortgerechten Mischwäldern hatten. Erst in den letzten Jahren hat sich das teilweise geändert. Dennoch werden Laubhölzer in manchen Revieren heute noch sorgsam herausgereinigt! Häufig zu hörende Argumente: Birken „verpeitschen" die Fichten, Haselsträucher bedrängen Hauptbaumarten, nehmen diesen Kraft und Licht oder Erlen trocknen den Boden aus ... Sind Waldbesitzer mit solcher Einstellung selbst Jäger, hat ihr Wort Gewicht!

Hoffnung

Die „Jungen" denken vielfach schon anders, und so scheint es sich beim Wald-Wild-Problem auch um ein Generationenproblem zu handeln.

Der verantwortliche Aufsichtsjäger

In Österreich haben die Gesetzgeber für absolut jedes Revier ein beeidetes Organ vorgesehen, den „Aufsichtsjäger". Dieser muss zusätzlich zur Jägerprüfung die Aufsichtsjägerprüfung des jeweiligen Bundeslandes nachweisen, in dem er tätig sein will. Eine staatliche Jagdaufsicht wie etwa in Frankreich, Italien, Polen und vielen anderen europäischen Ländern gibt es in Österreich nicht. In Deutschland ist die Benennung eines Jagdaufsehers überhaupt rein freiwillig.

Der Aufseher ist in erster Linie für die Einhaltung der jagdrechtlichen Bestimmungen zuständig. Zuwiderhandlungen durch Jagdberechtigte des Reviers muss er zur Anzeige bringen. Tut er dies, wird er in den meisten Fällen zum nächstmöglichen Termin seines Amtes enthoben. Unterlässt der Aufseher die Anzeige eines Deliktes, für das Verfolgungszwang besteht, macht er sich der Strafvereitelung oder Begünstigung im Amt schuldig und ist erpressbar.

In Österreich kann sich der Jagdpächter, so er die entsprechende Prüfung abgelegt hat, selbst von der zuständigen Bezirkshauptmannschaft als Jagdschutzorgan beeiden lassen, womit kein weiteres – ihn als Pächter kontrollierendes – Organ erforderlich ist. Das ist vergleichbar einem Steuerpflichtigen, der seine Steuererklärung selbst bearbeiten und den Bescheid festsetzen darf ...

In Italien übt ein eigenes Corps der Polizei die Jagdaufsicht aus. Die Beamten sind bewaffnet, modern ausgerüstet, bestens motorisiert und teilweise beritten. Sie übernehmen auch die Wildbestandserfassung. Foto: Paolo Molinari

Jagdaufsicht mit Rechten und Pflichten

Notwendig wird in Zukunft ein Jagdaufseher sein, der auch zumindest für die Erfüllung des Abschusses beim weiblichen Wild mitverantwortlich ist! Sorgen die Jagdausübungsberechtigten nicht selbst für die Abschusserfüllung, muss er das Recht und die Pflicht haben, den Abschuss zu tätigen. Derzeit hat der Jagdaufseher/Aufsichtsjäger auf Grund seiner Funktion keinen Anspruch darauf, sich an der Abschusserfüllung zu beteiligen, selbst dann nicht, wenn der festgesetzte Abschuss Jahre hindurch nicht erfüllt wurde!

Übersicht: Staatliche und private Jagdaufsicht*

Land	staatliche Aufsicht	private Aufsicht
Belgien	Jagdverbände antworten auf Anfrage nicht	
Bulgarien	Jagdverband antwortet auf Anfragen nicht	
Dänemark	in den 100 Wild- und Naturschutzgebieten staatliche Jagdaufseher,außerhalb dieser Gebiete übernimmt deren Aufgaben die Polizei	
Deutschland		private Jagdaufseher, Lehrgang und Prüfung
Finnland	staatliche Wildhüter, die Beamte sind	private Wildhüter, die ehrenamtlich arbeiten
Frankreich	Garde Chasse, staatl. Jagd- und Umweltpolizei	Garde Particuliers, private Jagdaufseher
Griechenland	staatliche Jagdaufsicht mit hoheitlichen Befugnissen	
Italien	Raggruppamento Carabinieri Biodiversità	ja, ohne besondere Rechte
Italien – Südtirol	hauptamtliche Jagdaufseher in jedem Revier Pflicht, 6 Monate Lehrgang an der Försterschule Latemar, abschließend Prüfung; Jagdaufseher dürfen im eigenen Dienstbereich keine Jagdkarte erhalten	
Niederlande		relativ wenige private Jagdaufseher
Polen	staatliche Jagdwache (Państwowa Straż Łowiecka)	ja, ohne besondere Rechte
Rumänien	Jagdverband antwortet auf Anfrage nicht	
Schweden	Jagdverband antwortet auf Anfrage nicht	
Schweiz	kantonale Wildhüter, dreijährige Ausbildung, Abschlussprüfung, regelmäßige Weiterbildung	nebenberufliche Jagdaufseher bei den Revieren
Slowakei	staatliche Jagdaufsicht	
Slowenien		ja, ohne besondere Rechte
Tschechien		ja, erweiterte Befugnisse
Ungarn	Vollzeit-Berufsjäger der Jagdreviere sind Pflicht	

* Angaben nach Auskunft der nationalen Jagdverbände und/oder Behörden.

IST DIE JAGDLICHE AUSBILDUNG ZEITGEMÄSS?

Ab Mitte der 1930er-Jahre finden sich in der Jagdliteratur Zeichnungen, die zeigen sollten, welche Geweihformen auf gute oder schlechte Erbanlagen schließen lassen. Eine verpflichtende Jägerprüfung gab es damals noch nicht. Die wurde erst gut 20 Jahre später eingeführt. Nun kommt es bei der Vorbereitung zur Prüfung nicht nur auf jene an, welche den Unterricht gestalten. Nicht selten unterrichten ja auch Tierärzte, Biologen oder schlicht Lehrkräfte, die hinterfragen, was in überholten Lehrwerken steht. Ihr Problem ist, dass sie mehrheitlich aufgeschlossene Menschen auf die Prüfung vorbereiten müssen. Denen sitzen bei der Prüfung jedoch nicht ihre Lehrer gegenüber, sondern nicht selten Prüfer, welche genau an dem festhalten, was sie selbst vor Jahrzehnten gehört, gelernt und gesagt haben und was sie seit Jahren bei der Prüfung hören wollen. Es ist für sie schwierig, heute etwas anderes zu lehren als das, was sie Jahrzehnte hindurch gesagt und geschrieben haben ...

Frage
Die Frage muss erlaubt sein, wer das Service für sein E-Auto beim Dorfschmied machen lässt, nur weil schon der Großvater dort mit seinem VW- Käfer, Baujahr 1950 Kunde war?

Jagdkurse für Menschen, die nicht Jäger werden wollen

In Österreich werden derzeit bereits Jägerkurse für Menschen angeboten, die nicht Jäger werden wollen. Das klingt reichlich absurd. Von den Veranstaltern wird angeführt, damit solle Interessierten die Möglichkeit geboten werden, zu erkunden, welch umfangreiches Wissen bei der Jägerprüfung abgefragt werde. Das ist ja nicht grundsätzlich schlecht. Allerdings sind die Kursteilnehmer – ob sie die Jägerprüfung ablegen wollen oder nicht – kaum in der Lage, das Gelehrte zu hinterfragen. Das würde ja voraussetzen, dass sie das Wissen der Ausbilder beurteilen können!

Vielleicht wäre es sinnvoll, auch regelmäßige Fortbildung für die Lehrenden zu verlangen. Zweifellos bedarf ein Büchsenmacher keiner Fortbildung in Waffenkunde. Auch wird kein Tierarzt Nachhilfe im Fach Wildkrankheiten oder Wildbrethygiene benötigen. Wo ein Forstmann Waldbau unterrichtet, ist vielleicht auch alles in Ordnung. Wenn sich aber ein Zahnarzt oder Mechaniker – vielleicht weil sich sonst niemand findet – über Ökologie auslässt, ist das sicher mit einem gewissen Risiko verbunden. Auch im Fach Wildkunde bestünde mancherorts Handlungsbedarf.

Was also spräche dagegen, wenn jene, die unterrichten, einen Halbtag pro Jahr selbst zu „Schülern" würden? Ganz einfach: Viele würden abspringen, würden „den Beitel" hinwerfen, und Ersatz wäre keineswegs überall leicht zu finden!

Es gibt aber ganz sicher auch die Situation, dass Unterrichtende in einem Zwiespalt stecken, nämlich dass die Vermittlung aktuellen Wissens die zu Prüfenden beim einen oder anderen noch in der Vergangenheit lebenden Prüfer in Schwierigkeiten brächte.

Weiterbildung ist keine Schande
Auch die bestens ausgebildeten Lehrer der öffentlichen Schulen unterliegen der Pflicht zur Weiterbildung.

DER JÄGER ALS „HOBBY-GENETIKER"

Das Erscheinungsbild eines Tieres resultiert aus seiner materiellen und sozialen Umwelt. Das ist beim Menschen nicht anders. Ausreichend gesunde Nahrung und soziales Wohlbefinden sind die Voraussetzungen für einen gesunden Körper. Hier wird immer wieder auf die Zuchterfolge in der Landwirtschaft hingewiesen. Doch während Wildtiere Individualisten sind, werden Nutztiere heute als reine Nahrungsproduzenten gehalten. Die Tiere eines bestimmten Stalles sind alle der gleichen Stalltemperatur, derselben Haltungsform, demselben Futter, demselben Lichtfaktor usw. ausgesetzt. Bekannt ist ihre „Leistung“ und die ihrer Vorfahren, also Wachstum, Fettanteil, Legeleistung usw. Bei Wildtieren wissen wir fast gar nichts und schon gar nicht über ihre Vorfahren. Nutztiere können – im Gegensatz zu Wildtieren – auch nicht entscheiden, mit wem sie sich paaren.

Trotzdem lernen angehende Jäger noch immer, bei der Jagd auf die „genetische Veranlagung“ des zu erlegenden Wildes zu achten. Unterschieden wird besonders bei männlichem Schalenwild zwischen guten und schlechten Vererbern. Für viele Jäger ist bis heute das Geweih der Hirschartigen das wesentliche Kriterium für die Beurteilung der „Erbgüte“. Bei den Hornträgern sind es die Hörner (Krucken der Gams, Hörner bei Steinwild und Schnecken bei Muffelwiddern). Aber welchen Einfluss hat das auf die Abschusserfüllung? Sie bremst diese in manchen Gegenden immer noch ganz gewaltig!

Geweihe sind nicht mehr und nicht weniger als sekundäre Geschlechtsmerkmale, die über die Überlebenstauglichkeit ihrer Träger wenig bis rein gar nichts aussagen. Die beiden abgebildeten Jährlingsgeweihe zeigen Phänotypen. Dem linken Reh ging es schlicht besser als dem rechten. Mit genetischer Veranlagung (Genotyp) hat das nichts zu tun. Foto: Bruno Hespeler

Mit dem Reichsjagdgesetz wurde auch die Pflichttrophäenschau eingeführt. Auf dieser müssen die Trophäen des Schalenwildes vorgelegt, begutachtet und der Öffentlichkeit präsentiert werden. Da sitzen dann verdiente Männer um einen Tisch und begutachten – Stück für Stück – Horn und Geweih. Dabei sind diese in Wirklichkeit nichts anderes, als sekundäre Geschlechtsmerkmale!

In fast allen deutschen Bundesländern wurde die Pflichttrophäenschau, zumindest was das Rehwild betriff, schon vor teilweise einem halben Jahrhundert abgeschafft. In Österreich jedoch nicht. Ob sie beim Rotwild und anderen Wildarten noch notwendig ist, darüber ließe sich diskutieren. Diskutieren lässt sich jedoch auch darüber, ob alle vorgelegten Exponate aktuell aus dem angegebenen Revier stammen.

Wo es noch eine Pflichttrophäenschau gibt, müssen auch die Unterkiefer der erlegten männlichen Tiere vorgelegt werden. Am Wechsel und Abschliff der Zähne erkennen die Experten das Alter der erlegten Tiere. Das wurde zwar – was den Abschliff betrifft – vor rund einhundert Jahren schon bezweifelt und widerlegt, gilt aber immer noch als unverzichtbar. Für das Rehwild wurden in der Vergangenheit von unseren Nachbarn „passende“ Unterkiefer zum Kauf angeboten ...

Nicht wenige Wissenschaftler und Praktiker haben sich in der Vergangenheit mit dem Zahnabschliff als Altersweiser – besonders beim Rehwild – beschäftigt und die durch Jahrzehnte hochgehaltene Meinung widerlegt. Kein einziger konnte sie, sofern er ernsthaft mit markierten Rehen gearbeitet hat, bestätigen.

Ehe man sich für oder gegen Pflichttrophäenschauen ausspricht, sollte überlegt werden, welches Bild sie von uns in der Öffentlichkeit hinterlassen. Das gilt besonders dort, wo es ohnehin nur um Rehwild geht. Foto: Bruno Hespeler

Buchhalter oder Jäger?

Ein Hindernis, das nicht vergessen werden darf, sind die Abschusspläne. Die Erfahrung hat gezeigt, dass wir mit für den Jäger zumutbaren, praktikablen Methoden Schalenwildbestände nicht korrekt erfassen können. Ob das in jedem Fall überhaupt gewollt ist, scheint fraglich.

Auf den Jäger wird erheblicher Druck ausgeübt, den Abschuss zu erfüllen. Gleichzeitig werden ihm in mehrfacher Weise „grobe Steine“ in den Weg geworfen. Wenn die Auguren mit ihren Prophezeiungen zur Klimaerwärmung recht behalten und der Landverbrauch anhält, dann wird man auf entbehrliche Hindernisse geschilderter Art möglichst schnell verzichten müssen, oder die Jagd in ihrer heutigen Form gehört der Vergangenheit an!

IGNORANZ ZERSTÖRT DIE REVIERJAGD

Die Jagdgesetze der deutschen wie der österreichischen Bundesländer sehen die Möglichkeit der Eigenbewirtschaftung von Gemeinschafts- beziehungsweise Gemeindejagdrevieren vor. Darüber gab es in der Jägerschaft von Anfang an große Aufregung. Dabei ist diese Form der Jagdnutzung in den Eigenjagden des Adels wie der Kommunen seit jeher üblich und bei privaten Jägern durchaus gefragt. Als die Elektronik auch in den Forstbetrieben Einzug hielt, als Lohnverrechnung, Holzaufnahme, Holzverkauf und andere Arbeitsbereiche immer mehr digitalisiert wurden, begann man Personal abzubauen. Damit wurden auch die Forstreviere immer größer. Der Revierförster, der in den 1960er-Jahren noch 600 oder auch 1000 Hektar betreute, muss sich heute – je nach Situation – um bis zu 4000 Hektar kümmern.

Nicht zu digitalisieren vermochte man die Jagd. Sie oder treffender gesagt die Abschusserfüllung wurden zur Last. Daher wurden nach und nach immer mehr Privatjäger an der Jagdausübung beteiligt. Nicht alle Förster fanden das besonders gut. Manche fühlten sich in ihren Rechten beschnitten und zogen bei den zugeteilten Privaten die Zügel an. Bei diesen schlägt mitunter das Bewusstsein, helfender Gast zu sein, in die Überzeugung um, den Aufstieg zum „Jagdherrn“ geschafft zu haben.

Keineswegs jeder Privatjäger ist eine große Hilfe für den Revierleiter. Oft fehlt schlicht die Praxis und das wildbiologische

Wo selbst die im Halbschatten gewachsene Fichtennaturverjüngung so verbissen wird, hat der Jäger versagt und ist entbehrlich. Foto: Bruno Hespeler

Wissen. Da gibt es aber auch eine Menge „Bremsen", die man den Jägern schon in der Vorbereitung zur Jägerprüfung einbaut. Manche heuern jedoch bei der Forstverwaltung gerade deshalb an, weil sie als „Jungjäger" bei privaten Jagdpächtern oder auch in Jagdgesellschaften beim Hochsitzbau und Beschicken von Fütterungen mehr Freiheit hatten als bei der Bejagung von Schalenwild.

Wie bei den Privatjägern gibt es auch bei den Förstern solche, die das, was sie ein Berufsleben lang jagdlich falsch gemacht haben, als Erfahrung sehen. Die einen fühlen sich von Wildbiologie und Ökologie angesprochen, die anderen hängen den jagdlichen Traditionen ihrer Väter nach.

In Summe sind heute die meisten Förster froh, wenn sie gute Jagdhelfer finden, die nicht nur reden, sondern auch erlegen!

In den 1970er-Jahren setzte sich in Deutschland die Einsicht durch, dass man nicht bei jeder Jagdverpachtung den Preis nach oben drücken und gleichzeitig höhere Schalenwildabschüsse verlangen kann. Jene, die glaubten, an hoher Jagdpacht plus Spenden für Kindergarten, Feuerwehr und Jungfrauenverein Geld zu verdienen, gerieten lokal in die Minderheit. Die ersten Jagdgenossenschaften[14] versuchten es mit Eigenbewirtschaftung. Notwendig war dazu ein möglichst erfahrener Jäger, der als Jagdleiter (in Österreich Jagdverwalter) fungiert. Dieser braucht meist die Unterstützung weiterer Jäger. Mehrheitlich bedient man sich der gebührenpflichtigen Vergabe von Pirschbezirken. Es gibt aber auch andere Modelle.

Diese Eigenbewirtschaftungen breiteten sich von Bayern ausgehend langsam in den übrigen Bundesländern aus. Manche Jagd-

[14] In Deutschland bilden alle Grundbesitzer, deren Flächen keine Eigenjagd bilden, eine Jagdgenossenschaft. Diese ist eine Körperschaft des öffentlichen Rechts. Alle Grundbesitzer sind Zwangsmitglieder. Die Aufgaben der Jagdgenossenschaften werden in Österreich von den Gemeinden wahrgenommen.

verbände liefen Sturm dagegen. Jäger wurden zuweilen unter Druck gesetzt, wenn sie in einer Eigenbewirtschaftung mitjagten. Teilweise ist es aber auch so, dass Pächter, die Jahre hindurch die Abschusspläne ignorierten, weil angeblich fast kein Wild mehr vorhanden war, als Pirschbezirksnehmer locker das Mehrfache erlegen.

Sie haben begriffen, dass man Rehe nicht zählen und Jäger, die blockieren, nicht brauchen kann!

Ein aktuelles Beispiel ist der 2.200 Hektar große Stadtwald von Kufstein in Tirol. Er war lange Jahre an einen Großunternehmer aus Deutschland verpachtet. Dieser hatte zuletzt 40.000 Euro Pacht bezahlt und war bereit, für die nächste Pachtperiode den doppelten Preis zu bezahlen. Auf Grund der horrenden Waldschäden beschloss die Stadt als Waldbesitzerin, künftig überhaupt nicht mehr zu verpachten. Sie stellte einen Berufsjäger als Jagdverwalter ein, der für das Revier fortan verantwortlich sein soll. Kufstein hat sich vom falschen Profitdenken vieler Verpächter freigemacht. Man hat erkannt, dass mit der Jagdverpachtung in der Regel kein Geld zu verdienen ist. Man möchte nur, dass die Jagdbewirtschaftung den finanziellen Aufwand trägt und ein gesunder Wald als Grundwasser- und Lawinenschutz, als Holzlieferant und Erholungsfaktor heranwachsen kann.

JAGDLICHE SERVICE-UNTERNEHMEN

Seit einigen Jahren werden in Deutschland auch Revierbetreuungs-Verträge angeboten. Auftraggeber sind Jagdgenossenschaften, Eigenjagdbesitzer und Kommunen. Im Moment scheint die Nachfrage größer als das Angebot. Diese Unternehmen bieten – je nach Vertrag – vom Hochsitzbau bis zur Wildverwertung die Übernahme aller Aufgaben des gesamten Jagdbetriebs. Der Auftraggeber behält die Zügel dennoch in der Hand und kann sich einen Teil des Abschusses vorbehalten.

Vor Ort gibt es einen verantwortlichen, der zuständigen Behörde genannten Jäger. Er erstellt zusammen mit dem Unternehmen und dem Jagdbesitzer ein Jagdkonzept und sorgt dafür, dass ausreichend qualifizierte und über ausreichend Zeit verfügende Jäger zur Verfügung stehen.

Bemerkenswert ist, dass dieses Konzept vor allem dort punktet, wo die Pachtpreise zuvor eher hoch waren. Obwohl diese jagdliche Serviceleistung keineswegs kostenlos geliefert wird, steigt die Nachfrage. Man darf davon ausgehen, dass Waldbesitzer auch weiterhin mit dramatischen Kalamitätszügen rechnen müssen und die Jagd noch schwieriger wird. Damit verliert der Jagdpachtpreis immer mehr an Bedeutung. Es geht nur noch darum, einer neuen Waldgeneration aus den Startlöchern zu helfen!

In Österreich sind die Verhältnisse gebietsweise noch etwas anders. Hier werden für „gute" Rotwildreviere noch immer Spitzenpreise bezahlt, wobei in den Gebirgsrevieren neben der reinen Pacht meist noch erhebliche Zusatzkosten für Hütten, Wegerechte, Fütterung und Berufsjäger kommen.

Merke

Einen Wald-Wild-Konflikt gibt es nicht, nur einen Konflikt zwischen Menschen mit unterschiedlichen Interessen an Wild und Wald.

WAS DER GESELLSCHAFT AN DER JAGD MISSFÄLLT

BILDER DER JAGD

Heute verliert die Jagd in der Gesellschaft immer mehr Sympathie. Doch wer sie kritisiert, gilt als wenig informiert. Selbst sachliche und notwendige Kritik wird in den Medien meist ziemlich ungeschickt, ja laienhaft gekontert. Was überhaupt nicht geduldet wird, ist Kritik aus den eigenen Reihen. Am wenigsten können sich jene

Das Dianenfest bei Bebenhaus im Jahr 1812, zu Ehren König Friedrichs von Württemberg. Friedrich von Matthinson, dem König devot ergeben, beschrieb diese Schlächterei in einem Buch. Daraus darf zitiert werde: *„In der kurzen Zeitspanne von 2 Stunden ergab sich der Totalertrag von 823 Stück erlegten Wildbretts.“* Foto: Archiv Hespeler

Jäger Kritik leisten, die von der Jagd leben oder sich besonders stark für sie engagieren.

Zugegeben: Die Zahl der Jäger, die an einer Neuorientierung interessiert sind, steigt. Das ist besonders dort der Fall, wo es keine Pflichtmitgliedschaft in jagdlichen Organisationen gibt. Eine solche gab es vor 1934 in Europa nirgends und dann zunächst nur in Deutschland. Mit dem Anschluss Österreichs an Deutschland, im Jahre 1938, galt sie im gesamten Deutschen Reich. Nach dem Ende des Zweiten Weltkriegs bildete das Reichsjagdgesetz die Grundlage für das deutsche Bundesjagdgesetz und die in seinem Rahmen erlassenen Landesjagdgesetze und ebenso für die Jagdgesetze der österreichischen Bundesländer. Damit galt die Pflichtmitgliedschaft in allen österreichischen Bundesländern außer Vorarlberg.

Vertrauen in die Jagd

Die Lazarsfeld Public Opinion Research veröffentlichte im Sommer 2023 das Ergebnis einer Umfrage, bei der es um die Zustimmung für die Jagd im Vergleich zu einer 2015 durchgeführten Umfrage geht. Demnach hat die Jagd gewaltig an Zustimmung verloren. 2015 befürworteten noch 42 % die Jagd, inzwischen sind es nur noch 27 %. Österreichs Jagd verliert pro Jahr etwa 2 % an Zustimmung. Besonders hoch ist nach dieser Untersuchung die Ablehnung bei den unter 40-Jährigen – genau diese Altersgruppe bildet die Zukunft!

WO NICHTJÄGERN DAS VERSTÄNDNIS FEHLT

In ländlichen Gebieten haben vor allem ortsansässige Jäger bis heute meist ein eher gutes Ansehen. Man kennt sie einfach, hat einen kürzeren Draht zu ihnen. Der Jäger im Dorf ist häufig lokaler Arbeitgeber, er ist Mitglied der örtlichen Vereine. Er beliefert die örtliche Gastronomie mit Wildbret, sitzt vielleicht im Gemeinderat oder im Elternbeirat. Doch je mehr „Zugereiste“ im Dorf wohnen, umso kritischer wird der Jäger mitunter gesehen.

Ein gutes Beispiel ist die Treibjagd. Vor wenigen Jahrzehnten noch war es fast eine „Ehre“, als Treiber eingeladen zu werden. Heute müssen die Jäger vielerorts selbst treiben. Früher wurden bei einem kleineren „Jagderl“ von ein paar heimischen Jägern vielleicht zwanzig Hasen und etliche Rebhühner geschossen. Die Treiber bekamen einen Weihnachtshasen und freuten sich.

Viele Jäger (aber auch Vogelfreunde) haben zu Hauskatzen ein gespaltenes Verhältnis. Sie sehen in ihnen große Vogel- und Niederwildfeinde. Tatsächlich fangen Hauskatzen heute im urbanen Bereich mehr Vögel und Lurche als in der ausgeräumten, totgespritzten Landschaft. Das Ziel muss die Sterilisation sein.

Foto: Bruno Hespeler

Anschließend ging man gemeinsam ins Wirtshaus.

Heute stehen auf dem Dorfplatz oder vor dem Friedhof zahlreiche große SUV, viele mit fremden Nummern. Statt früher zehn, packen dreißig oder vierzig Jäger ihre Flinten aus, und mindestens zehn Hornisten demonstrieren angeblich jahrhundertealtes jagdliches Kulturgut …

Man streift gemeinsam über die Felder. Hunde machen vielleicht eine Katze hoch, einige, sich zum „Jagdschutz" verpflichtet Fühlende, bemühen sich, mit ihren Flinten das ökologische Gleichgewicht zu schützen. An der Bundesstraße halten Autos, deren Insassen interessiert zuschauen, während andere mit ihren Smartphones filmen …

Am Abend wird Strecke gelegt: zwei Hasen, ein Häher. 60 Schuss, schätzt einer der Treiber. Ein Opa kommt mit seinem Enkel und frägt nach den Hasen, die nach der Zahl der Schüsse liegen müssten. Die vielen Füchse seien die Ursache, Radfahrer, Jogger und Spaziergänger ebenso, erfährt er. Wie ein Trost der abschließende Satz: „Uns Jägern kommt es nicht aufs Schießen an!" Um die Gemeinschaft gehe es, darum, die Natur zu erleben, draußen zu sein, Wild zu beobachten, die Bauern vor Wildschäden zu schützen und – vor allem ums ökologische Gleichgewicht.

Die Strecke wird – wie es angeblich seit Jahrhunderten Brauch ist – verblasen, Fürstengruß und Hegewaldfanfare als Zugabe. Allseits Weidmannsheil, Weidmannsheil. Autos werden gestartet. Man hat gejagt und fährt heim. Um 20:15 Uhr beginnt „Soko Hinterdoofingen" …

Andernorts werden samstagnachmittags die Enten auf dem Dorfteich bejagt. Dümmer kann man als Jäger nicht handeln!

Verstehen wir, warum sich weite Teile der Bevölkerung über uns wundern, manche uns auch einfach nicht mehr ernst nehmen und immer mehr ein totales Jagdverbot fordern oder ausschließlich öffentliche Organe mit der Jagd betrauen möchten?

Das Bild, das wir und vor allem manche jener bieten, die unsere Interessen zu vertreten vorgeben, deckt sich für immer weniger Menschen mit der erlebten Realität. Wir behaupten, Artenschützer zu sein. Aber Artenschützer schießen weder Kaiseradler noch andere Greifvögel. Aber genau darüber wurde die Öffentlichkeit immer wieder informiert. Dass solches Verhalten der Mehrheit der Jäger auch nicht gefällt, geht unter.

UMGANG MIT GREIFVÖGELN

Immer und immer wieder wurde über illegale Vergiftungsaktionen berichtet, denen zahlreiche Greifvögel, aber auch Säuger wie Fuchs, Marder, Iltis und Hauskatzen zum Opfer fallen. Monoton wird dann von Jägerseite darauf hingewiesen, es stehe ja nicht fest, wer hinter diesen Anschlägen stünde. Gut – es ist nicht völlig auszuschließen, dass Landwirte oder Taubenzüchter hinter solchen skrupellosen „Blödheiten" stehen. Doch immerhin rühmen sich nicht allzu selten deutsche Jäger, dass sie Gift problemlos von ihren österreichischen Jagdfreunden bekämen.

Gemeint ist das Nagergift Carbofuran, das von Landwirten gerne zur Bekämpfung von Feldmäusen verwendet wird. Allerdings werden nichtjagende Landwirte kaum Kadaver oder Kadaverteile mit Gift präparieren. Auch in Norddeutschland wurden in den

Der Östliche Kaiseradler war in Mitteleuropa nahezu ausgerottet. Inzwischen gibt es in Österreich wieder 42 Brutpaare (2023). Allerdings wurden im selben Jahr zehn Kaiseradler tot aufgefunden. Vier von ihnen wurden Opfer von Windkraftanlagen. Foto: iStock/Thomas Zsebok

vergangenen Jahren immer wieder vergiftete Greifvögel gefunden. Dort, wie im Norden und Osten Österreichs, befinden sich die Fundstellen fast ausschließlich in Niederwildgebieten. Landwirte, Taubenzüchter und fehlgeleitete Geister wird es aber in Gebieten ohne nennenswerte Niederwildvorkommen genauso geben. Auch die Schäden in der Landwirtschaft durch Kleinnager sind in den Grünlandgebieten der Mittelgebirge und des alpinen Raums nicht geringer. Wieso finden die illegalen Vergiftungsaktionen fast nur in Niederwildgebieten statt?

„BirdLife Österreich" berichtete, dass alleine im Februar 2001 bei Großinzersdorf im Weinviertel mehr als 15 tote Seeadler, Rotmilane und Mäusebussarde gefunden wurden. Vergiftet wurden aber auch schon in Niederösterreich überwinternde Saatgänse. Dabei ist es allerdings nicht nachvollziehbar, warum Jäger ein jagdbares Wild vergiften sollten, das bei ihnen hoch im Kurs steht.

Auch bei einem im Waldviertel verendet gefundenen Seeadler konnte das verbotene Nervengift Carbofuran nachgewiesen werden. Dank großer Bemühungen von Birdlife und WWF kommt der seit mehr als 100 Jahren geschützte Seeadler heute wieder vor. Gleichwohl ist die Art inzwischen neuerlich bedroht. Birdlife notierte von Jänner 2014 bis Dezember 2023 298 Greifvögel als Opfer illegaler Verfolgung. Darunter befanden sich 112 Mäusebussarde, 65 Rohrweihen, 32 Rotmilane, zwölf Kaiseradler und zehn Seeadler. In 105 Fällen wurden diese Straftaten mit Schusswaffen begangen, eine Zahl, die für sich spricht. In 42 Fällen wurden Giftköder verwendet, 27 Greifvögel fielen verbotenen Fallen zum Opfer und bei 17 wurden mehrere Methoden kombiniert (z. B. Vergiftung und Abschuss des bereits behinderten Opfers). In acht Fällen waren die Todesursachen nicht exakt feststellbar.

Man muss davon ausgehen, das vergiftet oder erschossen aufgefundene Greifvögel eher die Spitze des Eisberges darstellen. Wer illegal einen Greifvogel schießt, wird diesen ja nicht an Ort und Stelle liegen lassen. Geht man davon aus, dass die Täter auch nur durchschnittlich gut schießen, dürfte nicht mehr als einer von zehn beschossenen Greifvögeln angeschossen flüchten und hernach irgendwo gefunden werden.

Interessant ist in diesem Zusammenhang, dass es im oben genannten Zeitraum nur zu drei rechtskräftigen Verurteilungen kam. Wir Jäger müssen uns auch fragen, warum wir selbst nicht aktiv werden?

Bis 2001 galt der Seeadler in Österreich als ausgestorben. Durch Schutzmaßnahmen gibt es inzwischen von ihm wie vom ebenso bedrohten Kaiseradler wieder einen kleinen Bestand. Beide sind jedoch durch illegale Verfolgung bereits neuerlich massiv gefährdet. Das sind Dinge, die der Öffentlichkeit nicht verborgen bleiben und ihre Meinung über Jagd und Jäger ganz stark bestimmen!

Damit wird schon gesagt, dass es nicht nur das Gift ist, sondern auch das bösartige

Die einst in Mitteleuropa nahezu ausgestorbenen Seeadler haben sich in den letzten Jahrzehnten nach und nach erholt. Heute ist eine der größten Bedrohungen Bleivergiftung (mit krankgeschossenem Wild, Aas oder Aufbrüchen werden Bleischrote und Bleipartikel von Jagdgeschossen aufgenommen). Seit Jahren wird ein Verbot von Bleischroten und bleihaltiger Büchsenmunition gefordert, was die Jägerschaften jedoch ablehnen. Eine neue Bedrohung stellen Windkraftanlagen dar. Foto: iStock/Neil Burton

Schießen auf alles, was dem Niederwildjäger zur Konkurrenz werden kann. Werden geschützte Tierarten vergiftet oder erschossen gefunden, berichten die Medien unisono, „Wilderer" seien die Täter, selbst dann, wenn Jagdkarteninhaber als Täter ermittelt wurden. Somit bekommt der Leser ein völlig verzerrtes Bild. Hier wird eine „Täter-Opfer-Umkehr" installiert.

Erhalten oder alles verlieren?

Wenn wir die Nutzer unserer Niederwildarten vergiften oder illegal abschießen oder wenn sich jene, die uns vertreten sollen, auch noch Greifvogelabschüsse fordern oder Taten zu entschuldigen versuchen, dann wird es irgendwann mit der Niederwildjagd vorbei sein! Dann hat der Jäger keinen Anlass mehr, so fleißige Mäusejäger wie Mauswiesel und Hermelin zu fangen, Füchse rund ums Jahr totzuschießen und in Kadaverkisten zu werfen oder lauthals den Abschuss von Greifvögeln zu fordern.

Wenn heute von unseren Kritikern immer öfter und lauter ein völliges Verbot der Niederwildjagd gefordert wird, dann sind dies Reaktionen auf die gar nicht so kleine Herde schwarzer Schafe unter uns!

DIE LUST AM TÖTEN?

Hundertfach berichteten die Medien über Fälle, in denen Jäger vor den Augen der Öffentlichkeit Katzen und vor allem Hunde erschossen oder in tierquälerischen Fallen fingen. Da war der Hund, der vor den Augen seiner Besitzerin erschossen wurde, obwohl er sich bei deren Spaziergang kaum einen Steinwurf vor ihr befand. Da gab es Hunde, die vor den Augen der Kinder erschossen wurden, mit denen sie spielten.

Wie immer berufen sich Täter und Gesinnungsgenossen in solchen Fällen auf den Notstandsparagraphen[15] und auf ihre Pflicht, den „Jagdschutz"[16] auszuüben. Da wird gelegentlich auch ein Dackel zur Rehe reißenden Bestie hochstilisiert.

---

[15] Gemeint ist der rechtfertigende Notstand als erforderliche Abwehrhandlung, um einen größeren Schaden abzuwehren. Konkret: Der Dackel wird erschossen, um das Leben eines Rehes zu retten. Rechtsgrundlage ist das Strafgesetzbuch.

[16] Jagdschutzhandlungen werden in den Jagdgesetzen definiert. Neben dem Schutz vor Futternot gehört auch der Schutz vor „Feinden" dazu.

Tierschützer und andere Gesellschaftsgruppen versuchen seit Jahrzehnten, das Recht, Hunde und Katzen im Rahmen des Jagdschutzes erlegen zu dürfen, zu streichen. Bisher scheiterten sie in Deutschland und Österreich am politischen Einfluss der Jagdorganisationen. Hunde und Katzen sind jedoch rechtlich „Sachen", die in der Regel im Besitz einer Person oder Personengemeinschaft stehen. Ihre Tötung oder Verletzung zählt rechtlich als Sachbeschädigung und somit als strafbare Handlung. Lediglich der Jäger genießt einen Sonderstatus. Da wäre es interessant, einmal zu fragen, wie unsere Nachbarn damit umgehen und welche Auswirkungen das für deren freilebende Tiere hat.

Was die Katzen betrifft, so können sie für Vögel durchaus zu einem gewissen Problem werden. Sinnvoller als der Abschuss ist allerdings die Kastration der Kätzinnen, um die ungebremste Vermehrung zu stoppen. Tierschutzorganisationen, aber vereinzelt auch jagdliche Organisationen nehmen sich dieses Problems an.

Was die frei laufenden Hunde betrifft, muss gesagt werden, dass bei weitem nicht jeder frei laufende Hund „wildert". Da ist der Rüde, der eine läufige Hündin in der Nase hat und auf Freiersfüßen wandelt. Aber auch jener, der dem Auto seines schon längst hinterm Horizont verschwundenen Herrn folgt, ebenso jener, der sich auf Freundschaftsbesuch zwischen bekannten Haushalten befindet.

Nicht verschweigen dürfen wir, dass sich nicht selten auch Jagdhunde auf Abwegen[17] befinden und Wildtiere reißen. Und erinnert sei auch an jene, die im Dorf gelegentlich Geflügel oder friedlich vor der Haustür sitzende Hauskatzen abwürgen ... Jagdhunde werden, auch darüber berichten die Medien, gar nicht so selten von Jägern erschossen. Dies geschieht leichtfertig bei Gesellschaftsjagden, aber ebenso absichtlich, wenn Jagdhunde beispielweise bei einer Nachsuche geschnallt werden und das kranke Wild ins oder durchs Nachbarrevier jagen oder sich schlicht abkürzend – auf dem Weg zurück zu ihrem Führer befinden.

In Österreich und Deutschland lernen in Ausbildung befindliche Jäger, welche Rechte sie diesbezüglich haben. Wie immer macht jedoch der Ton die Musik. Es ist die Frage, wer die angehenden Jäger wie

Wildkatze und Hauskatze

In Gebieten, in denen die Wildkatze wieder heimisch geworden ist, können frei laufende Hauskatzen durchaus ein Problem sein, weil sich Haus- und Wildkatze fruchtbar paaren können. Einerseits ist es unverantwortlich, dort, wo die Wildkatze vorkommt, Fallen zu stellen. Es ist aber auch nicht möglich, Bastarde immer sicher zu erkennen und zu erlegen. Das eine wird ohne das andere nicht möglich sein. Wer die reinblütige Wildkatze erhalten will, muss auf die Fallenjagd verzichten. Er muss aber auch erkennen, dass es ein Nebeneinander von Wildkatze und Hauskatze ohne sexuelle Fehltritte nicht geben wird. Und er muss entsprechend handeln!

---

[17] Das italienische Bundesgesetz über die Jagd erlaubt die Abrichtung von Jagdhunden nur in einem festgelegten Bereich von maximal 5 % der Revierfläche.

und in welchem Ton damit vertraut macht? Letztlich wird der Schuss häufig als „alternativlos“ dargestellt.

Auch in anderen, an Österreich und Deutschland angrenzenden europäischen Ländern gibt es Jäger mit mehr oder weniger Rechten. Zumeist sind es weniger Rechte als in Deutschland und Österreich. Doch schauen wir uns doch in den Nachbarländern einmal um:

Abschuss und Fang von Haustieren bei unseren Nachbarn

Land	Hund	Katzen
Belgien	keine Auskunft	
Dänemark	absolutes Verbot	Verbot; Katzen nur, wenn sie herrenlos sind, was aber kaum nachgewiesen werden kann. Empfohlen wird Katzenbesitzern, ihre Tiere mit Halsbändern auszustatten, damit der Jäger sie problemlos von herrenlosen Katzen unterscheiden kann. Dazu sind die Tierhalter jedoch nicht verpflichtet.
Finnland	absolutes Verbot	Katzen kommen in Pflegestation
Italien	absolutes Verbot Hunde oder Katzen zu töten. Gilt auch für die Polizei.	
Luxemburg	keine Auskunft	
Niederlande	absolutes Verbot	absolutes Verbot; für Katzen kann es Ausnahmen geben. Angestrebt und gefördert wird die Kastration.
Polen	absolutes Verbot	absolutes Verbot; gilt auch für Jagdaufseher
Schweiz	nur nach Verwarnung	nach Bundesgesetz erlaubt; Kantone können eigene Bestimmungen erlassen. Geschossen werden vergleichsweise sehr wenige Katzen. Im Kanton Zürich 2009 nur acht Katzen.
Slowakei	nur 200 Meter vom nächsten Haus und wenn sie tatsächlich wildern und keine andere Lösung möglich ist	
Slowenien	absolutes Verbot	absolutes Verbot; gilt auch für Jagdaufseher
Tschechien*	für Jagdaufseher und Jagdpächter unter besonderen Voraussetzungen möglich, siehe unten	
Ungarn	nur nach Verwarnung	

** Hunde und Katzen müssen mindestens 200 m vom nächsten Haus entfernt sein. Hunde dürfen nur geschossen werden, wenn sie Wild direkt verfolgen. Bricht der Hund die Verfolgung ab, darf er nicht mehr erschossen werden.*

UMGANG MIT FÜCHSEN – DARÜBER NACHDENKEN

Als Folge von Wärme und Trockenheit hatten Österreichs Bauern in den letzten Jahren große Probleme mit Mäusen. Darüber wurde in den Medien regelmäßig berichtet. Zur selben Zeit forderten Jäger lautstark die Erlaubnis zum Abschuss von Greifvögeln. Ebenso ist es in vielen Revieren üblich, die Füchse zu bekämpfen. Am Bau die kleinen Fuchswelpen liquidieren, das darf man nur in wenigen Ländern. In der Schweiz würde

Füchse haben zahlreiche Nutzer und sind praktisch für nahezu alle Hundekrankheiten empfänglich. Sie leben überdies territorial, wobei die Jungfüchse bereits im ersten Lebensjahr abwandern. Nur ein geringer Teil der Jungfüchse erreicht das Erwachsenenalter. Je höher die Sommerverluste in einem Jagdrevier sind, umso mehr Jungfüchse lassen sich bei ihren herbstlichen Wanderungen genau dort nieder.
Foto: Dietmar Streitmeier (†)

der Jäger vor Gericht landen und die Medien würden ausführlich über ihn berichten.

Früher erlegte der weidgerechte Jäger seine Füchse nur, wenn die Bälge gut waren, also im Winter, oder wenn ein Fuchs erkennbar krank war. Die im Winter erlegten Füchse wurden abgebalgt, gegerbt und verarbeitet. Heute werden die meisten Füchse im Sommer erlegt und anschließend weggeworfen.

Das Tragen von Pelzen ist bei uns aus der Mode gekommen. An Jacken, Mänteln oder Mützen aus Fuchsbälgen besteht kein Interesse mehr, ebenso wenig an Tagesdecken. Zu dieser Situation beigetragen haben Tierschützer mit tätlichen Angriffen auf Frauen in Pelzbekleidung, im selben Maße jedoch auch Reportagen über Pelztierfarmen, vor allem solchen in Asien.

Inzwischen sind immer weniger Jäger in der Lage, einen Fuchs oder Marder sauber zu streifen und für den Gerber vorzubereiten. Sie haben häufig gar keine Gelegenheit mehr, das zu erlernen. Der Jäger findet aber auch kaum noch Gerber, ein uraltes Handwerk, das früher überall zu finden war, wo es fließendes Wasser gab. Das nächste Problem ist der Kürschner, der die gegerbten Bälge verarbeitet. Ihn hat die allgemeine Hysterie gegen das Tragen von Pelzen die Existenz gekostet.

Sinn macht es keinen, Tiere einfach totzuschießen und wegzuwerfen. Natürlich argumentieren Jäger, sie müssten damit die Tollwut und den Fuchsbandwurm verhindern. Ebenso wird die Staupe[18] und die Räude[19] erwähnt.

Dass in Deutschland und Österreich heute an Fuchsbälgen kein Interesse mehr besteht, ist nicht nur der Mode geschuldet. Jahrzehnte haben wir vor Fuchskrankheiten und deren Gefahr für den Menschen gewarnt. Es ist aber schlicht absurd, wenn wir den Umgang mit Fuchsbälgen als lebensbedrohlich darstellen und dann ein mangelndes Interesse an ihnen beklagen.

Es geht auch anders

In der benachbarten Schweiz, wo es undenkbar wäre, so mit Füchsen umzugehen wie bei uns, finden alljährlich in den Kantonen von den Jägern organisierte „Fell-Märkte“ statt. Zu diesen bringen die Jäger

---

[18] Staupe ist eine Viruserkrankung, die neben hunde-, katzen- und marderartigen Wildtieren auch fleischfressende Haustiere wie Hunde und Katzen befällt. Allerdings werden die Haustiere gegen die Virusseuche geimpft.

[19] Bei der Räude handelt es sich um den Befall mit Grabmilben, die Gänge in die Haut fressen und zu totalem Haarausfall führen. Wildtiere verenden daran. Die Übertragung erfolgt durch Direktkontakte. Insofern ist eine Verringerung der Fuchsbestände dennoch sinnvoll.

Wie in den übrigen Schweizer Kantonen bringen auch die Jäger im Wallis im Frühjahr ihre Fuchsbälge, aber auch Dachsschwarten und Murmelbälge zu den Fellmärkten. Hier treffen sich Jäger und Nichtjäger. Dass in den deutschsprachigen Kantonen gelegentlich auch ein paar Demonstranten gegen die Jagd auftauchen, regt niemanden sonderlich auf. Foto: Bruno Hespeler

die zumeist schon gegerbten Bälge ihrer im abgelaufenen Winter erlegten Füchse. Dort finden sich auch die Kürschner ein. Sie kaufen die Bälge auf und zeigen zumeist auch ihre fertigen Produkte.

Manche Jäger verkaufen nicht nur, sie suchen auch Bälge. Denn wer für seine Frau eine Jacke, eine Decke oder einen Mantel machen lassen will, der achtet darauf, dass die Bälge in Farbe und Zeichnung zueinanderpassen.

Die Schweizer Kürschner haben in Verbindung mit der Jägerschaft ein Label entworfen, mit dem für Pelze aus heimischer Jagd geworben wird. Das schafft Vertrauen und belebt den Markt. Schweizer Kürschner berichten, dass heimische Fuchs- und Marderbälge bevorzugt würden, obwohl sie wesentlich teurer sind als asiatische Billigware.

Wer trägt die Schuld?

Gesellschaft und Zeitgeist tragen zur Ablehnung von Fuchspelzen bei, ganz sicher aber auch wir Jäger selbst! Schließlich haben wir lange Zeit alles getan, Angst zu verbreiten. Wir warnten eindringlich vor der Tollwut, was vor der flächendeckenden Auslegung von Impfködern durchaus eine gewisse Berechtigung hatte. In den 1970er-Jahren begann man in Mitteleuropa mit dem Auslegen von Impfködern gegen die Tollwut. Zuerst übernahmen das die Jäger manuell, später erfolgte der Köderabwurf vom Flugzeug aus. Damit erlosch die Tollwut. Die aufgebaute Angst blieb.

Die Länder jenseits des ehemaligen „Eisernen Vorhangs“ wurden nicht tollwutfrei, auch wenn die Krankheit eher sporadisch auftritt. So warnt heute auch niemand mehr davor, die Ukraine zu besuchen, obwohl es dort immer noch zum Ausbruch der Seuche kommt.

Nach der Tollwut kam der Fuchsbandwurm, der für den Menschen – theoretisch – ebenfalls gefährlich sein kann. Viele Jäger statteten ihre Reviere mit Warnschildern aus, die schlicht und einfach die Bevölkerung abschrecken sollten. Gewarnt wurde vor dem Verzehr von Beeren und Pilzen, aber auch davor, sich ins Gras zu legen, um die Sonne zu genießen. Erreicht wurde damit vor allem, dass die Bedenken gegen das Tragen von Pelz wuchsen. Welche Frau will sich an ihrer Fuchsjacke oder am Marderkragen den Tod holen? Die Jagd konnte weder Tollwut noch Fuchsbandwurm, Räude oder Staupe besiegen.

Von Fuchsbandwurm, Tollwut & anderen Schauermärchen

Bis in die 1970er-Jahre wurden Füchse wegen der Tollwut intensiv bejagt und zumindest in Deutschland alljährlich vergast. Dabei fielen dem Gas aber weit mehr Dachse als Füchse zum Opfer. Die klugen Füchse mieden die Baue sehr schnell und brachten ihre Welpen außerhalb der Baue, unter Holzpoltern, in Reisighaufen, Feldstädeln und in anderen Verstecken zu Welt. Während sich die Füchse die meiste Zeit des Jahres im Freien aufhalten und eher einzelgängerisch leben, verbringen Dachse rund die Hälfte ihres Lebens familienweise in Erdbauen. Allerdings konnten die drastischen Maßnahmen die Tollwut weder verhindern noch besiegen. Das schaffte erst die mehrere Jahre in Folge durchgeführte orale Impfung. Nun ist die Tollwut in Mitteleuropa seit vielen Jahren ausgerottet.

Den Fuchsbandwurm gab es wohl schon immer. „Populär" wurde er allerdings erst, als man im letzten Drittel des 20. Jh. begann, die erlegten Füchse gezielt zu untersuchen. Es waren zunächst nur ganz wenige Landkreise im Süden Deutschlands, in welchen untersucht wurde. Doch wo untersucht wurde, konnte der auch für den Menschen lebensgefährliche Parasit nachgewiesen werden. In der Folge wurden die Untersuchungen auf immer mehr Landkreise oder Regierungsbezirke ausgeweitet, und überall wies man den Fuchsbandwurm nach.

In den 1970er-Jahren war selbst in der Veterinärliteratur zu lesen, der Dreigliedrige Fuchsbandwurm käme in der BRD fast ausschließlich im Regierungsbezirk Hohenzollern und ansonsten noch vereinzelt in der Schweiz vor. Nun sprach man von einer rasanten Vermehrung und riet zur Vorsicht. In der Folge lief dann in den Medien Jahre hindurch eine Angstkampagne. Gewarnt wurde vor dem Verzehr von Waldfrüchten und Pilzen, ja sogar vor Waldspaziergängen. Überall sollten die Eier des Fuchsbandwurmes haften. Gefordert wurde der Abschuss der Füchse. Tatsächlich konnte weder die Jagd noch die immer wieder um sich greifende Räude den Fuchsbandwurm tilgen. In der Folge wollten auch viele Jäger nichts mehr mit dem Fuchs zu tun haben. Zweifellos hat die Panikmache auch sie verunsichert und eher vorsichtig werden lassen. Schließlich bestand wenig Neigung, sich an kranken Füchsen zu infizieren.

Immerhin akzeptierte die Bevölkerung diese Maßnahmen. Sie wurde ja von den Medien entsprechend „informiert" ...

Mahlzeit

Bis in die 1960er-Jahre wurden auf dem Land Füchse, ebenso wie Dachse, Katzen und Hunde, von Teilen der älteren Bevölkerung gegessen. Sie auf Trichinen untersuchen zu lassen war nicht üblich, obwohl diese für den Menschen tatsächlich tödlich sind. Es galt lediglich, das Fleisch gut durchzubraten.

Wahrlich ein Hohn ist es jedoch, wenn einerseits alljährlich Mäusekalamitäten beklagt werden, Nagergift in der Landschaft verteilt wird und gleichzeitig die erfolgreichsten Mäusejäger – die Füchse – rücksichtslos abgeschossen werden. Man kann dies der Jägerschaft nicht alleine anlasten. Denn diese Betrachtungsweise und dieses Naturverständnis werden bis heute in vielen Lehrgängen den angehenden Jägern eingeimpft.

Tatsächlich stehen Jäger auch ganz unterschiedlichen Erwartungshaltungen ihrer Verpächter wie der Bevölkerung gegenüber. Neben Landwirten, die darauf drängen, möglichst viele Füchse zu schießen, gibt es auch solche, die Füchse als Mäusejäger durchaus gerne sehen. Landwirte sind keine Virologen. Sie wollen nur ihre Nutztiere vor der Tollwut schützen und ihre Kulturen vor den Mäusen ...

Fuchsabschuss als PR-Aktion

Seit Jahren veranstalten – vor allem in Österreich – Hegeringe und Bezirksgruppen die „Nacht der Füchse". In einem gewissen Zeitraum sind die Jäger aufgerufen, Füchse zu jagen. Dagegen ist ernsthaft nichts einzuwenden, wenn die erlegten Füchse nach alter jagdlicher Handwerkstradition genutzt werden. Dabei kann der Jäger nie die Bälge aller Füchse verwenden. Die der Jährlinge taugen noch nicht viel, manche Bälge erwachsener Füchse sind aus unterschiedlichen Gründen grob beschädigt. Räudige oder anderweitig erkennbar kranke Füchse müssen ohnehin entsorgt werden.

Den Abschluss der meist eine oder zwei Wochen dauernden Nacht der Füchse bildet das Legen der Strecke, das heute als jagdliche PR-Aktion veranstaltet wird. Dazu ist überall die Öffentlichkeit eingeladen. Die toten Füchse werden öffentlich auf einem geeigneten Platz präsentiert und abschließend „totgeblasen". Doch nur wenige Jäger nehmen ihre Füchse mit, um sie gerben und verarbeiten zu lassen. Die Mehrzahl dieser prachtvollen Tiere endet in der Tierkörperbeseitigung. Natürlich erfahren das zumindest die interessierteren Zuschauer, also genau jene, bei denen wir mit solchen Veranstaltungen Verständnis für die Jagd wecken wollen. Fast peinlich wird es, wenn auf der Strecke deutlich weniger Füchse liegen als Jagdhornbläser daneben stehen ...

Bei vielen Nichtjägern kommt das Jagdhornblasen gut an, egal ob bei der Jagd in freier Natur, in der Kirche bei einer Hubertusmesse oder auf einem Begräbnis. Wenn es jedoch zur reinen Show wird, kann schnell viel Sympathie verloren gehen.

Sie sind nicht unser Eigentum

Wir Jäger betrachten Wildtiere als unser Eigentum. Das ist ein glatter Irrtum. Es sind in Deutschland und Österreich freie Wesen, an denen kein Eigentum begründet ist. Man gestattet uns lediglich, sie in einem rechtlichen Rahmen zu erlegen und uns hernach anzueignen. Erst ihre legale Tötung durch den Jäger macht sie unfrei, führt sie ins Eigentum ihres Erlegers oder eines zur Aneignung befugten Finders. Das gilt selbstverständlich auch für den Fuchs.

Heute, wo immer mehr Füchse die freie Landschaft verlassen und zu Stadtbewohnern „umschulen", muss uns deutlich werden, dass Füchse durchaus in der Lage sind, ihre Siedlungsdichte ohne menschliche „Hilfe" den Ressourcen ihres jeweiligen Lebensraums anzupassen. Sie verstehen es, ihr komplettes Sozialverhalten der geänderten Umwelt anzupassen, ohne den Lebensraum zu übernutzen. Von diesen Fähigkeiten ist der Mensch noch weit entfernt.

Während beispielsweise Berliner Stadtfüchse am helllichten Tag, mitten in der Großstadt, zwischen zahllosen Menschen – ohne jede Angst vor diesen! – ihrem Ziel zustreben, liegt ihre Fluchtdistanz in der freien Landschaft bei 200 Metern und mehr.

Der ständige Hinweis, Füchse seien für den Menschen gefährliche Krankheitsüberträger, ist nur bedingt richtig. Die Tollwut ist in beschränktem Maß in der Ukraine ein Thema, in Mitteleuropa jedoch schon lange nicht mehr. Die Warnung vor dem Fuchsbandwurm zielt ins Leere, solange wir ungeimpfte Füchse nicht als Schmusetiere missbrauchen und mit ins Bett nehmen. Füchse haben jedoch in der Trostlosigkeit von Millionenstädten für viele Menschen einen hohen Erlebniswert. Sie gehören zweifellos auch zu jenen, die unsere urbane Umwelt von dem reinigen, was eine „überfressene“ menschliche Gesellschaft wegwirft. Sie säubern unseren Lebensraum – auch von anderen „Reinigern“ wie Ratten und Mäusen!

DAS MITTELALTER LEBT

Die Jagd zeigte bis ins 20. Jh. hinein wenig Verständnis für das Tier. Bei den Treib- und Hetzjagden des Mittelalters und der frühen Neuzeit ging es darum, möglichst viele Tiere zusammenzutreiben und dann abzuschlachten. Diese blutigen Orgien sollten Macht und finanzielle Potenz der Landesherren demonstrieren. Dabei wäre dieses „eingestellte Jagen“ den Potentaten, darunter auch Fürsten der Kirche, ohne ein Heer von Leibeigenen nicht möglich gewesen. Diese mussten – ohne jede Rücksicht auf ihre eigene Existenz und ihre Familien – Frondienste leisten. Somit konnte es die zur Fron verpflichteten Bauern durchaus auch während Saat oder Ernte treffen. Hatten sie Glück, durften sie nach einer Woche wieder abziehen. Hatten sie Pech, konnte die Fron sogar Monate dauern.

Auch die damaligen Jagd- und Schonzeiten richteten sich ausschließlich nach den Wünschen der Landesherren und nahmen auf die Bedürfnisse des Wildes wenig Rücksicht. Sie fanden teilweise sogar in der Setz- und Aufzuchtszeit des Wildes statt.

Gut – die Fron ist längst abgeschafft, die Einstellung zum Tier eine andere geworden. Unschöne Spuren blieben noch lange erhalten. Gegen Ende des 20. Jh. stellten sich immer mehr Jäger gegen die Gatterjagden. Viele dieser Anlagen gingen noch auf Maria Theresia und ihren Sohn Joseph II. zurück. Beide standen dem, was damals Jagd genannt wurde, sehr distanziert gegenüber und verboten die Hege von Rot- und Schwarzwild in freier Wildbahn. Es ging ihnen um das Überleben der Bauern wie der übrigen Bevölkerung. Wo das Schalenwild regelmäßig die Felder verwüstete, litt das Volk Hunger, und selbst das Militär bekam Probleme. Daher

Jäger mit Ochsenhorn, an der Wende zum 21. Jh. in Krain. Damit verständigten sich die Jäger in den weiten Bergwäldern. Smart- und iPhone haben das Ochsenhorn inzwischen ersetzt. Bei den Rehjagden (Treibjagden) in der Schweiz werden heute noch Ochsen- und kleine, eintönige Messinghörner zur Verständigung verwendet.
Foto: LD Mokrice

wurden von großen und kleinen Potentaten Jagdgatter errichtet. Erst vor wenigen Jahren rang man sich in Deutschland zu einem Verbot der Gatter durch, wobei teils lange Übergangsfristen eingeräumt wurden. Österreich folgte murrend.

Gedanken zum Jagdhornblasen

Das Totblasen erlegter Tiere wurde im süddeutschen Raum erst nach 1934 „Brauch" und in Österreich nach 1938, nachdem es von den damaligen Machthabern angeordnet wurde. Allerdings besaß kaum ein Jäger ein Jagdhorn und noch weniger konnten darauf blasen. Es dauerte bis in die 1950er-Jahre, ehe sich in größerer Zahl Jagdhorngruppen bildeten. Damit sollte die Jagd mythisch verklärt und das erlegte Tier geehrt werden. Man darf bezweifeln, dass sich zum Zwecke der Brauchtumspflege totgeschossene Füchse von Jagdhornklängen geehrt fühlen ... Ursprünglich wurden im deutschsprachigen Raum, zur Verständigung bei Gesellschaftsjagden, nur einfache, ein- oder höchstens zweitönige Signalhörner verwendet. Lange Zeit waren es Ochsenhörner, später wurden sie aus Messing gefertigt.

Bei den gerittenen Parforcejagden, die aus Frankreich in unseren Raum kamen und ausschließlich vom Adel gepflegt wurden, fanden große Parforcehörner Verwendung, die beim Reiten über der Schulter getragen wurden. Auch sie waren als Signalhörner zur Verständigung und Orientierung gedacht. Bei den kleinen Hörnern, die heute in einigen europäischen Ländern (dem preußischen Vorbild folgend) bei Jagden wie bei allerlei Veranstaltungen geblasen werden, handelt es sich schlicht um Posthörner. Ein Fürst von Pless, Besitzer großer Waldungen und Bergwerke in Schlesien, empfand sie wegen ihrer geringen Größe praktisch und ließ sie mit Lederriemen ausstatten. In Österreich wurden sie erst lange nach Kriegsende populär.

GATTERJAGD

Ich wurde in den ersten Berufsjahren dienstlich regelmäßig zu den herbstlichen und frühwinterlichen „Saujagden" eines rund 2.000 Hektar großen Gatterbetriebs als Nachsuchenführer abgeordnet. Damit war der Blick hinter die Kulissen sozusagen Pflicht.

Dass wir Tiere totschießen, die wir mithilfe von Zäunen an der Flucht hindern, kann man uns heute nicht mehr vorwerfen. Es dürfte zutreffend sein, dass die Mehrheit der deutschen und österreichischen Jäger Gatterjagden schon lange vor deren Verbot ablehnte. Wo heute noch hinter Zäunen gejagt wird, nutzt man Übergangsfristen.

Der Unterhalt eines Jagdgatters war kein „billiges Vergnügen". Gerade bei hohen Schwarzwilddichten musste mehr oder weniger intensiv zugefüttert werden. Früher waren Gaststätten und Hotels froh, wenn die Betreiber von Schwarzwildgattern ihre Küchenabfälle abholten und verfütterten. Das lässt die EU nicht mehr zu. Speiseabfälle dürfen nur noch verfüttert werden, wenn sie zuvor erhitzt wurden. Dabei spielt es keine Rolle, ob es sich um Hausschweine oder Wildschweine handelt. Das ist arbeitsaufwendig und lohnt sich nicht, sodass die Abfälle heute kostenpflichtig von speziellen Verwertungsbetrieben abgeholt und gesetzeskonform verarbeitet werden.

Selbstverständlich fielen Personal- und Unterhaltungskosten für das Gatter an, und immer wieder musste der Tierarzt kommen.

Die Gatterbetreiber versuchten meist, die Kosten durch den Verkauf von Futtertüten oder in einer angeschlossenen Gastronomie aufzufangen. Andere Gatterbetriebe stellten den Jagdbetrieb inklusive des Personals tageweise kostenpflichtig zur Verfügung.

Früher war auch der Wildbretverkauf lukrativ. Inzwischen hat sowohl der „Schweineboom" wie die Schweinepest und teilweise immer noch die Becquerelbelastung die Preise für nicht zerlegtes Schwarzwild in den Keller getrieben. Verdient wird noch an der Veredelung, also an Wurst und Fleischwaren aus Schwarzwild.

Gatterjagden auf Schwarzwild wurden von zahlreichen Jagdvermittlern angeboten. Häufig war der Abschuss einer bestimmten Zahl Frischlinge im Pauschalpreis enthalten. Wenn aber in einem solchen Revier in einem Winter fünf oder noch mehr Jagden stattfanden, dann reisten vor allem die Frischlinge häufig in Transportkisten an ...

„Überlebensgatter"

Mit Frischlingen alleine war in Gatterrevieren kein Staat zu machen. Der Kunde wollte zumindest die Chance haben, einen „dicken Keiler" zu erlegen. Diese durchaus verständlichen Wünsche waren für die Gatterbetreiber mit Risiken behaftet. Denn das „dicke Geld" brachte nur der wirklich dicke Keiler, also einer mit starken Waffen. Ehe ein Keiler über solche verfügt, vergehen einige Jahre. Nicht selten bricht auch eines seiner Gewehre beim Brechen nach Nahrung oder im Kampf ab.

Um hier steuernd einzugreifen, gab es in vielen Schwarzwildgattern sogenannte „Überlebensgatter". In ihnen wurden Keiler, aber auch Bachen während der Gesellschaftsjagden in „Schutzhaft" genommen. In diese relativ kleinen Überlebensgatter wurden die zu schonenden Sauen kurz vor der Jagd mit Mais hineingefüttert. Wollte man auch einen Teil der Frischlinge in Sicherheit bringen, kamen auch diese „hinter Schloss und Riegel".

Mais ist der Stoff, mit dem sich Sauen lenken lassen! Setzt man einen Tag die obligate Fütterung aus, marschieren die meisten am nächsten Tag gehorsam hinter dem Futtereimer her.

WOZU ÜBERHAUPT NOCH GATTER?

Jahrzehnte standen Gatterreviere in der Kritik der Öffentlichkeit, aber auch vieler Jäger. Neben jenen Gattern, die gerade so die Größe eines Eigenjagdbezirks hatten, gab es auch Gatterreviere in der Größe von tausend und mehr Hektar. Neben diesen Anlagen bestanden in Deutschland wie in Österreich ursprünglich auch viele Kleinstgatter, die teilweise sogar kleiner als ein Hektar waren. Es waren reine Abschussgatter. Sofern sie Teil eines Jagdreviers waren, durfte in ihnen geschossen werden. Das Abschießen von Tieren in solchen Kleinstgattern hatte durchaus Tradition. Wilhelm II. erlegte in ihnen ganze Rudel von Hirschen und Schauflern, die man ihm in solche „Käfige" gesperrt hatte. Diese Praktiken sind jedoch schon geraume Zeit verboten. Auch die eigentlichen, so lange umkämpften Gatterreviere in Deutschland und Österreich in Jagdbezirksgröße fielen dem Rotstift der Gesetzgeber zum Opfer. Die Freunde solcher „Jagd" müssen jetzt zu unseren östlichen und südöstlichen Nachbarn fahren.

Gerne wird behauptet, die Situation des Wildes würde sich in einem Jagdgatter nicht von jener in freier Wildbahn unterscheiden. Dem muss ganz energisch widersprochen werden! Das bejagte Wild, das meist von Hundemeuten in Bewegung gesetzt wurde, konnte nicht wirklich fliehen. Allenfalls konnte es versuchen, auszuweichen, weil es auch in großen Gatterrevieren ständig an Zäune stieß, die eine wirkliche Flucht verhinderten.

Wird Rotwild oder Schwarzwild in freier Landschaft mit dem Druck bejagt, wie er in Gatterrevieren üblich war, weicht es eher großräumig aus. Je nach Wilddichte und örtlicher Situation kann es Tage, ja sogar Wochen dauern, ehe das Wild wieder seine alten Einstände aufsucht. Im Gatter hatte es diese Möglichkeit nicht, was nicht nur an den Zäunen, sondern auch an der hohen Wilddichte in den Gattern lag.

Damit sind wir beim wohl wichtigsten Punkt: In den Gattern war die Wilddichte[20] – und das war gewollt – wesentlich höher als außerhalb. Der Gesetzgeber duldete dies, weil das Wild ja nicht in Nachbarreviere abwandern und in diesen Schäden anrichten konnte.

Gatterreviere hatten vielfach auch die Aufgabe, starke Trophäen zu produzieren. Anders als ohne Zaun, konnte der starke Keiler oder Schaufler weder vom bösen Jagdnachbar erlegt werden, noch mit einem Kraftfahrzeug kollidieren.

Es ist ein Gebot der Fairness zu erwähnen, das Jagdgatter durchaus auch eine gewisse soziale Funktion hatten. Viele Menschen, insbesondere Kinder, kamen erst durch sie in näheren Kontakt mit heimischen Wildtieren. Hierzu trugen selbst die Fütterungen bei, die infolge der unnatürlich hohen Wilddichte in fast allen Gattern unverzichtbar war.

VON MASSENAUFZUCHT UND MASSENABSCHUSS

Studiert man die Abschusszahlen der verschiedenen europäischen Länder, fällt eine Tierart besonders auf – der Fasan! Während die Abschusszahlen anderer Niederwildarten sich entweder in einem ständigen Auf und Ab bewegen und der langfristige Trend abwärts weist (oder gar bei Null liegt, weil manche Arten – wie z. B. das Rebhuhn – regional bereits ausgestorben sind), gibt es auch Arten, die in relativ wenigen Jahren direkt abstürzten. Beim Feldhasen kannten schon unsere

In vielen unserer Nachbarländer werden heute noch alljährlich Hunderttausende „Fabrik-Fasanen“ gezüchtet und zur „Blutauffrischung“ oder zur „Besatzstärkung“ angeboten. Tatsächlich ausgesetzt werden sie jedoch fast ausschließlich zum alsbaldigen Abschuss. Wo das nicht geschieht, sind die Strecken ebenfalls längst eingebrochen. Foto: Bruno Hespeler

[20] Über die Verwendung des Begriffes Wilddichte in Gatterrevieren lässt sich streiten, denn die dort gehaltenen Tiere sind ja nicht wild, also nicht frei in ihren Entscheidungen. Sie leben im Prinzip in großen Gehegen. Und es müssen – um Inzucht zu vermeiden – immer wieder Tiere ausgetauscht oder neu zugeführt werden.

Großväter größere und kleinere Schwankungen. Einfache Gemüter sehen in erster Linie „Beutegreifer“ als Ursache. Wenn dem so wäre, müssten allerdings auch deren Bestände stark schwanken. Vergleicht man die Strecken einzelner Arten mit den Wetterdaten, findet man eher nachvollziehbare Erklärungen. Beim Feldhasen sind es die ersten beiden Sätze, die von Nässe und Kälte gleichermaßen betroffen sind. Ist das Frühjahr trocken, überleben viele Junghasen. Ist es nass, freuen sich die Hasenkrankheiten.

Auch das Federwild ist stark vom Wetter in der Brut- und Aufzuchtszeit abhängig. In der Vergangenheit wurden mitunter in einem Kalenderjahr auffällig viele Fasanen erlegt, während es kaum Rebhühner gab. Beide leiden unter nassem Frühlingswetter. Warum aber diese Unterschiede, wo doch die Küken beider Arten dieselben Insektenarten und dieselben Sämereien fressen?

Ich bekam genau diese Frage bei einer Prüfung gestellt und machte damals gar keine gute Figur. Dabei ist die Antwort ziemlich simpel: Rebhühner brüten mehrheitlich etwas früher als Fasanen. Folglich kann das Wetter zur Brut- und vor allem zur Aufzuchtszeit der beiden Arten völlig unterschiedlich sein. Fasanen wurden aber auch zu Hunderttausenden industriell erbrütet. Sie wurden früher oft erst am Tag der Jagd oder wenige Tage zuvor ausgesetzt. Für sie spielte das Wetter keine Rolle, weder in der Brut- noch in der Aufzuchtszeit.

Zumindest in Deutschland, wo die Proteste gegen diese Praxis schon relativ früh laut wurden, wo der Gesetzgeber reagierte und in die Zukunft blickende Vertreter der Jägerschaft sich zu distanzieren begannen, brachen in den 1980er-Jahren auch die Fasanenstrecken ein. In anderen Ländern, wo man weniger Skrupel kannte und sich Jagdorganisationen und deren Proponenten für den Erhalt dieser Praxis stark machten, brachen die Strecken nicht in diesem Maße ein, und es wurden immer noch gute Strecken erzielt. Dass sie nicht mehr ganz so hoch waren wie früher, lag einmal daran, dass inzwischen der Gesetzgeber auf Druck der Öffentlichkeit das Aussetzen unmittelbar vor der Jagd verboten hat. Es muss ein zeitlicher Abstand zur Jagd eingehalten werden. Ob und wo das geschieht, lässt sich mitunter schwer überprüfen. Dadurch und besonders durch die oft wenig niederwildfreundliche Entwicklung der Landwirtschaft gab und gibt es vor der Jagd jedoch bereits erhebliche Verluste.

Man muss davon ausgehen, dass die „Fabrik-Fasanen“ mit der freien Natur überfordert sind. Arglos herumstolzierend, machen sie ihre Nutzer auf sich aufmerksam. Sie bilden „Supermärkte“ für Greifvögel, für Fuchs, Marder, Hermelin und Katzen. Dazu kommt, dass ihnen in großem Stil in sogenannten Schütten oder breit gestreut Futter angeboten wird. Hier werden sie konzentriert zu regelrechten Aushängeschildern für ihre Nutzer.

Scheinlösungen

Es sind nicht die Nutzer, die für den Niedergang der Fasanenvorkommen verantwortlich zeichnen, sondern jene, welche den Fasanen die wichtigsten Lebensraumrequisiten nehmen und mit Futterkonzentrationen zusätzlich Nutzer anlocken!

Keinerlei Skrupel haben – was das Aussetzen von „Schießsport-Tieren“ betrifft – die meisten unserer hinter dem ehemaligen Eisernen Vorhang liegenden Nachbarn.

Sie sehen diese Praktiken ausschließlich geschäftlich und wissen genau, was ihre Gäste aus dem Westen erwarten: Möglichst hohe Strecken bei perfekter Organisation und selbstverständlich alles höchst „weidgerecht"! Letzteres scheint gewährleistet, wenn Strecke gelegt, ein paar mit Ethik getränkte Worte verloren und – wie angeblich seit Jahrhunderten üblich – viel geblasen wird. Das lässt man sich gerne etwas kosten. Was die Laien darüber denken, wie sie uns Jäger kollektiv einordnen, interessiert nicht ...

REKORDHIRSCHE

Die Aufzucht von Wildtieren ist europaweit ein beachtlicher Wirtschaftszweig – es ist eine Art Schattenwirtschaft, nicht dazu gedacht, von allzu vielen Menschen wahrgenommen zu werden. Dabei geht es nicht nur um Fasanen, Rebhühner und Stockenten. Auf Bestellung bekommt man weit mehr. Tschechien hat den amerikanischen Weißwedelhirsch, den japanischen Sikahirsch, die aus Vorderasien stammende Bezoarziege, den amerikanischen Truthahn und afrikanische Perlhühner im Angebot. Tschechiens Nachbarland Polen zieht mit.

In Italien gibt es die „Aziede faunistico-venatorie e Aziende agri-turistico-venatorie". Das sind landwirtschaftliche Betriebe, die sich auf Jäger als Gäste spezialisiert haben. Relativ viele italienische Jäger gehen nur ihrer Hunde wegen auf die Jagd. Meist geht es um das Vorstehen. Man macht ein paar Tage Urlaub, lässt sich Federwild aussetzen, um dieses vom Hund suchen und vorstehen zu lassen. Auch in Frankreich findet der Jäger derartige Angebote. Es ist die Arbeit der Hunde, an der man sich erfreut. Wir Deutsche und Österreicher fahren eher zu unseren Nachbarn, um uns bei ihnen einmal richtig „satt zu schießen".

Selbst unter Jägern ist wenig bekannt, dass landwirtschaftliche Betriebe auch Schalenwild überwiegend für den Abschuss züchten. Diese Tiere werden teilweise an noch bestehende, vom Verbot ausgenommene Gatter verkauft, um der Inzucht vorzubeugen. Bei männlichen Tieren geht es jedoch häufig nur um die Trophäe. Rothirsche oder Schaufler sollen möglichst schnell möglichst imposante Trophäen bilden. Meist werden sie dann an Gatterreviere, teilweise auch an Kleingatter, verkauft, wo sie ziemlich schnell zu Abschussgebühren mutieren ...

Der in Bulgarien erlegte derzeitige Weltrekord-Rothirsch „Hansi" verbrachte Kindheit und Jugend im Gehege eines Kärntner Bauern. Dank massiver Fütterung zeichnete sich schon in früher Jugend ein Rekordgeweih ab. So wurde er nach Bulgarien verkauft. Dort erlegte ihn ein nichtsahnender Jäger aus Mitteleuropa. Zu dessen Ehrenrettung muss gesagt werden, dass er, nachdem postmortal die Herkunft des Hirsches bekannt wurde, das Rekordgeweih nicht mehr haben wollte. Dieses hängt seither in der Universität für Bodenkultur in Wien. Dafür hat der Erleger Respekt verdient! Foto: Bruno Hespeler

JAGDREISEN & ABSCHUSS VON EXOTISCHEN WILDTIEREN

Alljährlich finden in Deutschland und Österreich eine ganz Reihe von Jagdmessen statt. In Deutschland nimmt die „Jagd und Hund" in Dortmund für sich in Anspruch, die größte Jagdmesse Europas zu sein. In Österreich ist es die „Hohe Jagd" in Salzburg. Neben diesen beiden warten in beiden Ländern noch eine ganze Reihe weiterer Veranstaltungen auf Kunden und Schaulustige.

Wer sich über die bei der Jagd verwendete Technik – vom Fernglas bis zur Jagdhütte – einen Überblick verschaffen möchte, ist dort richtig. Auf der Plattform *„Kongress.de"*, wird die Messe vielsagend beworben: *„Mit HORRIDO bekommen alle ‚social-media-affinen' Jäger eine neu entwickelte Networking-Plattform und ein individuelles Programm mit Bloggern und Influencern geboten."*

Manch alter Jäger wird damit nichts mehr anfangen können. Er muss es auch nicht. Mit Rentnern und Pensionisten ist bei einer solchen Show ohnehin kein großes Geschäft zu machen.

Kritik an dem von den Organisatoren der Jagdmessen gebotenen Bild wurde immer wieder auch in verschiedenen Jagdzeitschriften geäußert. Dabei waren es nicht die Messen grundsätzlich, die im Fokus der Kritik standen. Unbehagen bereiteten vor allem die internationalen Jagdvermittler und deren Angebote. Da wird in unzähligen Videos gezeigt, wie und was man – vorausgesetzt man kann es sich leisten – exklusiv an exotischen Wildtieren töten darf. Dazu gehört die ganze Palette afrikanischen Großwildes, vom Leoparden über das Flusspferd bis zum Elefanten.

Wie präsentieren wir uns?

In der Heimat wird, wenn man sich mit einem toten Löwen oder gar auf einem gefallenen Elefanten sitzend fotografieren lässt, schnell zum furchtlosen Helden. Doch viel Mut gehört nicht dazu. Schließlich steht die „Security" zum Schutze des Gastes pausenlos stand by. Die Realität afrikanischer Jagd sieht oft ganz anders aus, als es Fotos und Videos zu vermitteln suchen. Da gibt es die gegatterten Farmen mit teils gezüchteten Wildtieren. Viele von Europäern geschossene Mähnenlöwen wurden in Zwingern geboren und haben eine „abwechslungsreiche Laufbahn" hinter sich. Sie beginnen als „Kuschelbabys" für „süße" Fotos auf dem Arm von Touristen. Mit den selbstverständlich zahmen „Teeny-Löwen" kann der Kunde auf der Farm spazieren gehen, was bereits imposantere Fotos gibt. Und wenn die arme Kreatur mit zunehmendem Alter zu störrisch wird und ihr eine imposante Mähne ausreichend Würde verleiht, darf sie die Kugel eines Jägers aus Europa oder Amerika empfangen.

Nach kurzem Aufenthalt bei einem der vielen, fachlich meist hervorragend arbeitenden Präparatoren Afrikas treten Simba und seine Schicksalsgenossen ihre letzte Reise an. Postmortal ist es ihre Aufgabe, an den Mut ihres Erlösers zu erinnern! Junge Massai galten, noch ehe sie sich Löwen auf dem Handy anschauten, erst dann als vollwertige Männer, wenn sie mit ihren Speeren – ohne einen fachkundigen, gut bewaffneten Guide an ihrer Seite – einen Löwen erlegt hatten. So kleinlich will man bei weißen Heroen wirklich nicht sein.

Der Jagdtourismus blüht jedoch nicht nur in Afrika, sondern rund um die Welt. Da lockt der Wasserbüffel in Australien, Samba- und andere Hirsche in Indien, gewaltige Maralhirsche und imposante Wildschafe im Inneren Asiens.

Die USA sind, auch was die Trophäenjagd betrifft, das Land der unbegrenzten Möglichkeiten. Große Jagdfarmen haben selbst afrikanisches Großwild im Angebot ... Eine relativ naturnahe Jagd auf Grizzly, Schwarzbär, Elch, Wapiti, verschiedene Wildschafe und Karibus bieten Alaska und Kanada. Hier wird der Jäger auch körperlich ganz beachtlich gefordert. Er ist in oft schwierigem Gelände Tage hindurch unterwegs, muss mit einfachen Camps zufrieden sein, muss mit Hitze und Kälte, mit Regen und Schnee zurechtkommen. Was er erlegt, muss zerlegt, oft weite Strecken bis zum nächsten Landeplatz des Helikopters oder des Buschfliegers getragen werden. Es ist eine Jagd, die diesen Namen verdient und für die sich viele europäische Jäger begeistern.

WER PROFITIERT VON ALL DEM?

Die Informationen, die wir in Europa erhalten, könnten widersprüchlicher nicht sein. Fakt ist, dass in Afrika ein Großteil der Bevölkerung in bitterer Armut lebt. Ebenso, dass Mensch und Wildtier dort in einem ständigen Kampf um das liegen, was karge Böden und Trockenheit wachsen lassen. Sicher ist auch, dass Elefanten, Flusspferde, Löwen und Leoparden in die Siedlungen eindringen und sich in den diese umgebenden Äckern und Krals bedienen. In dieser allgegenwärtigen Situation muss einer weichen: der Löwe, der sich Schafe und Rinder holt, das Menschenkind, das schlicht verhungert oder der Familienvater, den der Stoßzahn in der Brust nicht überleben lässt.

Der Gedanke an einen röchelnden Elefanten

Warum und wozu erlegt ein weißer Mann einen Elefanten und bezahlt dafür noch ein kleines Vermögen? Was ist es, was der Schütze sucht: Den Moment der vermeintlichen Macht, wenn der Riese nach einer kleinen Biegung des Zeigefingers zu Boden kracht? Oder das Wissen um jene, welche die sterblichen Überreste bestaunen und die finanzielle Potenz des Schützen beneiden?

Für Leopard und Elefant ist es ziemlich gleich, aus wessen Rohr das tödliche Geschoss kommt. Doch für den Kleinbauern oder Viehzüchter kann es durchaus willkommen sein, wenn ein Jagdtourist den Finger krümmt, wenn erfahrene Guides das erlegte Tier versorgen und ihm dessen Fleisch „frei Haus“ liefern. Trotzdem sind es sicher nicht die Einheimischen, die den meisten Profit vom Jagdtourismus ernten. Doch die Trophäenjagd – egal wie man zu ihr steht – schafft zumindest ein paar Arbeitsplätze, wo es sonst gar keine gibt. Man braucht Spurensucher, Köche, Fahrer und schlicht Menschen, die all das machen, was wir Europäer im Urlaub nicht selbst machen wollen – egal, ob bei der Jagd oder beim Skiurlaub.

Noch ein Jahr, dann schauen sie schon ganz ordentlich und gefährlich aus ...

Foto: iStock/wanderluster

Genannt wurden schon jene, die sich um das kümmern, was wir glauben, zum Aufpolieren unseres Selbstwertgefühls zu brauchen. Es sind die Präparatoren und die Mitarbeiter der Speditionen, von Nairobi bis Wien, nebst vielen Ungenannten. Der Fairness wegen darf nicht verschwiegen werden, dass es nicht nur die Jagd mit dem Gewehr ist, von der ein paar weniger begüterte Menschen Krümel abbekommen. Viel mehr Touristen kommen mit Kamera und Teleobjektiv ins Land als mit einem Gewehr. Auch Fototouristen schießen, nicht tödlich, eher nachhaltig. Auch sie lassen Geld im Land.

DIE FALLENJAGD – SCHADEN FÜR DIE JAGD OHNE ENDE

Es gibt sowohl im jagdlichen Alltag wie auch im Rahmen wissenschaftlicher Arbeiten immer wieder die Notwendigkeit, Wildtiere zu fangen. Immer kommt es darauf an, dies ohne Schaden für das Tier zu tun. Damit sind alle Fanggeräte, die nicht absolut unverletzt fangen, außen vor. Genau damit werben die Jagdorganisationen auch. Unverletzt fangen demnach alle Kastenfallen einschließlich der kleinen Wiesel-Wippbrettfalle.

Was die großen Kastenfallen betrifft, so kann man unterstellen, dass die Tiere beim Fang unverletzt bleiben. Aber bleiben sie das auch in der Falle selbst? Viele akzeptieren nur als Verletzung, was sie mit ihren Augen sehen. Aber ist der Stress, dem ein gefangenes Tier stunden- oder manchmal Tage hindurch ausgesetzt wird, keine Verletzung?

Tierquälerei

Der Tatbestand der Tierquälerei ist ja bereits dann erfüllt, wenn eine Falle nicht zweimal am Tag kontrolliert wird. Wie aber macht das ein berufstätiger Jäger? In der Praxis habe ich erlebt, dass manche Fallen sogar nur einmal wöchentlich kontrolliert werden – am Wochenende!

Die norwegische Krähenfalle ist alles andere als tierschutzgerecht. In ihr fangen sich nicht nur Rabenvögel, sondern in hohem Maße auch Greifvögel bis Bussardgröße und Eulen bis zur Größe von Habichtskäuzen.

Foto: Dietmar Streitmeier (†)

Ein Marder, der 24 Stunden in der Falle sitzt, leidet! Der Katze, dem Igel und dem Eichhörnchen geht es nicht anders. Fragen muss man auch, wie das gefangene Tier erlöst wird? Manche Jäger übertragen diese Aufgabe ihrem Hund. Merken Fuchs, Dachs oder Katze, was draußen gespielt wird, wollen sie die Falle meist gar nicht verlassen. Dann muss der Jäger nachhelfen ...

Was die Wippbrettfallen betrifft, so stellen sie die perfekte Tierquälerei dar. Während meiner Praktikantenzeit in einem großen Niederwildrevier musste ich Wiesel fangen, es war Dienstaufgabe. Zweimal täglich kontrollieren war bei 4.500 Hektar Reviergröße und entsprechendem Schalenwildabschuss überhaupt nicht machbar. Jedenfalls starben im Schnitt neun von zehn gefangenen Wieseln in der Falle. Dass Hermelin und Mauswiesel besonders stressanfällig sind, ist hinlänglich bekannt. Osgyan schreibt in seinem Buch „Erfolgreich fangen" lapidar: *„... gefangene Wiesel gehen rasch ein."*

Früher wurden Hermeline nur im Winter gefangen, wenn ihre schneeweißen Bälge verwertbar waren. Heute stehen sie in manchen Niederwildrevieren das ganze Jahr über fängisch. Von Verteidigern des Wieselfangs wird teilweise argumentiert, im Frühsommer würden sich keine Fähen fangen, sondern nur Rüden. Das ist blanker Unsinn, denn warum sollten die Fähen während der Aufzucht ihrer Jungen, in der sie besonders häufig Beute machen müssen, nicht in die Fallen laufen?

Tiere begehen keine Straftaten

Schon die Bezeichnung Raubwild ist ziemlich absurd. Füchse rauben keine Hasen, Rehe rauben keine Laubholzknospen und Hirsche rauben keine Fichtenrinde. Sie nutzen diese nur, um zu überleben – zur Erhaltung ihrer Art! Jede Übernutzung geht primär auch zu Lasten des „Nutzers". Wildtiere sind auch nicht an dem interessiert, was militärisch wie menschenverachtend „Overkill" genannt wird.

Rauben ist ein Begriff aus dem Strafrecht. Dieses kennt jedoch keinen Raub durch Tiere. Nur der Mensch raubt, nur er versucht weltweit, andere Menschen auszurauben und zu töten.

Regelmäßiger Beifang sind Igel, Eichhörnchen und andere Arten, je nachdem, wo die Falle aufgestellt wird. Besonders häufig sind „Fehlfänge" an Waldrändern. Gerade diese beiden Tierarten fangen sich absolut quälerisch. Sie laufen über das Wippbrett in die Falle, bis dieses zur anderen, „hellen" Seite kippt. Dabei stellt sich der Arretierstift auf und hält das Wippbrett fest. Die bedauernswerten Opfer werden dabei festgeklemmt, können sich nicht drehen und verenden elendig. Für mich war das mit ein Grund, mein ganzes weiteres Berufsleben in Schalenwildrevieren im Gebirge zu verbringen. Ich wollte mit dieser Art von Jagd und Hege nichts zu tun haben.

Hermeline sind in erster Linie Mäusejäger, erbeuten gelegentlich aber auch Junghasen und Kaninchen. Sie werden in freier Wildbahn kaum älter als zwei Jahre. Wie viele Hasen sterben durch die Landwirtschaft und Straßenverkehr?

Foto: iStock/mihailzhukov

In Deutschland ist das Mauswiesel in allen Bundesländern ganzjährig geschont. Das Hermelin hat nur in einigen Bundesländern eine Jagdzeit. In Österreich sehen die Gesetzgeber die Bejagung beider Spezies wohl als notwendig an.

Wer eine Tierart bejagen will, sollte zumindest die Größe des Bestands dieser Art kennen. Es ist aber kein Revier bekannt, das Willens und in der Lage wäre, festzustellen, wie viele Wiesel dort leben. Sicher ist jedoch, dass die Zahl der Wiesel ständig erheblich schwankt. Den größten Einfluss nehmen darauf die Mäuse, deren Zahl ihrerseits weitgehend von den Niederschlägen abhängt.

Wenn man aber wirklich keine Ahnung über die Populationsstärke und deren Schwankungen hat, kann man nicht argumentieren, man müsse die Wiesel-Populationen regulieren! Man muss wohl davon ausgehen, dass die Mehrzahl der Jäger höchst selten ein lebendes Wiesel sieht. Wiesel haben ihrerseits zahlreiche gefiederte wie behaarte Nutzer, die viel intensiver in ihre Vorkommen eingreifen als der Mensch. Das kleine Mauswiesel leidet am meisten unter der industrialisierten Landwirtschaft, die ihm die Lebensräume nimmt.

Unterschiedliche Typen von Fallen

Fallentyp	selektiv/unselektiv	Tierart	Anmerkung
Fallen, die unversehrt lebend fangen sollen			
Kastenfallen	unselektiv, lebend	Auslösung nach Gewicht bis Goldschakal	ohne Köder
Hundefalle	unselektiv, lebend	je nach Größe bis Wolf und Schwarzwild; gefährlich für Kinder!	Köderabzug oder Trittauslösung
Wieselwippbrettfalle	unselektiv, Wiesel sterben überwiegend an Herzversagen	Maus bis Eichhörnchen	Wippe kippt und arretiert. Gewicht kann eingestellt werden
Eichelhäherfang	völlig unselektiv	Vögel bis Häher, Eichhörnchen, Bilche u. a.	Trittauslösung
Norwegischer Krähenfang	völlig unselektiv	Kleinvögel bis Uhu	im Dach abgesenkte Leiter, durch welche die Vögel einschlüpfen
Fallen aus Holz, die angeblich sofort tötend und weitgehend selektiv fangen			
Scherenfalle aus Holz mit Steinbeschwerung	völlig unselektiv, häufig quälerischer Lebendfang	Vögel: Amsel bis Häher, Bilche, Igel bis Wildkatze	Trittauslösung
Dreiecks-Prügelfalle	völlig unselektiv, häufig quälerischer Lebendfang	Vögel: Amsel bis Häher, Bilche, Igel bis Wildkatze	Trittauslösung
Rahmenfalle	weitgehend unselektiv	Vögel bis Uhu, Bilch bis Wildkatze	Trittauslösung
Marderschlagbaum	meist Totfänge	Vögel (selten) bis Häher, Stein- und Baummarder	Trittauslösung
Fallen aus Metall, die angeblich sofort tötend und weitgehend selektiv fangen			
Schwanenhals	teilweise Totfänge, bei Katze oft und bei Waschbär fast nur Pfotenfang	wenn offen aufgestellt Vögel bis Steinadler, Säuger bis Braunbär, Pferd und Mensch	Zugauslösung bei Wanderern, wenn sie mit der Schuhspitze unter die Auslösung geraten

Fallentyp	selektiv/unselektiv	Tierart	Anmerkung
Marderabzugeisen (wie Schwanenhals, jedoch kleiner)	meist Totfänge, wenn in Fangbunker mit kleinem Einschlupf aufgestellt	Iltis, Stein- und Baummarder	Zugauslösung
Conibearfalle	häufig absolut tierquälerisch, mit langer Leidenszeit	unterschiedliche Größe, fängt Schwarzwild am Wurf, das sich jedoch, da die Bügel keine Zacken haben, losreißen kann; Gefahr für Kinder	Köderauslösung oder einfach im Zwangswechsel stehend

In Italien verbietet das Bundesgesetz über die Jagd die Verwendung von Fallen grundsätzlich. Erlaubt sind nur Lebendfallen im Rahmen wissenschaftlicher Untersuchungen. Hierzu sind Sonderbewilligungen von drei unabhängigen Behörden notwendig.

Nachdenken

Wenn wir Jäger das Recht, Niederwild zu jagen, auch in späteren Jahren noch haben wollen, müssen wir uns der Realität stellen. Wiesel sind selbst Verlierer der intensivst genutzten Agrarlandschaft. Das häufigste „Wild" dieser Agrarlandschaften sind Mäuse. Wir aber fordern die rücksichtslose Bejagung gerade jener Arten, die zu einem hohen Anteil von Mäusen leben. Die Folgen sind Bekämpfungsaktionen gegen Mäuse mit Nagergiften, denen dann auch noch jene zum Opfer fallen, welche die Mäuse nutzen!

Norwegische Krähenfalle und andere Grauslichkeiten

Diese Fangeinrichtung kam in den 1970er-Jahren aufs europäische Festland und begeisterte viele Niederwildjäger und sogar Kommunen. Gedacht war sie für den Massenfang von Krähen. Kommunen störten sich vor allem an den auf Müllkippen gemeinsam mit Saatkrähen, Dohlen und Elstern in Massen auftretenden Aaskrähen. Dabei haben die Rabenvögel die Müllkippen eher von organischen Stoffen gereinigt.

Bei dieser Falle (siehe Foto auf S. 174) handelt es sich um einen Drahtkäfig, dessen Dach zur Mitte hin absinkt. An der tiefsten Stelle befindet sich an Stelle des Drahtgitters eine Art Leiter. Durch ihre Sprossen gelangen die Rabenvögel, aber auch Greife und Eulen bequem in den Käfig, wo Lockfutter auf sie wartet. Es gelingt ihnen jedoch nicht, durch die Leiter wieder in Freiheit zu gelangen, weil sie immer versuchen, an den beiden höchsten Stellen des Dachgitters zu entkommen.

Besonders im Spätwinter, wenn Krähen aus dem Norden und Osten wieder heimwärts ziehen, gehen sie in großer Zahl in die Fallen. Außerhalb Österreichs ist diese Krähenfalle in fast allen europäischen Ländern verboten. Theoretisch muss auch sie täglich zweimal kontrolliert, gefangene Vögel entnommen und geschützte Arten freigelassen werden. Zudem muss ständig sauberes Wasser vorhanden sein. Das ist bei Frost gar nicht möglich.

Mit Inkrafttreten der Europäischen Vogelschutz-Richtlinie genossen alle Rabenvögel zunächst ganzjährigen Schutz. Während Tier- und Naturschützer diese Verordnung begrüßten, protestierten Europas Jagdverbände erbittert dagegen. Argumentiert wurde mit dem Verlust der Niederwildjagd und der Ausrottung von Singvögeln. Gegen die Vernichtung der Lebensgrundlage durch die industrielle Landwirtschaft protestierten die Jäger und ihre Vertreter nicht.

Nach der nationalen Aufweichung der Schutzbestimmungen gewann auch die Norwegische Krähenfalle wieder an Bedeutung. Das Verbot ihrer Verwendung umging man in einem deutschen Bundesland, in dem man sie zu einem wissenschaftlichen Projekt erhob. Projektleiter war ein Wildbiologe der Universität Hannover und gleichzeitig Landesjägermeister. Ein PR-Sieg für die Jagdgegner!

Diese Falle arbeitet – auch wenn sie nur Krähen fangen würde – absolut tierquälerisch, weil sie während der Brut und Aufzuchtszeit auch Brutpaare fängt. In der freien Landschaft aufgestellt, wird sie, sobald entdeckt, zum Anlaufpunkt für Spaziergänger, welche die gefangenen Vögel durch ihre Anwesenheit in Panik versetzen.

Von Schwanenhälsen und ähnlichen Werkzeugen

Schwanenhälse gehören zur Gruppe der Abzugeisen und sind schwere Fangeisen mit starken Federn, die schon im ausgehenden Mittelalter Verwendung fanden. Sie sind hauptsächlich für den Fang von Füchsen gedacht. Tatsächlich fangen sich in ihnen sowohl kleinere als auch erheblich größere Tierarten. Ein selektiver Fang ist mit ihnen nicht möglich. Das heißt, es können sich auch ganzjährig geschonte oder unter Naturschutz stehende Arten wie etwa die Wildkatze oder der Luchs in ihnen fangen.

Tellereisen wurden auf Wechsel und Pässe oder in Ackerfurchen gelegt und mit ortsüblichem Material verblendet. Wurde der Teller in der Mitte des Eisens belastet, wurde die Stahlfeder freigegeben und die Bügel schlugen zu.
Foto: iStock/mevans

Früher fanden vor allem die wesentlich kleineren und leichteren **Tellereisen** Verwendung. Diese reagierten auf Druck und sind seit fast hundert Jahren in Deutschland verboten. In Österreich wurden sie nach dem Krieg teilweise wieder zugelassen, ebenso in der DDR und anderen europäischen Ländern. Diese Tellereisen wurden nicht mit einem Köder bestückt. Die Auslösung erfolgt durch Druck auf einen „Teller“ (Blechscheibe). Dabei werden zwei gezackte oder gewellte Bügel freigegeben, welche Pfote, Lauf oder Ständer des Tieres festhalten. Da die Eisen beispielsweise in Ackerfurchen so eingebaut wurden, dass sie nicht zu sehen waren, schnappten diese Fallen immer wieder auch bei Menschen zu. Gefährlich war, dass die meisten Fangeisen mit Kette und Schloss gesichert wurden. Ein Kind, das auf die unsichtbare Falle trat, konnte sich meist nicht selbst befreien. Die Verwendung fast aller Fangeisen war und ist Tierquälerei pur!

Die **Schwanenhälse** haben keinen Teller und reagieren auch nicht auf Druck, sondern auf Zug. Am Schloss, welches die beiden Stahlfedern freigibt, wird ein Köder befestigt. Fassen Fuchs, Dachs oder ein anderes Tier diesen Köder, gibt das Schloss die Stahlfedern frei. Im Idealfall umschließen die Bügel dann den Hals des Tieres und führen zum relativ schnellen Tod. Eine wissenschaftliche Überprüfung lehnte der Deutsche Jagdverband bereits Ende des letzten Jahrhunderts wegen Tierschutzbedenken ab ...

Fang von Mensch und Pferd

Der Mensch kann sich sehr wohl im Schwanenhals fangen, wenn er mit der Spitze eines Schuhs unter den kleinen, nicht sichtbaren Köderteller gerät, was zur Knochenfraktur führen kann. Auf diese Weise haben sogar schon Reitpferde die Falle ausgelöst. Im deutschen Bundesland Nordrhein-Westfalen fing sich ein Kreisjägermeister im Schwanenhals. Da seine Hilferufe nicht gehört wurden, erlitt er einen Herzinfarkt und verstarb noch an Ort und Stelle.

In allen Lehrbüchern und in den zahlreichen „Fallenlehrgängen“, die von jagdlichen Organisationen angeboten werden, wird empfohlen, den Schwanenhals im seichten Wasser eines Baches oder Teiches aufzustellen. Das Eisen soll dabei völlig vom Wasser überspült werden, so dass nur der Köder aus dem Wasser ragt. Trittsteine sollen ermöglichen, dass das Wild, meist ein Fuchs, mit trockenen Pfoten so zum Eisen kommt, dass die Bügel sein Genick umschließen. Die Köder sollen abgedeckt werden, damit sie Greif- oder Rabenvögel nicht entdecken.

Es war und ist ein offenes Geheimnis, dass der Schwanenhals, wenn er derart in kleinen Waldbächen aufgestellt wird, vor allem den Mäusebussard und den Uhu fängt, oberhalb der Waldgrenze jedoch auch den Steinadler. Diesen großen Vögeln werden entweder die Ständer oder die Schwingen zerschmettert. Beides ist brutale Tierquälerei!

In meinem Forstbetrieb wurde in einer Fichtendickung ein Schwanenhals gestellt, als Köder diente ein Stück Pansen. Die Falle war mit einer leichten Kette gesichert. Bereits einen Tag später war sie, einschließlich der Kette, verschwunden. Am Fangplatz und in dessen Umgebung hatten Sauen gebrochen. Trotz intensiver Suche wurde die Falle lange nicht gefunden. Erst rund ein Jahr später fanden Waldarbeiter das Eisen bei Läuterungsarbeiten in einer benachbarten Forstabteilung. Im Eisen hing noch das komplette Skelett eines Wildschweins ... Man stelle sich vor, ein Pilzsammler hätte das Eisen gefunden und die Polizei und Presse verständigt!

Heute sind Herstellung und Erwerb des Schwanenhalses weiterhin erlaubt, ihre Verwendung ist jedoch in den meisten Bundesländern verboten. Allerdings werden auf Antrag Ausnahmegenehmigungen erteilt. Begründet werden diese mit dem Schutz der Biodiversität und mit der Seuchenbekämpfung.

Die kleinere Version des Schwanenhalses ist das Marder-Abzugeisen. Von Berufsjägern wurde empfohlen, es nur in Fangbunkern (Erklärung siehe unten) zu verwenden. Damit ist gewährleistet, dass Füchse, Dachse und Katzen nicht ans Fangeisen gelangen und dass Marder und kleineres Wild längs zur Feder an den Köder (meist ein Hühnerei) gelangen. Bewährt haben sich sogenannte „Nesteier“, die längere Zeit im Legenest eines Hühnerstalls lagen. Sie riechen intensiv nach Huhn und sind leichter zu befestigen als Natureier.

Selbst der König der Lüfte kann in höheren Lagen Opfer von Schwanenhälsen werden.
Foto: Monika Baudrexl

Fangbunker

Der Marderbunker ist eine Holzkiste mit den Maßen 50 × 50 × 50 cm. Gegenüberliegend werden zwei Einschlupflöcher ausgesägt, gerade so groß, dass ein Marder bequem hindurch passt. Als Köder werden Hühnereier verwendet, an denen Katzen in der Regel nicht interessiert sind. Der regensichere Deckel ist abnehmbar. Er kann mit zwei Scharnieren und einem Vorhängeschloss gesichert werden. Das am Boden liegende Eisen wird mit trockenem Material, am besten Streu aus einem Geflügelstall, so hoch bedeckt, dass nur der knapp löffelgroße Köderteller, auf dem das Ei befestigt wird, freiliegt.

An dem getarnt aufgestellten Fangbunker kann ein Warnhinweis angebracht werden. Die Verletzung von Hunden oder Kindern ist – bei korrekter Sicherung und Aufstellung – weitgehend ausgeschlossen. Auch der Fang von Greifvögeln ist bei dieser im Fangbunker stehenden Falle nicht möglich.

Kommunikation über Marderschäden

Marder schätzen in der kalten Jahreszeit die Wärme in den Motorräumen abgestellter Autos. Autos, die regelmäßig auf einem bestimmten Grundstück abgestellt werden, gehören sozusagen zum Revier des Marders, folglich werden sie von diesem mit Hilfe seiner Duftdrüsen markiert. Nun kann es beispielsweise sein, dass wir unterwegs in einem Hotel übernachten müssen. Dieses gehört höchstwahrscheinlich zum Revier eines dort beheimateten Marders. Der riecht unter der Motorhaube „unseren" Marder, bekommt das „in die falsche Kehle" und dokumentiert seine Besitzansprüche: Er setzt seine eigenen Duftmarken und vielleicht unterstreicht er diese, indem er in Gummischläuche, Bremsmanschetten und Kabel beißt.

Es kann aber durchaus auch sein, dass dieser Marder zwar Duftmarken setzt, aber nichts zerbeißt. Dann fahren wir am nächsten Tag mit unbeschädigtem Auto wieder zurück. Damit ist die Sache noch nicht erledigt. Nun registriert „unser" Marder die fremden Duftmarken und sieht seine territorialen Rechte bedroht. Also tobt er seinen Zorn an Zündkabeln und Bremsmanschetten aus.

Was empfehlen wir Freunden, die eine Nacht bei uns verbringen, damit ihr Auto unbeschädigt bleibt? Für solche Fälle sollte man, vor allem wenn man auf dem Land oder gar einsam im Wald wohnt, immer ein in der Größe jener eines Motorraums angepasstes Stück „Hasengitter" parat haben. Dieses wird wellig verbogen und über Nacht unters Auto geschoben. Marder scheuen sich, über das unangenehme Gitter in den Motorraum zu gelangen!

Warum, so wird sich der Leser fragen, spricht sich der Autor einerseits gegen die Verwendung von Fallen aus, legt dann aber die Verwendung einer bestimmten Falle nahe? Ganz einfach, weil es immer wieder Situationen gibt, in denen der Jäger dazu genötigt wird. Außerdem dürfen in den meisten deutschen und österreichischen Bundesländern Grundbesitzer in ihren Haus- und Hofräumen – ohne Jäger zu sein – bestimmte Marderartige und Füchse fangen.

Steinmarder werden von Hausbesitzern häufig als lästig empfunden, weil sie als Bewohner von Dachböden nächtlichen Lärm verursachen, Losung hinterlassen und zuweilen im Motorraum von Autos Kabel und Gummiteile beschädigen. Folglich stellen Hausbesitzer die Eisen – ohne Fangbunker – gerne auf Dachböden oder in Garagen, wo sich dann bevorzugt Hauskatzen fangen ...

Die Zukunft nicht verweigern

Dieser Satz mag überheblich klingen, und ich muss gestehen, während meiner aktiven Jahre als Berufsjäger auch intensiv die Fallenjagd betrieben zu haben. Fallenjagd wurde nicht nur von vielen Arbeitgebern verlangt, sondern war schlicht selbstverständlich. Seit Jahrhunderten schrieben Berufsjäger, Förster und Gutsbesitzer Bücher über die Fallenjagd. Alle Autoren beschworen den Tierschutz und die Weidgerechtigkeit als tragende Elemente der Fallenjagd – alle Totschlagfallen galten als „sofort tötend". In der Rückschau war jedoch nicht der Tierschutz das tragende Element, sondern das Abschreiben über Generationen hinweg!

Ich erlebte die Fallenjagd in meiner eigenen Praxis nicht ganz so glatt, und wenn wieder einmal etwas schief ging, schrieb ich es meiner eigenen Unfähigkeit zu. Doch meine Erfahrungen waren auch die vieler meiner Kollegen! Man sprach nicht gerne darüber. Wenn heute in einer Jagdzeitschrift Sinn und Vertretbarkeit der Fallenjagd in Frage gestellt werden, macht sich Entrüstung breit. Begriffe wie Ökosystem, Biodiversität und selbstverständlich Ahnungslosigkeit des jeweiligen Autors gewinnen Raum. Redaktionen denken an ihre Abo-Zahlen und bevorzugen positive Berichte über die Fallenjagd.

„Fallenjagd ist verzichtbar"

Deutsche Spitzenrepräsentanten der Jagd postulierten wörtlich: *„Die Fallenjagd ist unverzichtbar."* Dabei wird man wahrscheinlich mit der Annahme, dass kaum einer von ihnen diese selbst ausgeübt hat, nicht falsch liegen.

Wäre die Fallenjagd tatsächlich unverzichtbar, müsste man einen Großteil der Jäger als „unverantwortlich" bezeichnen, denn die Mehrheit der heutigen Jäger hat nichts mit ihr am Hut. Andere Länder verzichten längst auf sie.

Wo man ihre Vertretbarkeit bezweifelt, wird schnell an ihre uralte Tradition erinnert. Ja, sie geht auf die Anfänge der Menschheit zurück und wird seit damals lückenlos praktiziert. Aber ist Tradition tatsächlich ein Grund, an der Fallenjagd festzuhalten? Haben nicht Speer und Bogen auch eine ungleich längere Tradition als Blaser, Benelli, Sauer, Swarovski, Zeiss und all die anderen Hersteller moderner Jagdwaffen und Optik?

Wer würde an Scheiterhaufen, an die Vierteilung von kleinen Dieben, am „Rad" und am Vertreiben von Andersgläubigen festhalten wollen, nur weil diese Praktiken tatsächlich alle eine lange christliche Tradition vorzuweisen haben?

WIE KANN DER JÄGER SEINEN RUF VERBESSERN?

MITEINANDER SCHAUEN UND REDEN

Der österreichische Zoologe Prof. Dr. Antal Festetics, der viele Jahre das Fernsehpublikum mit seinen Natursendungen begeisterte, meinte einmal sinngemäß, mit dem Schuss würde ein Naturerlebnis abgebrochen. Dem kann man nur dann widersprechen, wenn man den Schuss selbst als das eigentliche Erlebnis empfindet. Die Mehrheit der Jäger empfindet freilich nicht nur am sauberen Schuss Freude, sondern an der gesamten Jagdhandlung. Doch diese steuert eben auf einen bestimmten Punkt zu – auf den tödlichen Schuss. Bei den meisten Ansitzen und Pirschgängen wird dieser Punkt nicht erreicht – dennoch jagen wir!

Waldwanderungen mit dem Förster oder Jäger prägen sich bei vielen Kindern tief ein. Federn, Spuren werden ebenso begeistert registriert wie Vogelstimmen oder das Schrecken eines Rehs. Und in der Schule ist die Wanderung noch Tage danach Thema. Foto: DER ANBLICK/M. Garber

Grundsätzlich kann auch der Jäger an einem Naturerlebnis ohne finalen Schuss Freude und Zufriedenheit finden. Ja, er kann aus unterschiedlichen Gründen sogar gezwungen sein, auf diesen Schlusspunkt zu verzichten.

Jedenfalls hat nicht nur der Jäger Freude daran, Wildtiere zu erleben. Dafür haben schon die zahllosen Natur-Dokumentationen im Fernsehen gesorgt. Sie haben ein allgemeines Interesse und Verständnis für die Belange der Natur geweckt. Das betrifft ganz simpel den Anblick eines Feldhasen, den eines uns anpfeifenden Murmeltiers, die äsende Gämse oder den kreisenden Steinadler. Diese Freude und das damit verbundene Interesse ist durchaus auch ein kommerzieller Wert, der in anderen Ländern längst erkannt wurde. Erinnert sei an das Heer der Birdwatcher. Vogelbeobachtungstouren werden inzwischen weltweit angeboten und haben wirtschaftliche Bedeutung!

Wer dieses Thema anschneidet, stößt jedoch bei vielen Jägern auf Ablehnung. Dabei beobachten wir im Urlaub auch selbst ganz gerne Wildtiere – ohne dort jagdberechtigt zu sein. Doch während einige von uns Wölfe zu blutrünstigen Killern hochstilisieren, werden uns diese in vielen Fernseh-Dokumentationen etwas differenzierter präsentiert. Das stört ...

Heute werden beispielsweise im Internet „Wolfstouren" in Ostdeutschland angeboten, bei denen es nicht darum geht, einen Wolf zu erlegen, sondern nur darum, ihm zu begegnen! In Slowenien, ebenso in Schweden, in Finnland und im ganzen Baltikum sind Bärenbeobachtungen gefragt. In der Schweiz werden Geier- und Steinadlertouren angeboten. Ein Besuch der ewigen Stadt wird immer häufiger mit „Whale Watching" im Mittelmeer verbunden, mit Gänsegeiern am Rande der Friulanischen Tiefebene oder Birdwatching in den Lagunen des Isonzo.

Gasthäuser und Hotels, die ihren Gästen das Erlebnis der Hirschbrunft ermöglichen, sind im ganzen Alpenraum in der Hirschbrunft ausgebucht. Häufig handelt es sich bei den Gastgebern sogar um Jäger. In Notranjska, im Herzen Sloweniens, bot die Fremdenverkehrsorganisation, zusammen mit den örtlichen Jägern, im Spätherbst „Wolfstouren" an. Die Gäste gingen am Abend zusammen mit einem Jäger ins Revier, um die Wölfe zu hören, wenn diese „Aufbruch zur Jagd" heulten.

Auch wenn der eine oder andere Jäger darin nicht mehr sieht als eine Störung der Jagd, ist es doch in Wirklichkeit eine großartige PR für diese. Vor der Linse der Kamera steht eben ein Bär, der nicht erschossen wurde. Auch die „Aufbruch zur Jagd" heulenden Wölfe leben noch und können mit Hilfe von Jägern erlebt werden!

Zugegeben, auch ich wäre nicht begeistert, wenn andere Naturfreunde unkoordiniert in Scharen zur Hirschbrunft oder zum Abendeinfall der Kraniche kämen. Aber wir Jäger haben ja die Möglichkeit, uns selbst zu engagieren, diese Dinge zu lenken. Da darf die Frage gestellt werden, welchen Jäger der örtliche Gemeinderat lieber sieht:

Welcher Naturfreund möchte nicht einmal einer Bärin mit ihren Jungen begegnen?

Foto: Bruno Hespeler

jenen, der sich für den sanften Tourismus engagiert oder jenen, der die Hotelgäste spüren lässt, nicht willkommen zu sein?

Viele Jagdpächter und Förster werden jetzt kontern, für solchen Service keine Zeit zu haben. Ok, wird schon so sein, aber da sind ja auch noch jene, die in seinem Revier mitjagen dürfen. In vielen Gemeinden stellen sich Jäger für Waldspaziergänge mit Schulkindern zur Verfügung. Warum also nicht auch die eine oder andere Wanderung mit Erwachsenen? Haben wir Jäger vielleicht Angst vor unangenehmen Fragen? Oder befürchten wir, dass unter den Interessierten auch der eine oder andere wirkliche Fachmann ist – vielleicht ein Zoologe, Biologe oder Botaniker? Könnte eine solche Begegnung nicht auch für uns ein Gewinn sein?

Überall in Deutschland und Österreich gibt es Lehrgänge für Wanderführer und Naturführer, die meisten Naturparks haben „Ranger". Warum verzichten wir Jäger darauf, vergleichbare Dienste anzubieten und Wissen um die Zusammenhänge „Jäger-Wald-Wildtier" zu vermitteln? Wer dabei mit Großvaters „nützlich und schädlich" und ähnlichen Inhalten aus der jagdlichen Mottenkiste auftrumpft, wer die Unterschiede zwischen Einzellader und Mehrlader vermitteln möchte, der hat freilich verloren, ehe er anfängt!

Ich musste mir bei anderen Menschen unzählige Male Rat und Informationen holen. Nicht immer war es ein diplomierter Botaniker oder Zoologe. Fast alle Interessengruppen, die sich mit Teilgebieten der Natur beschäftigen, haben auch hervorragende Autodidakten in ihren Reihen. Damit sei nicht bezweifelt, dass es auch unter uns Jägern wirkliche Fachleute gibt.

Trotz eigenem, recht gut bestücktem Fotoarchiv muss ich, wenn es sich beispielsweise um endemische Pflanzen handelt, Hilfe in Anspruch nehmen. Da ist der Leiter des Botanischen Gartens zweifellos hilfreicher als die Obfrau für jagdliches Brauchtum ...

Schön!
Ich habe in Slowenien zahlreiche forstliche und sonstige Exkursionen geführt. Da blieb es nicht aus, dass immer wieder Fährten und Spuren von Wolf, Bär und selten vom Luchs gefunden wurden, ebenso deren Losung. Jeder einzelne Fund löste bei den Teilnehmern – viele waren Jäger – Begeisterung aus!

DAS „ÄRGERNIS" MIT DEN FOTOGRAFEN

Es ist zweifellos ärgerlich, wenn der Jäger in der Hirschbrunft die besten Brunftplätze mit Fotografen teilen muss. Zwar darf er sich – je nach Landesjagdgesetz – gestört fühlen, aber häufig geht sein Protest absolut nach hinten los. Erfahrene Fotografen suchen ohnehin den Kontakt zum Jäger oder sie meiden in Spitzenzeiten wie der Brunft die „Heiligen Hallen". Nicht wenige fotografieren inzwischen in Wildparks.

Es gibt jedoch immer mehr Forstverwaltungen, die heute geräumige Beobachtungsstände anbieten, von denen aus Waldbesucher und Fotografen selbst bei Tage die Brunft erleben und fotografieren können. Ebenso gibt es Jäger und Förster, die versuchen, mit Wildfotografen ein Miteinander zu erreichen, das für beide hilfreich sein kann. Manchen Rehbock und manchen Hirsch sieht der Jäger erstmals auf einem

Es gibt Menschen, die freuen sich über den Anblick einer Birkhenne nicht weniger als der Jäger über einen erlegten Spielhahn! Foto: Jakob Zmölnig (†)

Foto, entstanden an einem Platz, den er dem Fotografen empfohlen hat.

Noch in den letzten Jahrzehnten des vergangenen Jahrhunderts verdienten sich Wildfotografen mit ihrem Hobby ein gutes Zubrot, und manche konnten sogar davon leben. Das hat ihre Zahl gewaltig anwachsen lassen. Heute kaufen sich Autoren, Redaktionen und Verlage die meisten Bilder spottbillig bei Agenturen. Wer mit Wildaufnahmen Geld verdienen will, muss professionell einsteigen. Eine wirklich gute Ausrüstung übertrifft deutlich das, was der Jäger für seine jagdliche Grundausrüstung bezahlt!

Profis verfügen nicht selten über Kleingehege, die mit Arten besetzt sind, zu denen in der freien Natur nur der Zufall oder viel, viel Zeit verhilft. Beispiele sind die kleinen Marderarten Hermelin und Mauswiesel, auch der Hamster oder Amphibien. Selbst der Auerhahn bei der Bodenbalz wohnt gelegentlich in einer Luxus-Voliere. Vögel werden aus Fotohütten heraus auf die Datenträger gebannt. Immer häufiger werden solche Hütten auch tage- oder stundenweise an Fotografen vermietet.

„Jagdführer“ für Fotografen

An Begegnungen mit der Natur, verbunden mit Information, erfreuen sich immer mehr Menschen. Dazu gehören auch viele begeisterte Jäger. Australier und Chilenen fliegen nach Europa, um hier freilebende Bären zu fotografieren. Sie bezahlen dafür viel Geld. Man darf davon ausgehen, dass in Slowenien, aber auch in anderen südeuropäischen Ländern mit dem Ansitz in Fotohütten und der Chance, Braunbär & Co. zu fotografieren, weit mehr umgesetzt wird als mit Abschüssen. Mit dem Gewehr lässt sich ein Bär auch nur einmal vermarkten. Mit der Kamera wird er im Laufe seines Lebens im günstigsten Fall ein paar hundertmal „erlegt“ und an ihm verdient!

Der Naturfotograf hat einen völlig anderen Blick als wir Jäger. Das wirklich gute Bild gelingt ihm nicht von jeder Seite, nicht bei jedem Wetter und nicht zu jeder Tageszeit. Da haben wir Jäger es viel leichter. Wir müssen das Objekt unserer Sehnsucht nur in die Optik der Büchse zittern und abdrücken, schon haben wir es – selbst in finsterer Nacht.

Wetten, dass wir mit Wasservögeln, einer Vogelstimmenwanderung, rammelnden Feldhasen oder heulenden Wölfen weit mehr Nichtjäger anziehen und begeistern als mit toten Geweihknochen auf einer Trophäenschau? Und wetten, dass wir dabei auch unglaublich viel Verständnis für unsere Situation als Jäger wecken können?
Foto: Bruno Hespeler

Ein Beispiel

Eine kleine Eigenjagd, 150 Hektar groß, beginnend oben an der Waldgrenze. Der Besitzer ist ein Bauer, der dort sein Vieh sömmert und alle drei Jahre einen Spielhahn frei hat.

Er hat umgestellt, sozusagen von .222 R. auf 150 bis 600 – von leichter Büchse auf Kamera mit schwerem Teleobjektiv. 2000 Euro wurden ihm zuletzt für einen Abschuss geboten. Doch vor ein paar Jahren fragte ein Urlauber bei ihm an, ob er auf der Alm für ein paar Tage sein Fotozelt aufstellen und fotografieren dürfe. Er wollte die Spielhahnbalz festhalten und die Erlaubnis auch nicht umsonst.

Um es kurz zu machen, der Karli (so wollen wir ihn nennen) hat inzwischen zwei überdachte Schirme am Rande seiner beiden Balzplätze stehen. Es hat sich bei Insidern herumgesprochen, dass man bei ihm ganz gut Birkwild fotografieren kann. Anfragen hat er genug, aber er nimmt nie mehr als zwei Fotografen gleichzeitig, in der Regel jeweils für drei Morgen. Übernachten können seine Gäste in der Almhütte. Schon das Übernachten in der einfachen Hütte ist manchen seiner Fotogäste mehr wert als ein komfortables Zimmer unten im Dorf. Seine Gäste bekommen zunächst ein paar Tipps, wie man sich dort oben zu verhalten hat. Alle verpflichten sich, nicht in den Nachbarrevieren auf Fotopirsch zu gehen und nur in den beiden Schirmen anzusitzen. Wer will, kann tagsüber auch die Murmel fotografieren.

Im Schnitt hat der Karli pro Balz zehn Fotografen, von denen er 200 Euro pro Tag bekommt. Damit verdient der Karli das Mehrfache dessen, was er früher mit dem Verkauf eines Spielhahnabschusses alle drei Jahre erlöst hat! Er hatte schon Fotografen zu Gast, die den ganzen Tag in einem der Schirme saßen, weil die Alm noch so unglaublich viele andere Motive bot – von der Ringdrossel über den Schneefinken, vom Mauerläufer bis zum Steinhuhn ...

JÄGER UND HUND

VON WÖLFEN UND HUNDEN

Wir leben in Mitteleuropa in einer Massengesellschaft, selbst dann, wenn wir noch einen einsamen Berghof oder Heidekotten ergattert haben. Je einsamer wir leben, umso höher ist unser Bedürfnis, informiert zu sein. Wir kommen der Gesellschaft und dem Geist der Zeit nicht mehr aus. Damit nagen wir bereits an zu Ende gehenden Ressourcen.

Die Mehrheit der sich selbst als zivilisiert einordnenden Gesellschaft hat auch ein fast unstillbares Bedürfnis nach Gewalt. Rund die Hälfte der Abendprogramme unserer Fernsehsendungen besteht aus Krimis. Je mehr Tote eine solche Serie liefert, umso höher sind die Einschaltquoten. Gewalt beherrscht unser ganzes Leben, beginnend in der Schule, im Berufsleben, in der Freizeit

Der Deutsch Kurzhaar (DK) steht vor. Er gehört als kurzhaariger Schlag zur Rasse Deutscher Vorstehhund.

Foto: Bruno Hespeler

und in unseren Partnerschaften. In den ersten Wochen des Jahres 2024 wurden in Österreich mehr Frauen von ihren Ehemännern oder Partnern ermordet als in Europa seit 1945 Menschen durch reinrassige, gesunde Wölfe angegriffen und verletzt wurden (bei den meisten verhaltensauffälligen Wölfen handelt es sich nämlich um Hybriden – Kreuzungen zwischen Wolf und Hund).

Wölfe werden seit Urzeiten als blutrünstige, aggressive und letztlich auch Menschen angreifende Wesen dargestellt. Tatsächlich aber gibt es kaum ein „feigeres" Wildtier als den Wolf! Hier ist auch gleich eine Richtigstellung erforderlich: Was wir als Feigheit bezeichnen – beim Tier wie beim Menschen – ist eher Intelligenz, Erfahrung und Überlebenstauglichkeit. Wer sich heute in der Stadt oder auf der Autobahn illegale Autorennen liefert, ist ja keineswegs besonders mutig oder intelligent. Eher wird ihn der Volksmund als „Trottel" bezeichnen. Umgekehrt ist, wer besonnen und entsprechend der Straßenverkehrsordnung fährt, nicht feige, sondern verantwortungsbewusst.

Wölfe wollen „keine Rennen" mit uns fahren, diese sind ihnen viel zu gefährlich. Unser gemeinsames Problem entsteht durch eine völlig falsche Beurteilung unsererseits. Der Wolf, der uns als scheinbar harmlose, ihn nur fotografierende Menschen kennenlernt, kommt selbstverständlich in die Nähe unserer Dörfer. Und wenn es ihm gerade danach ist, läuft er auch schon einmal durch Villach oder Berlin. Auch die Spatzen fliegen quer durch Villach, und im Herzen Berlins begegnen wir Wildschweinen und sogar dem Seeadler. Wovor soll sich der menschenfreundliche Wolf fürchten? Außerhalb Villachs und Berlins sind Wölfe genauso menschenscheu wie Hirsche, Füchse und Fischotter.

Kein normaler Mensch kann es wollen, dass sein Hund in einer derartigen Situation blindwütig auf die Katze losstürmt. Zwar wird schon der junge Hund flüchtende Katzen verfolgen wollen, aber es liegt an uns, ihn zur Ruhe zu ermahnen. Der Hund kapiert recht schnell, was er darf und was nicht. Wer mit „fass die Katze" und ähnlichen Dummheiten den Hund ermutigt, die Katze anzugreifen, legt den Grundstein für viel Ärger und schadet dem Ansehen der Jagd! Foto: Bruno Hespeler

Damit sind wir schon fast am eigentlichen Thema – beim (Jagd-)Hund. Hunde verhalten sich völlig anders. Wenn sie spüren, dass wir Angst vor ihnen haben, demonstrieren sie Stärke. Dabei ist es ziemlich egal, ob wir ihnen in der Stadt oder draußen im Wald begegnen. Bekommen sie von uns „Prügel", antworten sie gelegentlich höchst aggressiv.

WIE BEHANDELN WIR UNSERE HUNDE?

Kampfhunde, die über Jahrhunderte auf blinde Schärfe gezüchtet wurden, haben viele Menschenleben auf dem Gewissen. Dennoch finden in Europa bis heute – wenn auch illegal – Hundekämpfe statt. Der Hund, der seinen Gegner erledigt, bringt seinem Besitzer Geld und sich selbst das Vergnügen vieler Deckakte!

Es sind jedoch nicht nur jene Rassen, die unter den Begriff Kampfhunde fallen. Hundesportvereine beschäftigen sich mit der Abrichtung von „Schutzhunden". Es gibt eigene Schutzhundeprüfungen. Das wäre ja auch kein so großes Problem. Doch da gibt es ja auch zahllose Hundehalter, die ihre Hunde selbst „scharfmachen". Dem Hund wird vielfach der „Verstand – sein natürliches Verhalten – oder sagen wir: sein Wolfserbe – abtrainiert. Davon blieb der Wolf verschont, was wir ihm prompt negativ ankreiden.

Immer wieder werden von Hunden, deren Seelen wir schlicht verbogen und versaut haben, Kinder totgebissen und Erwachsene schwer verletzt. Doch in den Medien wird der Hund zum Problem – zum Täter – nicht der Mensch! Und weil der meist harmlose Hund sich gelegentlich so schlecht benimmt, wettern Medien und „Experten" am liebsten gegen den Wolf. Er scheint die Urbestie schlechthin zu sein. Selbst wenn er für uns Menschen keine Gefahr darstellt, so kann mit der um ihn aufgebauten Sensation zumindest gutes Geld verdient werden!

Nicht mit Wölfen kuscheln, keine Selfies, nicht einfangen wollen! Dieses Plakat des NABU hängt auch im Nationalpark Berchtesgaden und klingt reichlich absurd. Trotzdem scheint es gerechtfertigt, weil es das Naturverständnis eines großen Teils der Bevölkerung spiegelt.

Foto: Archiv Bruno Hespeler

Man stelle sich vor, ein Tierfreund würde einen Wolfswelpen aufziehen und später mit ihm an der Leine „Gassi gehen". Unsere Medien würden über Wochen hinweg für eine unglaubliche, wahrscheinlich an Dummheit nicht zu überbietende Hetze sorgen. Zahllose „Experten" würden sich in Szene setzen. Ordnungsämter, Polizei, Landratsämter, Bezirkshauptmannschaften, Zoologen, Wildbiologen und Psychologen würden sich mit dem Fall beschäftigen. Ein Haltungsverbot würde ausgesprochen. Dies, ohne dass irgendetwas passiert wäre oder eine ernsthafte Gefahr bestünde.

Wenn ein Hund ein Kind beißt, verursacht das nur kurze mediale Aufmerksamkeit. Doch Tierschutz, allerlei Hundeversteher und Zuchtverbände stünden auf der Seite des Hundes, würden nach Erklärungen suchen und Verständnis einfordern. Des Wolfes Verteidiger müssten eigentlich die Jäger sein. Sie müssten sachlich aufklären und – was die Gefährlichkeit für den Menschen betrifft – glaubhafte Entwarner sein! Sie sind es mehrheitlich nicht, sie leisten der Medienhetze noch Vorschub.

So, nach dieser langen Vorrede sind wir endgültig beim Jagdhund angelangt. Nicht nur in Deutschland und Österreich gibt es auch für einige Jagdhunderassen die Schärfeprüfung. Offiziell ist diese „aus Tierschutzgründen" erforderlich: Jagdhunde müssten – so die Meinung der Verbände – scharf sein, um krankgeschossene Wildtiere „schnell und schmerzlos" zu töten.

Was nun die Raubwildschärfe betrifft, so hat der Jäger, wenn er mit seinem Hund einen kranken Fuchs nachsucht, ein Gewehr dabei ... Selbst wenn er einen derben Prügel

Raubwildschärfe und Wildschärfe

Unterschieden wird zwischen Raubwildschärfe und allgemeiner Wildschärfe. Letztere kann bei der Jagdausübung in vernünftigem Maße tatsächlich erforderlich sein. Sie hat aber mit Tierquälerei wenig zu tun. Hunde, die bei Schwarzwildjagden eingesetzt werden, dürfen keine Angst haben, dieses Wild zu stellen und zu verbellen. Damit soll – je nach Situation – erreicht werden, dass sich das Schwarzwild in Bewegung setzt und die Jäger durch den Hundelaut informiert werden oder dass es sich dem Hund stellt. Kein vernünftiger Jäger möchte, dass sein Hund das Wild blindlings angreift oder sich gar verbeißt, er muss einen gewissen Abstand halten, um nicht geschlagen (verletzt) zu werden.

Aus diesem Grund gibt es heute sogenannte Schwarzwildgatter, in denen Jagdhunde, die zur Schwarzwildjagd verwendet werden sollen, ihre ersten Erfahrungen mit dieser Wildart sammeln können. In diesen kleinen, überschaubaren Gattern soll der einzelne, noch unerfahrene Hund einem einzelnen, bereits erfahrenen Stück Schwarzwild gegenüberstehen. Das mag unlogisch erscheinen. Warum ein starkes, erfahrenes Wildschwein? Weil dieses für den Hund ein ernstzunehmender Gegner ist, der den Junghund nicht so schnell übermütig werden lässt, der ihm den nötigen Respekt abfordert und selbst über ein gerüttelt Maß Gelassenheit verfügt. Junges Schwarzwild lässt sich vom Hund eher aus der Ruhe bringen und greift diesen an. So lernt der Hund, das Wild und sich selbst richtig einzuschätzen.

Ganz anders der „raubwildscharfe“ Hund: Er soll „Raubzeug“ angreifen und abwürgen. Unter Raubzeug werden fleischfressende Säuger und Vögel verstanden, die nicht dem Jagdrecht unterliegen, wobei es landesrechtliche Unterschiede gibt (z. B. Ratte, Hunde, Katzen, Rabenvögel). Unter dem Begriff Raubwild werden fleischfressende Säuger und Vögel verstanden, die den Status „jagdbares Wild“ haben (z. B. Füchse, Marder, Adler).

Ursprünglich wurde in der Jagdliteratur der abwertende Begriff Raubzeug für beide Gruppen verwendet. In jüngerer Zeit wurden dem Raubzeug zugeordnete Arten (z. B. Rabenvögel) teilweise ins Jagdrecht übernommen, um sie erlegen zu dürfen.

nimmt und diesen einem nicht mehr fluchtfähigen Wild über den Schädel schlägt, leidet es weniger, als wenn es von einem Hund langsam zu Tode geknautscht wird!

Wozu Schärfeprüfung an lebenden Katzen?

In Deutschland wie in Österreich ist die Abrichtung und Prüfung von Jagdhunden an lebenden Tieren seit vielen Jahren verboten. Dennoch ist sie im Rahmen legaler Jagdausübung immer noch erlaubt. Doch was bedeutet das? Die Prüfungsrichter gehen mit dem Jäger und seinem Hund ins Revier. Dieser sieht eine frei laufende Katze, die so weit vom nächsten Haus entfernt ist, wie es der Gesetzgeber fordert und daher – in Deutschland wie in Österreich – im Rahmen des Jagdschutzes getötet werden darf.

Heute, wo man in der Feldlandschaft überall mit Menschen rechnen muss, birgt diese legale (?), aber von der Gesellschaft keineswegs akzeptierte Praxis immer ein hohes Risiko. Der Hund kann aber auch dann – legal – seinen Schärfenachweis erlangen, wenn er einen angeschossenen oder angefahrenen Fuchs oder ein anderes „Raubwild“ abwürgt. Solche Situationen ergeben sich gelegentlich im Wald – ohne Augenzeugen. Die Situation selbst wäre rechtskonform, doch wenn Zeugen fehlen, kann der Tötungsakt durch den Jagdhund nicht anerkannt werden.

Ich war viele Jahre Berufsjäger in großen Revieren. In eine derartige, nicht konstruierte Situation kam ich in mehr als sechs Jahrzehnten Jagdpraxis nur ein einziges Mal. In einer Winternacht wurde bei Vollmond in der weiten Wiesenlandschaft ein Fuchs beschossen, der Richtung Bergwald flüchtete. Am Folgemorgen wurde er mit dem Hund nachgesucht und innerhalb des Waldes noch lebend angetroffen. Der Hund blieb am Riemen, und der Fuchs wurde mit dem Gewehr erlöst!

Das Problem bei der Feststellung der Raubwildschärfe im Rahmen legaler Jagdausübung ist, dass mindestens zwei „fachkundige“ Zeugen anwesend sein müssen. Die illegale, offiziell geleugnete, *gesetzeswidrige* Praxis schaut so aus: Eine zahme Hauskatze wird aus dem Sack gelassen. Die Prüfungsrichter fordern den Jäger auf, seinen Hund zu schnallen. Dann gibt es zwei Möglichkeiten: Die Katze rettet sich auf einen Baum, unter einen Holzstapel oder sie stellt sich dem Hund. Nun gibt es wirklich nervenstarke Hunde, die sich ohne Zögern auf das arme Haustier stürzen, es an der Kehle fassen und abwürgen. Häufig versucht der Hund auch, die Katze über die Brust oder übers Kreuz zu fassen um sie totzuschütteln.

So „elegant“ geht das aber längst nicht immer. Mehrheitlich wird der Hund die Katze nach vielen vergeblichen Fassversuchen doch irgendwann und irgendwo fassen und oft in langem Kampf ins Jenseits befördern. Nicht selten reißt sie sich auch los und flüchtet ein Stück, ehe der Hund sie neuerlich fasst. Oder sie erreicht einen Unterschlupf, in dem sie schwer verletzt Schutz sucht.

Keine Katze wäre so dumm, sich auf einen Fuchs zu stürzen. Auch der Fuchs hat mit der ausgewachsenen Katze in der Regel nichts am Hut. Er erkennt ihre Souveränität und Selbstsicherheit und ist klug genug, sie nicht zu provozieren. Vielleicht sollten wir Katze und Fuchs das Wahlrecht in die Verfassung schreiben; sie würden vielleicht besonnener damit umgehen als wir ...
Foto: iStock/Dgwildlife

Die Tortur der Abrichtung

Für einen jungen, unerfahrenen Jagdhund ist eine ausgewachsene Katze, zumal ein Kater, ein ernsthafter Gegner. Da kann der Hund schnell einmal das Augenlicht einbüßen. Daher wurden (und werden) Junghunde zunächst mit leichteren Gegnern konfrontiert. Das können Jungkätzchen sein, die arglos und unerfahren sind. Früher wurden ihnen vor der Tortour häufig die Krallen abgezwickt, damit sie den Hund nicht allzu sehr verletzen konnten.

War der Junghund überhaupt nicht gewillt, sich mit einer Katze anzulegen, griffen „Profiführer“ auf Meerschweinchen oder Hauskaninchen zurück ... Auch Jungfüchse waren und sind beliebte „Übungsobjekte“.

ERZIEHUNG ZUM GEHORSAM

Was der Hund heute – zu seiner eigenen Sicherheit – besitzen muss, ist Gehorsam. Dazu wurden bereits in den 1960er-Jahren Elektroschock-Halsbänder angeboten, die dem Hund auch auf größere Entfernung elektrische Schläge versetzen. Sparsam, mit Verstand und Verständnis für den Hund eingesetzt, können sie durchaus hilfreich und vertretbar sein. Voraussetzung für einen den Hund schonenden Einsatz ist jedoch, dass dieser zunächst weiß, was er bei welchem Kommando tun soll.

Auch hier muss der Hundeführer von manchen Methoden Abschied nehmen, die vor wenigen Jahrzehnten noch selbstverständlich waren. Ignorierte der Hund den Haltepfiff, wurde ihm der „Stachelwürger" umgelegt. Mit diesem kam er an die lange Feldleine. Fuhr vor ihm ein Hase aus der Sasse und der Hund ignorierte den Haltepfiff, prallte er voll in den Stachelwürger – das war schlicht Tierquälerei!

Heute tritt an die Stelle des inzwischen verbotenen Stachelwürgers das Elektroschockgerät. Der Führer gibt den Haltepfiff, und klappt der Hund nicht sofort zusammen, drückt er auf den Knopf. Manche derart „versauten" Hunde ergreifen die Flucht, sobald sie von der Leine kommen oder spätestens beim ersten Stromschlag. Der Hund lernt schnell, dass dieser ausbleibt oder zumindest schwächer ausfällt, je größer die Distanz zwischen ihm und seinem Führer ist. „Weiche" Hunde kleben fortan regelrecht am Führer.

Die Öffentlichkeit sollte von derartigen Praktiken nichts mitbekommen. Heute kann man sich die Vorbereitung zur Schärfeprüfung mit lebenden Tieren und die Prüfung an ihnen nicht mehr vorstellen. Dennoch bestehen jedes Jahr nicht wenige Jagdhunde die Schärfeprüfung ... Was andere Menschen von derartigen Praktiken halten und in welchem Maße diese das Ansehen der Jagd schädigen, wusste man sehr wohl schon vor hundert Jahren.

Anmerkung des Verfassers: Als ich meinen ersten Jagdhund bekam, wurde mir eingetrichtert, auf die „Schärfestriche"[21] in der Ahnentafel zu achten. Das tat ich

Grausam

„Zur Übung dienen junge, lebende Katzen, die man am besten in einem Sack hinaus auf eine größere Wiese bringt. Dort wird der Junghund auf die Katze gehetzt und er wird zum Packen und Würgen leichter zu haben sein, wenn wir anfangs die Katze mit einem Stock am Kopf niederdrücken. Auf keinen Fall dulde man ein langes Verbellen und helfe lieber selbst nach, die erste Katze unter Zuruf: ‚Faß!' – ‚So recht mein Hund!' niederzuschlagen.

Jungfüchse sind zu solchen Übungen, da sie nicht so wehrhaft sind, vorzuziehen. Selbstredend sei man vorsichtig und mache solche Übungen nur an solchen Orten, wo man sich alleine weiß und die ländliche Bevölkerung nicht Zeuge ist, sonst kann's um Freundschaft und Jagd leicht geschehen sein!"

Quelle: August Baumann, „Die Dachsbracke"

[21] Hunde, welche eine Schärfeprüfung bestanden haben, bekommen einen Schärfestrich, teilweise auch zwei. Diese werden, zusammen mit den Leistungszeichen der drei vorangegangenen Generationen, in die Ahnentafel des Hundes eingetragen. Sie spielen bei der Zucht, aber auch beim Kauf/Verkauf eines Hundes eine Rolle.

Bild aus der Praxis: Die mitgebrachte Katze wurde aus dem Sack gelassen und der Hund angehetzt ...
Aus: August Baumann, „Die Dachsbracke" 1934

selbstverständlich, und mein junger Jagdterrier bedurfte keiner Aufmunterung, sich mit Katzen anzulegen. Aber wir hatten mit keinem seiner „feigen" Nachfolger ähnlich viel Ärger mit Nachbarn und der Polizei wie mit ihm! Vier Jahrzehnte später wurde uns wieder ein Terrier angeboten. Sein Besitzer gab ihn ab, weil er ihm zu wenig scharf war. Uns an alte Erfahrungen erinnernd, unterließen wir alles, was eine Aggressivität gegen Katzen gefördert hätte. Dennoch wurde die brave – jagdlich angeblich unbrauchbare Iris – ein erfolgreicher Bauhund, machte manche erfolgreiche Nachsuche und entwickelte sich zu einer zivilisierten „Bürgerin".

Bauhundeprüfung

Terrier und Dackel sind „Bauhunde" und zeigen ihre Eignung bei einer Prüfung im Kunstbau. Auch dabei ist Schärfe gefragt. Allerdings werden sie bei der Prüfung – was auch bei der Übung im Bau Vorschrift ist – durch einen Schieber von Fuchs oder Dachs getrennt. Es gibt also keinen direkten Kontakt.

Ich muss gestehen, dass ich während meiner aktiven Zeit selbst begeisterter Baujäger war und viele vom Hund aus dem Bau gedrängte Füchse erlegte. Meine erfolgreichsten Bauhunde waren jedoch keine rücksichtslosen Draufgänger, sondern eher zögerliche – überlegende – Hunde, die den Fuchs verunsicherten, ihm immer eine Chance boten, den Bau zu verlassen. Vor allem aber sollten die Hunde sich nicht mit dem Dachs anlegten.

Einen zwingenden Grund, den Dachs am Bau zu erlegen gibt es nicht – er muss überhaupt nicht bejagt werden. In der alten Fachliteratur wurde unglaublich viel Blödsinn über die Schäden geschrieben, die der Dachs in Niederwildrevieren anrichtet. Dieses Denken sollte ein in der Zeit stehender Jäger überwunden haben! Es hat mit Jagd auch wenig zu tun, wenn wir den Dachs vom Hund abwürgen lassen, ohne ihn sinnvoll zu verwenden. Wenn tatsächlich notwendig, dann gibt es andere Möglichkeiten, ihn zu erlegen.

Füchse verbringen nur eine geringe Zeit des Jahres unter der Erde. Selbst im Hochwinter ruhen sie zuweilen lieber in der Mittagssonne als im dunklen, muffigen Bau.

Der anständige Baujäger beendet die winterliche Baujagd mit Ende Februar. Nach der Ranz haben die Bälge ohnehin schon erheblich an Qualität verloren.

Inzwischen gibt es Länder, in denen die Baujagd generell untersagt ist. Einige gestatten das Fuchssprengen nur noch aus Kunstbauen. Aus der Sicht des Tierschutzes ist dagegen wenig einzuwenden.

Aus der Sicht des Nichtjägers

Füchse nur so zum Spaß totschießen und in die Kadaverkiste zu werfen, wird uns die Gesellschaft auf Dauer nicht abnehmen. Ein ökologisches Gleichgewicht – wie immer das ausschauen soll – werden wir Menschen alleine nie herstellen.

BERUF JAGDHUND

Die Geschichte der Jagdhundeabrichtung ist eine Geschichte von Verständnislosigkeit gegenüber dem Tier und durchaus eine der eigenen Eitelkeit. Selbst in den 1970er-Jahren setzten noch viele „Abrichter" offiziell auf die „Parforce-Dressur". Das war Dressur unter hartem Zwang. Der Abrichter appellierte nicht an die Einsicht des Hundes. Er verlangte dessen absoluten Gehorsam – völlige Unterwürfigkeit. Dem Hund sollte der eigene Wille gebrochen werden. Das hat sich, Gott sei Dank, doch etwas geändert. Dennoch gibt es bis heute genug Hundeführer, bei denen man sich des Eindrucks nicht erwehren kann, es wäre notwendig, sie erst einmal mit dem Wesen eines Hundes vertraut zu machen.

Schon Carl Emil Diezel, königlich bayerischer Revierförster in Unterfranken, einer der renommiertesten Forstleute, Jäger, Autoren und Hundeführer seiner Zeit, verurteilte die Rohheit vieler Jäger gegenüber ihren Hunden. Diezel beklagte auch, dass es fast kein Niederwild mehr gäbe, was besonders für die Abrichtung des Vorstehhundes von großem Nachteil sei. Heute, fast 200 Jahre später, ist die Situation, was das Niederwild betrifft, noch ungleich trostloser.

Grund uns zu schämen

Diezel war nicht nur königlicher Förster, sondern auch ein renommierter Hundemann. Er schrieb 1849 in seinem Standardwerk „Erfahrungen auf dem Gebiet der Niederjagd": *„Leider wird zu oft ein mehrere Monate dauerndes Herumzerren des armen gequälten Tieres an der Korallenleine, tägliches Aufhängen und Prügeln bis zur Bewusstlosigkeit für feste Dressur ausgegeben."*

Diezel war längst nicht der einzige seiner Zeit, der von den Praktiken und der Rohheit renommierter „Dresseure" zutiefst angewidert war. Lassen wir noch einen anderen zu Wort kommen, Friedrich Gotthold Kunze. Er schrieb 1855 unter seinem Pseudonym Friedrich Oswald das Buch „Der Vorstehhund in seinem vollen Werthe; dessen Parforce-Dressur ohne Schläge; seine Behandlung in guten und bösen Tagen": *„Das Herz muß einem fühlenden Menschen brechen, wenn er sieht, wie abscheulich der gute Vorstehhund an den Korallen herumgerissen, wie er an denselben bis zum Ersticken aufgehängt, wie er mit knotigen Peitschen geprügelt, wie er mit Füßen grausam getreten; wie er barbarisch angeschossen wird."*

Jagdhunde finden Einsatz beim Aufstöbern von Wild sowie bei der Suche angeschossenen und kranken Wildes (z. B. Afrikanische Schweinepest). Immer häufiger kommen – leider – Wärmefinder und Drohnen zum Einsatz. Foto: iStock/e Alisa

Es ist billig, auf die relativ lange zurückliegende Zeit zu verweisen. Ich wurde noch als junger Jäger mit dem „Strafschuss" vertraut gemacht. Dabei wurde mit feinen Schroten auf den **Vorstehhund** geschossen, wenn er beim Anblick eines aus der Sasse fahrenden Hasen nicht sofort in Downlage ging, sondern dem Hasen zu folgen versuchte. Das war bei vielen älteren Hundeleuten und vor allem bei Berufsabrichtern immer noch Standard, auch wenn die Verbände – unter dem Druck der Öffentlichkeit – sich längst davon distanziert hatten.

Praxis war es, gerade bei den „Profis", den **Schweißhund** auf der vorsätzlich erzeugten Wundfährte einzuarbeiten. Dazu wurde Schalenwild bewusst krankgeschossen. Meist war es ein Schuss mit leichtem Kaliber ins Gescheide. Bei Hunden, die bereits ihre ersten Nachsuchen bestanden hatten, wurden gelegentlich auch Laufschüsse gesetzt ... Offiziell waren diese Praktiken längst verpönt, wurden aber gerade von alterfahrenen Schweißhundeführern immer noch praktiziert. Es war selbst in den 1970er-Jahren ein offenes Geheimnis, dass auch für internationale Prüfungen Wild bewusst krankgeschossen wurde. Wie auch hätte man sonst für eine relativ große Zahl von zu prüfenden Hunden innerhalb weniger Tage ausreichend bewertbare Nachsuchen bekommen?

Dass dieses bewusste Krankschießen gerade bei manchen Berufsjägern im Gebirge Praxis war, lesen wir auch bei Herzog Ludwig Wilhelm in Bayern, in dessen ansonsten sehr lesenswertem Buch „Die Jagd im Gebirge". Der Herzog war nicht nur eine hoch geachtete Persönlichkeit, sondern auch Berufsjäger-Lehrherr.

Ehe wir jetzt arrogant und verächtlich auf unsere Vorgänger zurückblicken, sei daran erinnert, dass heute noch – in Deutschland wie in Österreich – viele Bestimmungen der beiden Tierschutzgesetze für die Jagd keine Gültigkeit haben.

ANFORDERUNGEN AN VERSCHIEDENE JAGDHUNDERASSEN

Was es bis gegen Ende des 19. Jh. überhaupt noch nicht gab, das war ein durchorganisiertes Jagdhundewesen. Gerade bei den Vorstehhunden sind viele Schläge verschwunden, neue erschienen. Rassestandards wurden festgelegt, und erst lange nach Diezels Zeit bildeten sich Zucht- und Prüfungsvereine. Die gibt es bis heute, aber die Welt der Jäger und ihrer Hunde hat sich seither radikal geändert. Der stetig abnehmende Bestand von Rebhühnern und Wachteln – früher für den **Vorstehhund** die wichtigsten Wildarten – haben diesen fast überall arbeitslos gemacht.

Die Prüfungsordnungen und Zuchtbestimmungen nehmen darauf kaum Rücksicht. Und so ist es für viele Liebhaber der Vorstehhunde verdammt schwierig geworden, ihre Hunde für eine Praxis zu schulen, die es kaum noch gibt. Sie nehmen oft weite Wege und Unkosten in Kauf, um ihre Hunde mit Rebhühnern zur Vorbereitung auf die Prüfung in Kontakt zu bringen. Da wird die bestandene Gebrauchsprüfung häufig gleich zum Eintritt des Hundes in die Pension.

Auch **Stöberhunde, Bracken und Bauhunde** haben ihre Probleme. Vorstehen müssen sie nicht, wohl aber wird ihr Spurlaut am Hasen geprüft. Wo aber ist noch eine Spurlautprüfung möglich, bei der von zehn teilnehmenden Hunden jeder an einen oder zwei Hasen kommt, damit sein Spurlaut festgestellt werden kann? Der ist aber nicht nur Voraussetzung für das Bestehen anderer Prüfungen, sondern auch für die Zuchterlaubnis. Vielerorts verhindert schon der Maisanbau die Spurlaut-Prüfung, weil er Hundeführer und Richter die Sicht versperrt. Es ist aber auch die Zerschneidung der Landschaft mit Straßen, die für einen lauthals dem Hasen folgenden Hund ebenso wie für den Verkehrsteilnehmer zur Gefahr wird.

Der Ahnungslose sagt dem Profi wie es geht ...

Der Jagdhund ist dem Jäger, in allem, was dieser von ihm verlangt, haushoch überlegen. Nicht der Jäger riecht, wo es lang geht, sondern ausschließlich der Hund. Dennoch korrigiert ihn der Jäger oft selbst dann, wenn der Hund absolut richtig arbeitet. Der geruchsresistente Jäger schreibt dem Hund sogar die Körperhaltung vor, ohne Ahnung von der Verständigung zwischen Geruch und Hundenase. Der Sinn der „Abrichtung“ müsste sein, dass der Jäger vom Hund möglichst viel lernt und nicht, dass der Spezialist Hund zum willenlosen Befehlsempfänger des weitgehend unwissenden Menschen wird. Der Jäger mag den jagdlichen Betriebsleiter spielen, die Fachkompetenz hat einzig der Hund!

Manche von uns gefallen sich, wenn sie einen Hund an ihrer Seite haben, der bedingungslosen Apell zeigt. Könnte es nicht sein, dass der arme Hund nur Apell zeigt, weil er sich mit dem fachlich völlig überforderten, oft unberechenbaren Menschen nicht mehr auseinandersetzen möchte?

TECHNIK STATT HANDWERK

Wenn wir Jäger das älteste Handwerk der Menschheit auf ein technisch immer perfekteres, an Emotionen ärmeres Töten reduzieren, dann vernichten wir auch eines der ältesten Kulturgüter der Menschheit!

JAGD ODER KRIEGSFÜHRUNG?

Spätestens mit der Erfindung der Feuerwaffen hat die Jagd Kriegstechnik übernommen. Sie tut dies bis heute bei der Waffenentwicklung wie bei der Optik, bei Fahrzeugen und zahlreichen Hilfsmitteln bis zu den Materialien, aus denen unsere Kleidung gefertigt wird. Den Jägern scheint es zu gefallen und der Schritt vom traditio-

Jagd, wie sie durch zwei Jahrhunderte die Regel war und heute noch funktioniert: Notwendig waren ein einfaches Gewehr, ein Fernglas und ein Jagdmesser. Und heute? Den Rehblatter ersetzen Handy und Lautsprecher. Die Büchsen haben rasante Kaliber, voluminöse Zielfernrohre, Kunststoffschäfte und Schalldämpfer. Opas alten Jagdrucksack ersetzt der Geländewagen ... Foto: Bruno Hespeler

nellen Lodeng'wand zum Kampfanzug wird problemlos vollzogen. Manche Neuerung ist durchaus sinnvoll und hilfreich, doch was fehlt, ist das Bewusstsein und der Wille für eine rote Linie: Was ist noch Jagd und wo endet diese? Und wie weit sind wir bereit, uns von ihr zu entfernen?

ZANKAPFEL NACHTZIELGERÄTE

Seit einigen Jahren ist bei der Bejagung von Schwarzwild fast überall die Verwendung von Zielfernrohren mit Restlichtverstärkern erlaubt. Die Diskussion darüber begann schon Jahre zuvor und wurde erbittert wie ablehnend geführt. So vehement, wie diese Geräte Jahre hindurch abgelehnt und verteufelt wurden, so konsequent wurden sie selbst von Jägern gekauft, die überhaupt kein Schwarzwild im Revier hatten.

Wenn aus Jagd Tierquälerei wird

Die Politik hatte den Besitz von Nachtsichtgeräten nie verboten. Auch bei Zielhilfen mit dieser Technik waren Erwerb und Besitz erlaubt, nur ihre Verwendung nicht! Inzwischen haben wir eine Situation erreicht, in der diese Zielhilfen längst auch zur Bejagung von Reh- und Rotwild eingesetzt werden. Das wird zwar offiziell vehement bestritten, und ganz sicher betrifft das längst nicht alle Jäger. Im Gespräch mit Jagdkollegen spürt man jedoch eher einen gewissen Stolz auf diese Praxis. Für das Wild bedeutet der Einsatz dieser Technik den Verlust der letzten Ruhezeit – man könnte es auch Tierquälerei nennen!

Andererseits gibt es wenig Grund, sich darüber zu erregen. Bereits in den 1960er-Jahren war die Verwendung von besonders starken Stablampen bei der Nachtjagd auf Schwarzwild weit verbreitete Praxis. Der Handel bot sogar – genau zu diesem Zweck – Klemmmontagen an. Mit diesen konnten die Lampen auf den Zielfernrohren befestigt werden. Die Lampen selbst waren absolut legal, nur die Erlegung von Wild mit Hilfe einer künstlichen Lichtquelle war eine Ordnungswidrigkeit und ein Verstoß gegen die Weidgerechtigkeit. An Kirrungen, an denen regelmäßig mit künstlichen Lichtquellen gejagt wurde, ergriff das Wild beim Aufleuchten meist panikartig die Flucht.

In der benachbarten Schweiz ist im Kanton Basel die Ausstattung von Schwarzwildkirrungen mit starken Scheinwerfern *„aus Gründen des Tierschutzes, zum Schutz von Personen vor leichtfertigem oder irrtümlichem Beschuss und selbstverständlich zur Schwarzwildreduktion und Seuchenbe-*

Solange die Verwendung von Nachtzielgeräten verboten war, wurden sie als unweidmännisch verteufelt. Nach ihrer zumindest teilweisen Legalisierung setzte ein wahrer Boom ein.
Foto: Bruno Hespeler

kämpfung gestattet.“ Energiequellen sind in den Ansitzkanzeln stationierte Autobatterien.

Die Ergebnisse waren ermutigend. Die Zahl schlechter Schüsse ging, nach Aussage der beteiligten Jäger, deutlich zurück. Es war folglich auch ein Stück Tierschutz. Während bei der Stablampe dem Aufleuchten postwendend der Schuss folgte, nähert sich das Wild der bereits beleuchteten Kirrung relativ arglos. Eine Situation, mit der „Stadtsauen“ regelmäßig umgehen.

ZANKAPFEL SCHALLDÄMPFER

Viele Jahre wurde auch über die Verwendung von Schalldämpfern diskutiert. In den meisten europäischen Staaten galten sie als Kriegswaffen und waren daher für Jäger verboten. Heftig wurde vor allem in der deutschen Jagdpresse darüber gestritten. Die Mehrheit der Diskutanten lehnte eine Legalisierung dieser Geräte für die Jagd kategorisch ab. Argumentiert wurde, bei einer Freigabe sei die Wilderei nicht mehr zu kontrollieren, zudem würde das Wild völlig verunsichert, in der Folge heimlicher, der Jagddruck erhöht und die Abschusserfüllung erschwert.

In Deutschland bekamen die Förster und Berufsjäger als erste eine Erlaubnis, mit Schalldämpfer zu schießen. Argumentiert wurde mit der Fürsorgepflicht der Arbeitgeber. Inzwischen schießen auch in Österreich fast nur noch jene Jäger „ohne“, die kombinierte Waffen führen. Für diese gibt es derartige Geräte noch nicht.

Die Jagd wurde durch die Schalldämpfer leiser, die Gesellschaft selbst eher „lärmsüchtig“. Der heute freiwillig stundenlang

Schalldämpfer gibt es derzeit nur für einläufige Waffen. Das abgebildete Modell erlaubt auch den Schuss über die offene Visierung.
Foto: Frank Heil

ertragene Diskolärm, die voll aufgedrehten Stereoanlagen im Haus, die Subwoofer in den Autos, unsinnige Feuerwerke und der allgemeine Lärmpegel benötigen die Unterstützung durch den Jagdbetrieb nicht.

Jagdlich sind die optisch eher störenden Aufsätze an den Laufmündungen zu begrüßen. Die Vorteile sind offensichtlich: Jäger schießen konzentrierter und ohne „Schussangst“. Dadurch werden sowohl Fehlschüsse als auch schlechte, das Wild nicht sofort tötende Schüsse deutlich reduziert. Das Wild wird weniger gestört. Sein Aufwand für das Sichern wird reduziert, was der Äsungszeit zugutekommt. Der Radius, in dem Schüsse vom Wild als solche wahrgenommen werden und zu seiner Beunruhigung führen, reduziert sich.

ZANKAPFEL DROHNEN

Als vor Jahren die ersten Berichte über den Einsatz von Drohnen bei der Rettung von Rehkitzen veröffentlicht wurden, war die Zustimmung groß. Doch bei dieser durchaus sinnvollen Verwendung sollte es nicht bleiben. Bereits die Steigerung der Flugzeit öffnete neue „Arbeitsfelder“. Man sprach nicht laut darüber. Was dazu kam, war die

Drohnen sind durchaus nützlich mit vielfältigen Einsatzmöglichkeiten in zahlreichen Wirtschaftszweigen, auch in der Forstwirtschaft, bei der Schadensaufnahme wie bei der Forsteinrichtung. Warum aber darf Jagd nicht Jagd bleiben?
Foto: Andreas Palatin

„Wildzählung", auch wenn es eher darum ging zu schauen, wo sich die Gams aufhalten, in welchem Feld die Sauen stecken oder wo der starke Bock gerade äst …

Eine tatsächliche und begrüßenswerte Einsatzmöglichkeit war und ist die Wildschadensschätzung in großen Feldparzellen. Angepriesen werden Drohnen auch als Nachsuchenhilfen. Wie die Drohne das laufkranke Schmaltier zu Stande hetzt, hat sich mir noch nicht erschlossen …

Gesetzeslage bezüglich Drohneneinsatz

Drohnen wurden von Anbeginn auch missbraucht und gelten sogar als „terrortauglich". So war zu erwarten, dass es nicht bei ein paar laschen, nationalen Regelungen ihre Verwendung betreffend bleiben wird. Inzwischen ist die EU-Drohnenverordnung in allen Ländern der Gemeinschaft rechtsgültig. Sie teilt die Drohnen in drei Klassen ein: „open", „specific" und „certified". Für die Klasse „open" (weniger als 250 Gramm) ist keine behördliche Bewilligung notwendig, außer sie wird mit einer Kamera geflogen. Die Registrierung erfolgt in Deutschland durch das Luftfahrt-Bundesamt (LBA) und in Österreich durch die Austro Control.

Klassen, Bewilligungen und Drohnenführerschein

Wer eine Drohne mit Kamera oder mit einem Gesamtgewicht von über 250 Gramm fliegen will, benötigt einen Drohnenpilotenschein (Drohnenführerschein). Die Prüfung besteht aus 40 Multiple-Choice-Fragen, von denen 75 % richtig beantwortet werden müssen. Wiederholungen sind unbegrenzt möglich. Das nach erfolgreicher Prüfung erworbene Zertifikat ist 5 Jahre gültig.

Die gebührenpflichtige Registrierung der Drohne ist 3 Jahre gültig und muss dann erneuert werden oder erlischt.

Wer eine Drohne fliegen will, muss eine spezielle Drohnen-Haftpflichtversicherung abschließen. Befreit sind nur Drohnen unter 250 Gramm und ohne Kamera.

Nicht geflogen werden darf in der Nähe von Flughäfen und militärischen Anlagen, aber auch im Bereich vieler Naturschutzgebiete. Das Überfliegen von Menschenansammlungen ist ebenfalls verboten. Das betrifft unter Umständen auch Berghütten, Almen, Lifttrassen und viel begangene Wanderwege. Privatgrundstücke wie beispielsweise Gärten sind ebenfalls tabu.

Die Drohne muss sich in Sichtweite des Piloten befinden und darf nicht höher steigen als 120 Meter.

Wer eine Drohne mit mehr als 25 Kilogramm Gewicht oder eine Drohne beliebiger Klasse außer Sicht fliegen möchte, fällt in die Klasse „certified" und benötigt den Drohnenpilotenschein A 2.

Die Kitzrettung mithilfe von Drohnen ist seit Jahren in vielen Revieren gang und gäbe.
Foto: Hannes Weishaupt

Wie sinnvoll ist der Einsatz von Drohnen in der Jagd?

Für den Jäger ist es wichtig, sich zu überlegen, ob er ein solches Gerät überhaupt braucht oder ob er sich damit nicht schlicht immer weiter von dem entfernt, was vor wenigen Jahrzehnten noch Jagd genannt wurde. Unbestritten leistet ein solches Fluggerät gute Dienste bei der Rettung von Rehkitzen, ebenso beim Erkennen und Schätzen von Wildschäden in der Landwirtschaft.

Aber muss der Jäger tatsächlich mit einem solchen hochtechnischen Gerät zu Beginn der Drückjagd die Sauen orten, ehe er weiß, wo und wie er die Schützen anstellen will? Ist es wirklich noch Jagd, wenn wir mit dem Pirschführer auf der Hütte sitzen und dieser mit seiner Drohne die Gräben und Kare abfliegt, um zu wissen, wohin uns der Pirschgang führen soll? Wie viele Prozesse und wie viele negative Schlagzeilen wollen wir riskieren, wenn unsere „Luftwaffe" nicht ganz so funktioniert, wie wir es wünschen oder wenn wir etwas übersehen haben?

Die „Alten" waren noch in der Lage, einen bestimmten Hirsch mit dem Leithund zu lancieren. Wollen wir – die wir handwerklich rechte Stümper geworden sind – den Hirsch mit der Wärmebildkamera verfolgen, mit Hilfe des Handys den oder die Schützen nachjustieren und wollen wir das dann auch noch vollmundig „Jagd" nennen?

Deutschland fördert den Ankauf von Drohnen mit drei Millionen Euro für den Einsatz in der Land- und Forstwirtschaft, also auch für die Jagd.

DIE KUNST ZU TREFFEN

Es ist ganz einfach: Wer nichts trifft, erlegt auch nichts! Damit wird ein Thema berührt, das bei vielen Jägern Unmut hervorruft, denn selbstverständlich ist jeder Jäger auch ein brillanter Schütze ... Die Realität schaut anders aus. Das liegt zu einem guten Teil daran, dass sich die Praxis des jagdlichen Schießens in den letzten Jahrzehnten stark geändert hat.

Optimale Bedingungen am Schießstand

Fast alle lernten wir auf einem Schießstand mit dem Gewehr umzugehen. Etwas Theorie sammelten wir bis dahin im Unterricht. Wir lernten die unterschiedlichen Waffentypen, Systeme und Kaliber kennen, dazu die Sicherheitsbestimmungen. Der eine oder andere hatte zuvor schon geschossen, im Schützenverein oder – wenn auch verboten – mit einem „Lehrprinzen" im Revier.

Dann wurde es ernst. Man musste auf den Kugelstand und war aufgeregt. In längst vergangenen Zeiten wurde einem vielleicht noch ein Flachmann mit „Zielwasser" angeboten. Medizinisch mochte das wenig bewirken, psychisch schon. Heute, in unserer von unzähligen Gesetzen und Verordnungen gezimmerten und mit oft zweifelhafter Moral verklebten Zeit ist das undenkbar. Tief durchatmen muss genügen.

Los gings's: Vor uns der Anschusstisch, ausgestattet mit Sandsäckchen, hinter uns der Schießlehrer, der die letzten Anweisungen gibt. Man suchte sich zu beruhigen (was gleich für mehr Unruhe sorgte), atmete tief durch, hielt immer wieder die Luft an, um erneut durchzuatmen ... Aber irgendwann krachte der Schuss. Der Schießlehrer meinte, dass es gar nicht so schlecht gewesen sei. Hauptsache die Scheibe war getroffen. Die folgenden Schüsse saßen meist besser, und der angehende Jäger wurde ruhiger – sicherer.

Optimale Auflage bei der Ansitzjagd

Der große Vorteil beim Büchsenschießen am Schießstand war die Zeit, die man sich für jeden Schuss gönnen durfte. Noch eine ganz große Erleichterung bot dieses Schießen – vor wie nach der Prüfung: Man musste nicht ansprechen. Man hatte nicht all den Ballast im Kopf, der einem eingetrichtert worden war. Man musste sich keine Gedanken darüber machen, wie sich der große Gönner räuspern würde, wenn er das erlegte Wild begutachtete.

Der Schuss in aller Ruhe vom Hochsitz aus ist unter den heutigen Verhältnissen keineswegs mehr „Standard". Foto: Bruno Hespeler

So oder ähnlich – mit guter Auflage, mit viel Zeit zum Durchatmen – schossen viele Jäger ihr ganzes Leben. Dafür wurde keiner gerügt, sondern gelobt. Es waren Zeiten, in denen die Erfüllung von Abschussplänen wenig Bedeutung hatte. Wer sie nicht erfüllte, war einer der besonnenen, verantwortungsbewussten und weidgerechten Jäger. Er war kein „Schießer".

Es war auch die Zeit vieler forstlich eher trostloser Reviere, in denen die Wälder sauber eingeteilt waren in ziemlich äsungsarme Einstände und kurzzeitig viel Verbissmasse liefernde Aufforstungen. Auch dort konnte man von bequemen Sitzen aus geruhsam schießen.

Schießen wird schwieriger durch Änderungen in der Bejagung

Diese Zeiten sind vielerorts vorbei. In standortgerechten Wäldern beherrscht Naturverjüngung das „Erdgeschoss". Deckung und Äsung sind bunt gemischt. Rehe haben es nicht mehr notwendig, zwischen Einstand und Äsungsfläche zu pendeln. Doch gerade

Regelmäßiges Schießen auf dem Stand ist in anderen europäischen Ländern Pflicht. In Deutschland wird von den meisten Forstverwaltungen von allen Jagdgästen ein Schießnachweis gefordert. Im österreichischen Bundesland Kärnten wird zu Beginn des Jagdjahres zwar ebenfalls ein Schießnachweis auf Hegeringebene verlangt, der gilt aber auch dann als erfüllt, wenn der Schütze nichts trifft. Foto: Bruno Hespeler

bei diesem Pendeln und auf den Äsungsflächen kam früher der Jäger in aller Ruhe zu Schuss. Gewiss, es gibt auch noch die Wälder alter Lehre und Ordnung, aber der Trend geht in die andere Richtung. Vielfach bleiben dem Jäger heute nur Momente, in denen er ein Stück sieht, erkennen muss, ob er es schießen darf und für den Schuss selbst. Schon der im letzten Drittel des 20. Jh. einsetzende Verzicht auf den Stecher führte zu einem anderen Schießen als dem unserer Väter. Einerseits schießen viele Jäger – wenn sie es einmal gewöhnt sind – auf diese Art ruhiger und sicherer. Nicht wenige bleiben jedoch ewige „Durchschnaufer“ und „Absetzer“. Häufig wollen sie bei einem Ansitz nichts gesehen haben oder eben nur ein Wild, das Schonzeit hatte oder ihnen nicht freigegeben war. Das erspart ihnen lästige Fragen und unpassende Bemerkungen. Das trifft nicht nur auf die Ansitzjagd zu, sondern noch weit häufiger auf Bewegungsjagden.

Unbedingt merken

Wenn sich die Landschaft ändert, dann muss sich die Jagd anpassen und ebenfalls ändern!

Ich leitete zehn Jahre lang jagdpraktische Lehrgänge bei der Forstverwaltung. Zu jedem Lehrgang gehörte sowohl ein Tag auf dem Schießstand als auch eine Bewegungsjagd. Die Teilnehmer waren ausschließlich Förster, vom Amtsvorstand bis zum Berufsanfänger. Das heißt, in der Mehrzahl waren es Jäger mit Praxis. Dennoch gab es, was ihre Schießfertigkeit betraf, große Unterschiede.

Alternative Schießkino

Seit Jahrzehnten nimmt die Zahl der Jagd-Schießstände ab. Was früher selbstverständlich war, wurde zur Ausnahme. Einerseits fordert der Staat vom Jäger Sicherheit im Umgang mit der Waffe und Treffsicherheit, andererseits nimmt er ihm systematisch die Möglichkeit zu üben.

Es sind Bürger, die sich durch den Schusslärm selbst dann gestört fühlen, wenn ein Schießstand weit außerhalb der Bebauung liegt, wenn die Ruhezeiten eingehalten werden und am Wochenende kein Schießbetrieb stattfindet. Es werden Bürgerinitiativen gegründet, es wird gefordert und geklagt. Sicherheitsauflagen werden erhöht, und der Umweltschutz meldet sich wegen der Schwermetallbelastung. Der Neubau von Schießanlagen ist nur schwer möglich.

Diese Situation ließ vielerorts Schießkinos entstehen. Solche gibt es für den Büchsen- wie für den Schrotschuss. Anders als auf traditionellen Schießständen wird real praxisnahe geschossen. Lärmprobleme für Anrainer gibt es auch nicht, weil das Schießen sozusagen „im Saale“ stattfindet. Gleiches gilt für die Schwermetallbelastung. Der Jäger schießt mit seiner vertrauten Waffe

Praxisgerechtes Schießen

Die Bedingungen, unter welchen wir bei diesen Lehrgängen auf dem Stand schossen, änderten sich im Laufe der zehn Jahre mehrmals. Begonnen hatten wir auf der Anlage des Jagdverbandes. Zur Verfügung standen ein Kugelstand mit Anschusstischen und ein Stand für den laufenden Keiler. Im ersten Jahr gab es bezüglich der Zeit keine Vorgaben. Ungewohnt war für manche Teilnehmer der laufende Keiler, doch schossen die meisten nach einiger Übung ganz passabel.

Im zweiten Jahr verschärften wir die Bedingungen: Der Keiler wurde durch Knopfdruck kurz gestoppt und unverzüglich wieder in Gang gesetzt. Damit wurden die Ergebnisse schlechter. Lief der Keiler gleichmäßig über die Fläche, wussten die Teilnehmer, wie weit sie vorhalten mussten. Die Stopptaste ließ ihn jedoch abbremsen, eventuell auch ein, zwei Sekunden verhoffen, ehe der nächste Knopfdruck ihn wieder in Gang setzte. Der Praxis entsprach diese Variante eher als ein absolut gleichmäßiger Lauf. Diese geringe Unregelmäßigkeit drückte die Trefferzahl signifikant. Dabei hatten die meisten Teilnehmer erhofft, den langsamer werdenden oder gar kurz verhoffenden Keiler leichter zu treffen.

In späteren Jahren hatten wir einen Militärschießstand mit Klappscheiben zur Verfügung. Jede Schießbahn verfügte über drei Scheiben in unterschiedlicher Entfernung. Vier Schießbahnen lagen nebeneinander. Welche Scheibe auf welchem Stand erschien, war nicht vorhersehbar. Auch das war eine deutliche Erschwernis. Die Standzeit der Scheiben konnte eingestellt werden, wobei wir mit 20 Sekunden begannen und dann bis auf drei Sekunden reduzierten.

Die vorab einhellig geäußerte Meinung war, dass 20 Sekunden Standzeit nicht üppig, doch ausreichend seien. Standzeiten von zehn Sekunden und weniger wurden als zu kurz angesehen. Tatsächlich aber war es genau umgekehrt. Die Vorgabe von 20 Sekunden verführte die meisten Schützen zu einem „sorgfältigen Zielen", was – wörtlich zu nehmen – daneben ging. Wir müssen das Gewehr nur einmal 20 Sekunden frei im Anschlag halten. Dann werden wir feststellen, dass wir von Sekunde zu Sekunde unruhiger werden und „rühren".

Der Praxis entspricht bei einer Bewegungsjagd der schnell hingeworfene Schuss. Wem die Situation wirklich Zeit gibt, etwa weil sich das Wild in der Verjüngung drückt, wird ohnehin auflegen oder anstreichen.

Wir hatten die Ringscheibe etwas modifiziert, der Kammer eines Rehs angepasst und so drei Zonen erhalten. Damit konnten wir die Ergebnisse der verschiedenen Disziplinen miteinander vergleichen. Zwei Dinge ließen sich feststellen: Schützen, die auf dem Schießstand bescheiden schossen, taten dies auch auf der Jagd und umgekehrt. 40 % der Schützen erreichten 60 % der guten Treffer. 60 % der Schützen erreichten 40 % der schlechteren und der Fehlschüsse!

Für die Bewegungsjagden auf Reh- und Schwarzwild wurden Standkarten entworfen, in denen beide Wildarten mit Uhrzeit und Verhalten vermerkt werden mussten. Beim Verhalten wurden drei Situationen unterschieden: a) Wild stand oder zog langsam. b) Wild kam mäßig flüchtig. c) Wild kam hochflüchtig. In Summe meldeten gute Schützen mehr in Anblick gekommenes und weniger hochflüchtiges Wild. Mäßige Schützen gaben an, keinen Anblick gehabt zu haben oder nur hochflüchtiges Wild.

Der Kugelschuss vom Anschusstisch sollte in erster Linie der Kontrolle und der Korrektur der Zieleinrichtung dienen. Natürlich macht es Sinn, auch seine Treffsicherheit und Schießfertigkeit zu üben. Das alleine genügt aber heute in vielen Revieren nicht mehr.

auf ein visuelles Ziel, das ihm per Video auf eine große Leinwand projiziert wird. Vorrätig sind Videos, die typische Situationen des jagdlichen Alltags zeigen. Drückjagd-Szenen, bei welchen der Schütze – wie in der Realität – auch noch ansprechen muss, turbulente Hirschbrunft, Blattzeit und andere Situationen. Die Elektronik zeigt ihm, wo er abgekommen ist und wo sein Schuss sitzt. Er sieht also auch die Fehler, die er macht.

Alljährlich obligate Schießprüfung

Die Forderung nach regelmäßigen Schießprüfungen als Voraussetzung zur Verlängerung des Jagdscheines wurden in Deutschland schon vor fünf Jahrzehnten immer wieder erhoben und ebenso oft von den Vertretern der Jäger abgeschmettert. Dabei wären sie ein gutes Stück Tierschutz. Stattdessen veröffentlichten in früheren Jahren einzelne Jagdhunde-Zuchtverbände alljährlich, wie viel schlecht geschossenes Schalenwild von ihren Mitgliedern und deren Hunden gefunden wurde und den monetären Wert des gefundenen Wildbrets. Teilweise wurden jene Hundeführer veröffentlicht, welche die meisten Nachsuchen zu verbuchen hatten. Damit hat man in der Öffentlichkeit nicht den Eindruck hinterlassen, Jäger seien besonders gute Schützen ...

Inzwischen hat sich das geändert. Die meisten deutschen Landesforstverwaltungen, aber auch viele private Forstverwaltungen verlangen für die Teilnahme an einer Drückjagd einen Schießnachweis. Schon vor Jahrzehnten musste, wer in den Landesforsten die Pirsch oder Ansitzjagd ausüben wollte, zunächst im Beisein des Revierleiters oder Berufsjägers einen Probeschuss abgeben.

In der Schweiz ist die alljährliche Schießprüfung die Voraussetzung zur Verlängerung des Jagdpasses. Mit Ausnahme Graubündens darf Rehwild auf den herbstlichen Treibjagden mit Schrot geschossen werden. Wer dies beabsichtigt, muss bei der Prüfung – je nach Kanton – auf Kipphase, Rollhase oder auf das laufende Reh schießen. Die Zahl der Mindesttreffer ist bei jeder Disziplin vorgeschrieben. Ernsthaften Widerstand von Seiten der Jäger gab es bei der

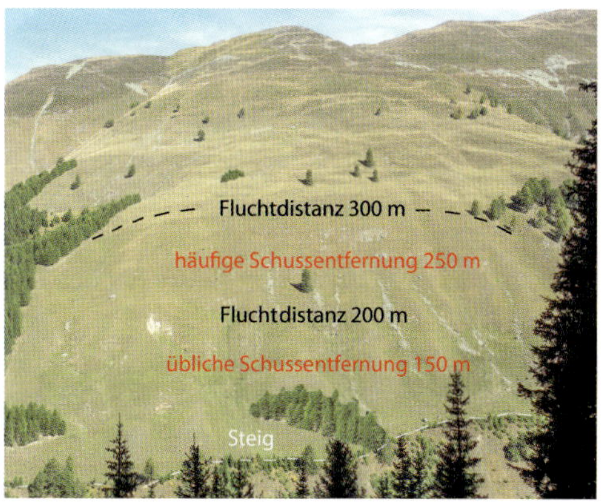

Mit der Schussentfernung steigt permanent auch die Fluchtdistanz. Vielfach wird das Wild vom Jäger gar nicht mehr gesehen, weil es diesen zuerst bemerkt und sich verdrückt.

Foto: Bruno Hespeler

Einführung der Schießprüfung nicht. Man sah es eher als eine Selbstverständlichkeit und Teil der Weidgerechtigkeit an.

Auch die skandinavischen Länder verlangen eine Schießprüfung. In Schweden muss auf 80 Meter Distanz eine lebensgroße Elchscheibe getroffen werden, und zwar die stehende wie die laufende Scheibe. Dies ist allerdings nur für Personen Pflicht, welche auf Elche jagen wollen.

Der Weitschusswahn

Je häufiger und intensiver wir Jäger den handwerklichen Charakter der Jagd beschworen haben, umso weiter sind wir vom Jägerhandwerk abgerückt. Manche Kritiker sehen uns als „Steinzeit-Träumer". Damit liegen sie gewaltig falsch. Die Jagd hat sich seit Anbeginn verändert. Sie hat von der Militärtechnik immer profitiert. Sie hat stets auf technische Überlegenheit gesetzt. So kann von Chancengleichheit mit dem bejagten Wild schon lange keine Rede mehr sein. Andererseits wird der Jäger von der Umwelt gezwungen, Schritt zu halten.

Professionelle Jäger im Tierreich setzten von Anbeginn darauf, der Beute so nahe wie möglich zu kommen. Ob Luchs oder Gepard, Löwe oder Fuchs, sie alle sind klug genug, sich einer Beute so weit wie irgend möglich zu nähern, ehe sie einen Angriff starten. Alles andere bedeutet unnötigen Energieverbrauch, längeres Hungern und eine immer sensiblere, immer schwerer zu erlegende Beute. Die Waffen unserer Großväter waren von bescheidener Reichweite. Schon

Immer weiter schießen

Im Schweizer Kanton Graubünden beträgt das Mindestkaliber, das für die Schalenwildjagd verwendet werden darf, seit 1902 10,2 Millimeter. Das gilt auch für die Gamsjagd. Die Büchse darf kein Magazin haben. Noch bis in die 70er-Jahre des vergangenen Jahrhunderts war die Verwendung eines Zielfernrohrs nur Personen erlaubt, die das fünfzigste Lebensjahr vollendet hatten. Wer Beute machen will, der muss jagdhandwerklich wirklich fit sein! Er muss sich unbemerkt dem Wild nähern, und er muss trotz körperlicher Belastung – in den meisten Revieren durch das Gelände bedingt – auch noch treffen.

Auf welche Distanz maximal geschossen werden darf, regeln die kantonalen Jagdgesetze und ihre Verordnungen. Beispiel: Im Kanton Luzern dürfen Rot-, Gams- und Schwarzwild maximal auf 220 Meter beschossen werden, Rehwild nur auf 150 Meter.

Selbst an den Fuchs wird in der Verordnung gedacht. Wer, etwa bei der Nachtjagd am Luderplatz, mit der kleinen Kugel schießt, darf kein kleineres Kaliber als 0,17HRM verwenden und nicht weiter schießen als 100 Meter.

Wer auf Schwarzwild ein Flintenlaufgeschoss verwendet, darf nicht weiter als 50 Meter schießen, in manchen Kantonen jedoch weniger. Mit Schrot darf nicht weiter als 30 Meter geschossen werden. Schätzfehler der Schussdistanz werden generell bis 10 % toleriert.

So sehen die Schweizer Jäger Weidgerechtigkeit und Tierschutz. Bei uns hingegen boomen Weitschuss-Seminare, bei denen Schüsse bis 500 Meter trainiert werden. Argumentiert wird zuweilen damit, der Tourismus zwinge zu so weiten Schüssen, weil sonst vielfach die Abschusspläne nicht erfüllt werden könnten. Tatsächlich ist das Gegenteil der Fall!

Im Flachland und Mittelgebirge und überhaupt im Wald gibt es kaum Veranlassung zu Weitschüssen. Oberhalb der Baumgrenze oder über ein Tal hinweg entstehen durch einen Weitschuss weit mehr Probleme als gelöst werden.
Foto: Dietmar Streitmeier (†)

das früher verwendete Schwarzpulver limitierte den Jäger. Die Kaliber waren groß, die Geschosse schwer. Da ging jenseits von 60 oder 80 Meter nicht mehr viel, zumal vor lächerlichen 100 Jahren nur auf wenigen Büchsen ein Zielfernrohr saß.

Die Folgen von Weitschüssen

Gerade im Gebirge verhindert häufig der Nebel weite Schüsse. Flüchtet ein beschossenes Stück, hindert uns der Nebel, es im Auge zu behalten. In Hochlagen herrschen mitunter starke Winde, die das Geschoss auf größere Distanz abweichen lassen, was zu schlechten, tierquälerischen Schüssen führen kann. Schusszeichen des Wildes werden mit zunehmender Entfernung schlechter erkannt. Wird ein Fangschuss notwendig, steigt die Distanz häufig noch einmal. Hinzu kommt, dass der Schütze nach einem ersten, nicht optimalen Schuss beim zweiten eher noch unruhiger schießt. Ein selten bedachtes Problem ist, dass eine in ebenem Gelände in wenigen Minuten zurücklegbare Entfernung im Gebirge die mehrfache Zeit in Anspruch nehmen kann. Im Extremfall werden aus zehn Minuten eine volle Stunde und mehr, wenn z. B. über eine Schlucht oder einen Bach geschossen wird, die weiträumig umgangen werden müssen. Die Nacht erreicht den Anschuss oft schneller als der Schütze! Schon das Finden des Anschusses oder des toten Wildes kann sich schwierig gestalten und für den Jäger gefährlich werden.

Im Flachland bedeuten Weitschüsse immer ein Risiko. Jeder, der schon einige Jahre gejagt hat weiß, wie leicht wir uns bereits auf hundert Meter täuschen, wenn es darum geht, die Stelle zu finden, an welcher das Wild den Wald angenommen hat. Beim Weitschuss auf 300 oder gar noch mehr Meter wird das zum echten Problem!

Im Wald besteht ohnehin kaum die Möglichkeit, einen Weitschuss anzubringen. Nur selten wird weiter als auf 60 oder 80 Meter geschossen. Es ist allerdings durchaus denkbar, dass uns künftig große Kalamitätsflächen als Folgen von Stürmen, Bränden oder Käferbefall zum einen oder anderen etwas weiteren Schuss verleiten. Zur Regel sollten sie nicht werden.

NICHT NUR WIR GEHEN AUF DISTANZ

Es besteht kein Zweifel daran, dass vor allem das Rehwild heute mehr Distanz zu uns hält als vor wenigen Jahrzehnten. Wir leben zwar in der Wahnvorstellung, Wildtiere würden rein von ihren Instinkten gesteuert und nur wir Menschen würden denken,

Wo Steinwild nicht oder nur selten bejagt wird, verhält es sich gegenüber dem Menschen völlig vertraut und frisst ihm sogar aus der Hand. Für die meisten anderen – bejagten! – Wildarten ist der Jäger eine „Horrorgestalt". Die Nachtjagd verschlimmert diese Situation noch! Foto: iStock /technotre

also lernen, Erfahrungen richtig zu deuten und zu speichern. Das wurde uns auch Jahrhunderte hindurch von der Wissenschaft erzählt. Es ist aber dennoch blanker Unfug, den gerade die Wissenschaft längst nachvollziehbar widerlegt hat. Wer sich mit offenen Augen draußen bewegt, muss längst erkannt haben, dass auch Tiere fühlende, Zusammenhänge und Wirkungen erkennende Wesen sind, die teilweise sogar Werkzeuge nicht nur verwenden, sondern auch fertigen. Mehr noch: Tiere sind gelegentlich auch richtige kleine Gauner. Sie versuchen ihre Artgenossen auszutricksen, sie täuschen bewusst und sie „klauen". Erinnert sei nur an die uns vertrauten Eichhörnchen oder an Rabenvögel! Warum also sollten sie nicht in der Lage sein, unsere Absichten zu erkennen und sinnvoll darauf zu reagieren? Erinnern wir uns: In Großstädten stehen mitunter Bachen mit ihren Frischlingen unmittelbar neben Fußgängern und warten, bis die Ampel grün wird. Natürlich haben sie nicht die Straßenverkehrsordnung gelesen. Nein, sie haben nur aufmerksam beobachtet und kopieren menschliches Verhalten.

Was liegt näher, als Abstand zu uns zu halten?

So wie unsere Schussdistanz wuchs, stieg auch die Fluchtdistanz des Wildes. Das ist einzig uns geschuldet.

Wir erleben das in fast jedem Revier: Da fährt der Bauer am hellen Vormittag mit seinem Trecker auf weniger als Steinwurfweite

In der japanischen Großstadt Nara sucht das Sikawild die Nähe der Menschen, die es verwöhnen. Bei uns in Mitteleuropa beträgt die Fluchtdistanz der Hirschartigen in der freien Landschaft meist mehr als hundert Meter.
Foto: iStock/winhorse

Wo sie nicht bejagt werden, zeigen sich Murmeltiere völlig vertraut. Wenige hundert Meter neben den Touristensteigen – wo wir Jäger ihnen nachstellen – pfeifen sie, sobald wir auftauchen.
Foto: Herbert Raffalt

an einem Sprung Rehen vorbei. Wir erleben Murmeltiere, die uns kaum beachten, wenn wir „unkostümiert" auf einem Wanderweg wenige Meter an ihnen vorbeigehen. Oder denken wir an unbejagtes Steinwild, das uns ohne jede Aufregung bis auf zwei Meter an sich herankommen lässt. Auch Gämsen sind neben Schutzhütten oder Berggasthöfen – wo sie nicht bejagt werden – manchmal unglaublich vertraut. Doch wenn wir ihnen als Jäger begegnen, pfeifen sie und bringen sich in Sicherheit.

Landschaftliche Gegebenheiten bestimmen über Schussdistanz

Ob wir künftig auf größere Distanzen schießen oder eher nicht mehr so weit, wird nicht von der Waffenindustrie abhängen und schon gar nicht von unserem Ego. Die Landschaft und andere Faktoren bestimmen die Vorgaben: Die Siedlungsstrukturen, die Zerschneidung mit Verkehrswegen, der Tourismus, die Erholungsnutzung und nicht zuletzt die Landwirtschaft. Der Weitschuss wird nicht zur Notwendigkeit, eher zum „kriminellen Schuss"!

HICK-HACK UM BLEISCHROTE

Wer dieses Thema anschneidet, schafft sich jede Menge Ärger, Morddrohungen eingeschlossen! Ich möchte die Sache hier nur kurz und bewusst emotionslos beleuchten. Es geht um Entfernung, Durchschlagskraft und Deckung. Um die erhobenen Daten bewerten zu können, muss vorausgeschickt werden, was jeder Jäger im Vorbereitungskurs gelernt haben sollte: Die Wirkung des Schrotschusses beruht nicht auf Eindringtiefe und Organzerstörung, sondern einzig auf einem vom Schuss verursachten paarigen Schock!

Lange, sehr lange ist schon bekannt, dass Bleischrote für viele Tiere auch dann tödlich sind, wenn sie nicht von ihnen getroffen werden. Beim Schrotschuss ist die Zahl der absolut tödlichen Treffer eher gering. Davon kann sich jeder überzeugen, der schon einmal an einer Treibjagd teilgenommen hat. Da fallen zehn und mehr Schüsse, und letztlich wurde ein einziges Stück Wild erlegt. Dieses Verhältnis ist in den klassischen Niederwildgebieten sicher etwas besser, aber wirklich überdurchschnittlich gute Schrotschützen sind selten. Wir dürfen davon ausgehen, dass die meisten der vermeintlich vorbeigeschossenen Tiere keineswegs völlig gefehlt wurden. Ein großer Teil bekommt einzelne Schrote ab, die jedoch keine lebenswichtigen Organe getroffen haben und für einen tödlichen Schock nicht ausreichen. Für diese Tiere bedeuten Nutzer wie Fuchs und Habicht Erlösung.

Die Wirkung des Schrotschusses beruht ja nicht auf einer Organzerstörung, sondern auf seiner Schockwirkung. Wenn jedoch nur ein oder zwei Schrotkörner den Wildkörper treffen, tritt eher selten ein sofort tötender, paariger Schock ein. Die Schrote sitzen dann irgendwo unter der Haut oder in der Muskulatur. Das kann für das Tier unangenehm bis sehr schmerzhaft sein, je nach Sitz des Treffers. Häufig verkapseln sich die Schrote, was nicht ihre Auflösung und die Abgabe des Bleis ins Blut verhindert. Die getroffenen Tiere verenden nach einiger Zeit an Bleivergiftung. Ihre Kadaver werden von Nutzern aufgenommen. In deren Körpern sammelt sich das Blei, wirkt toxisch und führt letztlich ebenfalls zum Tod. In großer Zahl betroffen sind Greif- und Wasservögel. Letztere nehmen die Schrote häufig beim Gründeln auf.

Es sind jedoch nicht nur Schrotkörner, welche zur Bleivergiftung führen. Auch Büchsengeschosse enthalten Bleikerne. Treffen diese Geschosse einen Wildkörper, zerlegen sie sich oder splittern. Feinste Bleifragmente dringen in Muskulatur und Weichteile ein. Das getroffene Wild wird ausgenommen, die mit Blei kontaminierten Weichteile bleiben mehrheitlich im Revier. Blei, das in der Muskulatur sitzt, gelangt hingegen in den menschlichen Nahrungskreislauf.

Seit Jahrzehnten fordern Wissenschaftler und ein Teil der Jäger ein Verbot der Bleimunition. Die Wirtschaft hat ausreichend Vorarbeit geleistet und absolut praxistaugliche, bleifreie Munition auf den Markt gebracht, was aber immer wieder in Abrede gestellt wird. In Deutschland gingen schon vor Jahren einige Landesforstverwaltungen voran. Ihre Mitarbeiter und Jagdgäste durften keine bleihaltige Munition verwenden. Natürlich wurde die Jagd mit dieser Munition wissenschaftlich begleitet. Die Erfahrungen waren nicht schlechter als mit der alten bleihaltigen Munition. Trotz guter Erfahrungen wurde das Verbot, bleihaltige Munition zu verschießen, in einigen Landesforsten auf politischen Druck zunächst wieder aufgehoben, um später neuerlich eingeführt zu werden.

Allerdings wurde einigen deutschen und österreichischen Bundesländern die Verwendung bleihaltiger Munition bei der Wasserjagd grundsätzlich verboten. Dies gilt auch auf den Schießständen und bei der Jagd auf Schalenwild, zumindest in den Bundes- und Landesforsten. Völlig kurios ist, dass in zwei Bundesländern der jeweilige Forstamtsleiter entscheidet, ob bleihaltige Munition verschossen werden darf.

Wo ist Bleimunition in Deutschland verboten?

Bundesland	Forstverwaltung	Privatreviere
Baden-Württemberg	ja	ja
Bayern	je nach Forstamt	nein
Brandenburg	ja	nein
Hessen	ja	nein
Mecklb.-Vorpommern	ja	nein
Niedersachsen	ja	nein
Nordrhein-Westfalen	ja	ja
Rheinland-Pfalz	ja	nein
Saarland	ja	ja
Sachsen-Anhalt	je nach Forstamt	nein
Sachsen	ja	nein
Schleswig-Holstein	ja	ja
Thüringen	nein	nein
Die Stadtstaaten Berlin, Bremen und Hamburg erteilten auf Anfrage keine Auskunft.		

Schrotschuss auf Rehwild

Was die Wahl der Schrotgröße betrifft, so haben wir gelernt, die Schrotstärke der Größe des Wildes anzupassen. Nicht genug damit: Für Hase und Fuchs mit nassem Balg müssen wir gröbere Schrote wählen als bei trockenem Balg. Ob das so stimmt, sollte ein kleiner Test zeigen, der keinerlei Anspruch auf wissenschaftliche Korrektheit erhebt:

Geschossen wurde jeweils auf exakt 30 Meter Entfernung. Das ist beispielsweise in vielen Schweizer Kantonen die gesetzlich erlaubte maximale Schrotschuss-Entfernung. Beschossen wurden zunächst 2 mm starke Kunststoffscheiben, mit Schroten der Nummern 7, 6, 5, und 3 sowie mit Buckshot (Posten) freihändig ohne Zieloptik – „praxisgerecht". Geklärt werden sollte, welche Schrotstärken in der Lage waren, die Kunststoffscheiben zuverlässig zu durchschlagen. Die Temperatur während des Beschusses betrug 2 °C. Es ist anzunehmen, dass Bälge – egal ob trocken oder nass – die Schrote bei niedrigen Temperaturen eher abfedern als die kalten Kunststoffscheiben.

Im Ergebnis zeigte sich, dass sämtliche die Scheiben treffenden Schrote diese auch problemlos – mehr oder weniger randscharf – durchschlugen. Ebenso erzeugten die meisten Schrote längere Risse und Splitterbildung.

In einem weiteren Versuch ging es um die Eindringtiefe bei Verwendung unterschiedlicher Patronenmarken. Verwendet wurden dazu Telefonbücher, deren Seiten ja nummeriert sind, was die Auswertung erleichterte. Im Ergebnis war es so, dass teilweise Schrote von geringer Stärke einer bestimmten Marke und Patronensorte tiefer in das Medium eindrangen als solche der nächst höheren Nummer einer anderen Sorte. Insgesamt galt dennoch die Regel, dass gröbere Schrote tiefer eindrangen als feine.

Bei der nächsten Versuchsstufe wurden tote Füchse sowohl mit trockenem als auch mit nassem Balg beschossen. Schussentfernung wieder exakt 30 Meter, Patrone „Rottweil Tiger", Kaliber 16/70, Schrotstärke 2,5 mm. Die beschossenen Füchse wurden auf ein weißes Tuch gelegt, geschüttelt und auf Schrote abgetastet. Es wurden keine außenseitigen Schrote festgestellt. Danach wurden die Füchse gestreift. Alle Schrote hatten die Bälge durchschlagen.
Es folgte der Beschuss von Sperrholzscheiben in den Stärken 5 mm und 10 mm. Verwendet wurden Schrote der Stärke 2,4 mm. Das 5 mm starke Brettchen wurde von allen Schroten durchschlagen. Bei dem 10 mm starken Brettchen waren es noch immer mehr als die Hälfte.

Bis heute hält sich der Glaube, die Schrotstärke müsse der Größe des beschossenen Wildes angepasst werden. Die Briten sind bekanntermaßen sehr gute Schrotschützen, doch keiner käme auf die Idee, auf der Jagd Patronen mit unterschiedlicher Schrotstärke mitzuführen. Die Briten haben ihre eigenen Schrotstärken, aber wir dürfen davon ausgehen, dass sie mit unserer Nr. 7 = 2,5 mm auskommen. Das bedeutet beste Deckung und geringste Hinterlandgefährdung!
Foto: Bruno Hespeler

Im Herbst und Frühwinter wird in den meisten Schweizer Kantonen mit lauten Hunden und Schrot auf Rehwild gejagt. Nimmt der Jäger seinen Stand ein, merkt er sich Geländemarken wie Bäume oder Steine, die ihm die maximale Schussweite anzeigen. Vorbei- oder angeschossen wird dabei in der Regel signifikant weniger als bei uns mit der Büchse. Nicht der Schrotschuss ist schlecht, sondern ausschließlich die Disziplinlosigkeit der Schützen und der Schussneid!
Foto: Bruno Hespeler

Treffer und Durchschläge auf unterschiedlich starken Brettchen

Holzstärke 5 mm	Treffer insgesamt	Durchschläge
Sellier & Bellot 2,4 mm	70	70
Rottweil Tiger 3 mm	56	56
Rottweil Waidmannsheil 3,5 mm	52	52
Holzstärke 10 mm	**Treffer insgesamt**	**Durchschläge**
Sellier & Bellot 2,4 mm	83	45
Rottweil Tiger 3 mm	46	46
Rottweil Waidmannsheil 3,5 mm	44	44

Noch ein Wort zum Schrotschuss auf Rehwild: Die Winterdecke eines Rehs setzt selbst Schroten der Stärke 2,4 mm weniger Widerstand entgegen als ein 10 mm starkes Sperrholz. Der (schlechtgemachte) Ruf des Schrotschusses wird von der absoluten Fehlmeinung gesteuert, je größer das Wild, umso stärker müssten die Schrote sein. Das führte dazu, dass vor 1938 in Österreich 4 mm die geringste Schrotstärke war, die bei Treibjag-

Ein Bild, das uns nachdenklich stimmen sollte: Eine Kärntner Jagdgesellschaft am Anfang des 20. Jh. Die Jäger tragen weiße Hemden und bürgerliche Anzügen – nicht wie heute Military Look. Die Strecke bestand nur aus Rehböcken, obwohl die meisten Jäger mit Doppelflinten statt Büchsen ausgestattet waren. Foto: Jagdgesellschaft Klagenfurt

den auf Rehwild verwendet wurden. Häufiger wurden wohl die sogenannten „Roller" verschossen, das waren Schrote ab 4,5 mm Stärke. Die drangen tief in die Wildkörper ein und werden heute noch in vielen Ländern selbst auf Hirsche verwendet, auch in den USA. Ihre Wirkung ist aber höchst bescheiden, weil die Deckung fehlt und der paarige Schock ausbleibt oder nur unzureichend eintritt.

Schrotschuss auf Schalenwild – in Zukunft unumgänglich?

Es ist nicht meine Absicht, unter der in Deutschland und Österreich leider oft festzustellenden geringen Disziplin bezüglich der maximalen Schussentfernung den Schrotschuss generell für Bewegungsjagden freizugeben. Die fortschreitende Zersiedelung der Landschaft, der Ausbau der Infrastruktur, die den Büchsenschuss vielerorts zum gefährlichen Risiko machen werden, können aber zu einer Situation führen, in der wir lokal in bestimmten Bereichen nicht mehr mit der Büchse schießen können werden. Das wird auch für Fangschüsse in urbanen Bereichen gelten.

KONSEQUENZEN FÜR DIE JAGD VON MORGEN

WALD, WILD & JAGD

Die Zukunft der Jagd heißt Dienstleistung, ob wir das wollen oder nicht. Dabei geht es primär um den Lebensraum. Wie die Wälder in der Mitte dieses Jahrhunderts ausschauen werden, welche Baumarten sich durchsetzen, wissen wir nicht.

Wovon wir ausgehen müssen ist, dass die Gesellschaft nicht mehr hinnehmen wird, dass wir seit Jahrzehnten vorgeben, Jagd als Dienstleistung für den Wald zu betreiben, die Abschusspläne jedoch gleichzeitig ebenso lange regional – ohne wirkliche

Jagdliche Service-Unternehmen organisieren Einzel- wie Drückjagden, kümmern sich um den Verkauf des Wildes wie für den Bau der erforderlichen Einrichtungen. Foto: Bruno Hespeler

Konsequenzen – viel zu niedrig angesetzt oder einfach nicht erfüllt werden. Die Bedeutung des Waldes wird wachsen, selbst wenn er sich aus Baumarten und Sträuchern zusammensetzen wird, die wir heute noch nicht in ihm finden, belächeln oder die wir nicht profitablen Nutzhölzern zuordnen können.

Die Aufgabe des Waldes der Zukunft wird nicht primär die Holzproduktion sein, so bitter notwendig diese auch sein mag. Bedeutender wird er als Vehikel für Klima, Grundwasser, Sauerstoff, Schutz vor Lawinen, Muren, Steinschlag sein. Wie viele der heute bereits verbauten Flächen langfristig solche bleiben werden, welche Verkehrsadern der Alpen sicher sind, das wissen wir nicht. Doch damit, dass dramatische Veränderungen auf uns zukommen, müssen wir uns wohl abfinden! Wie immer diese Veränderungen aussehen, sie werden auch die Jagd betreffen und von dieser selbst Änderungen verlangen.

Der Natur das Steuer übergeben

Auf den großen Schadflächen werden nahezu unbejagbare und vom Publikum wenig gestörte Dickungen heranwachsen. Der Jäger wird ziemlich hilflos sein und irgendwann kapitulieren. Der Pflanzung – meist wieder überwiegend Nadelholz – folgen große Stangenhölzer, die dem Wild viel Ruhe, aber wenig Nahrung bieten. Was jedoch gebraucht würde, wäre eine natürliche Verjüngung, in der sich breit gestreut möglichst alle für den jeweiligen Standort typischen und notwendigen Baumarten finden. Die Pflanzung ist primär auf gewinnbringende Holzproduktion ausgerichtet. Langfristig ist sie – für den Steuerzahler – häufig defizitär. Was künftige Wälder brauchen ist „Wahlfreiheit“, es muss sich vom Keimling angefangen durchsetzen können, was mit den sich ändernden Umweltbedingungen am besten zurechtkommt! Es gehört Mut dazu, der Natur dort das Steuer zu übergeben, wo wir mit unseren Zielen und Vorstellungen gescheitert sind.

Wald & Schalenwild

Ob der Jäger in der Lage ist, das Schalenwild auf den großen Kalamitätsflächen jagdlich in den Griff zu bekommen, ist mehr als fraglich. Wo der Wildverbiss oder die forstliche Ausgangssituation dies schon vor Eintritt von Katastrophen verhinderten, wird es nachher kaum möglich sein. Dann dreht sich alles im Kreis.

Am ehesten hat eine neue Waldgeneration dort eine Zukunft, wo der Mensch mit dem Absterben des Waldes in die zweite Reihe tritt und wesentliche Entscheidungen der Natur überlässt. Das beginnt mit der oft defizitären Aufarbeitung von Sturm- und Käferholz und der damit einhergehenden Belastung der sensiblen Waldböden mit Maschinen. Holz, das auf der Fläche bleibt, ist das Wertvollste, was die Katastrophe hinterlässt!

Wenn der Jäger irgendetwas erreichen will, muss er sich freimachen von Zählversuchen und jagdlichen Erschwernissen

Die meisten Wälder Mitteleuropas leiden zunehmend unter Trockenheit. Gleichzeitig steigt die Erholungsnutzung. Beides erhöht die Waldbrandgefahr deutlich. Foto: iStock-Toa56

aller Art. Und der Waldbesitzer muss vorausschauend ausreichend attraktive Bejagungsflächen schaffen. Denn Feuer, Sturm und Käfer folgen schon nach Jahresfrist Reitgräser und andere Schlagflora, die dem Jäger die Sicht nehmen.

Jagdnutzung

Die Verpachtung an Jagdgesellschaften kann eine für den Wald gute Lösung sein, wenn an ihrer Spitze Jäger stehen, die selbst noch wirklich aktiv sind und sich gegenüber den Problemen der Zeit aufgeschlossen zeigen. Den Abschuss hemmend wirkt sich meist aus, wenn sich eine größere Zahl von Jägern nach Lust und Laune auf der gesamten Jagdfläche unkoordiniert bewegen kann. Die Einteilung der Fläche in einzelne Pirschbezirke bringt jagdlich in der Regel deutlich bessere Ergebnisse. Dass es dabei – je nach Struktur des Geländes – bei einzelnen Pirschbezirksinhabern auch zum Gefühl der persönlichen Benachteiligung kommen kann, sei nicht bestritten.

Das hier Gesagte gilt ebenso für Reviere, die in Eigenbewirtschaftung unter Einbindung von Personen mit Begehungsschein/Ausgeherschein betrieben werden. Die Verantwortung für einen Teil des Gesamtreviers spornt an und macht deutlich, was dem einzelnen Jäger übertragen und zugemutet werden kann.

ZULETZT DIE ZAHLENGLÄUBIGKEIT

Abschusszahlen lassen in der Mehrheit der Fälle keine konkreten Schlüsse auf die Höhe eines Wildbestandes zu. Die Frage ist immer, ob die Jagdberechtigten den vorgeschriebenen Abschuss erfüllen wollen oder nicht, ebenso die, ob die Abschusszahlen in einem vernünftigen Verhältnis zum vorhandenen Wildbestand stehen, den jedoch niemand konkret kennt, geschweige denn voraussagen kann. Gleichwohl werden sie als Beweise für hohe wie geringe Entnahmezahlen – für Tätigkeit wie Untätigkeit der Jäger verwendet. Verwertbar sind solche Zahlen nur dort, wo erlegte Tiere unmittelbar nach ihrer Erlegung vorgezeigt oder zumindest inklusive Käufer/Verwerter gemeldet werden müssen. Dies trifft zumindest in Deutschland auf die Mehrzahl der Reviere nicht zu.

Bei Jagdbetrieben mit Mehrwertsteuerpflicht darf man jedoch davon ausgehen, dass die Zahlen – was die reine Summe betrifft – in der Regel stimmen. Ungenauigkeiten kann es hinsichtlich der Zuordnung männlich/weiblich oder der Altersklasse dennoch geben. Wenn jedoch auf dem Papier postmortal aus männlichen weibliche Tiere werden, entsteht, was die Entwicklung des Wildbestandes betrifft, ein schiefes Bild. Männliche Tiere können zwar Nachwuchs zeugen, aber nicht zur Welt bringen ...

Bei Rehwild wird in der Mehrzahl der Jagdreviere kein körperlicher Nachweis gefordert. Auch die grobe Nichterfüllung des vorgeschriebenen Abschusses über Jahre hinweg wird selten sanktioniert.

Bis in dieses Jahrtausend gab es in Deutschland wie in Österreich nicht wenige Reviere, die aus Prinzip kaum weibliches Rehwild erlegten, obwohl sie nach den Abschussplänen dazu verpflichtet waren. Selbst jene Organisationen, in denen die Jäger bis heute Zwangsmitglieder sind, schauten meist diskret zur Seite, und auch die Behörden ignorierten dies. Zwar wurde in der Regel sanktioniert, wenn der Jäger einen Rehbock oder Hirsch mehr erlegte als der Abschussplan zuließ, nicht jedoch, wenn er beim weiblichen Wild säumig war.

Ärger bekamen eher jene Jäger, die den vorgeschriebenen Abschuss – inmitten von „mauernden Kollegen" – nachweislich korrekt erfüllten. Auch die Kritik und Mahnung der Rechnungshöfe änderte an diesen Zuständen wenig.

Das bedeutet jedoch, dass vielerorts die zuständigen Verwaltungsbehörden nicht nur wesentlich für die über lange Zeiträume viel zu niedrig angesetzten Abschusspläne mitverantwortlich sind, sondern auch für die Unterlassung von Sanktionen. Allerdings standen und stehen Verwaltungsbehörden zuweilen unter starkem politischem Druck, der sie am fachgerechten Handeln hindert! Und außerdem kann letztlich niemand einem Jäger, der vorgibt, einfach kein Wild zu sehen, das Gegenteil beweisen.

Die alte Jägergeneration ist in einem Geist aufgewachsen, in dem jener als guter Jäger und Heger galt, der möglichst wenig schoss und vor allem kein weibliches Wild. Unter Hege wird lokal bis heute die Bewah-

Heute noch gilt die Bewegungsjagd auf Rehwild vielen konservativen Jägern als unverantwortliche Tierquälerei. Dabei ist niemand gezwungen, auf flüchtige Rehe zu schießen. Ziel solcher Jagden ist es, den notwendigen Abschuss in kurzer Zeit zu erfüllen, um Ruhephasen für das Wild zu schaffen. In vielen europäischen Ländern wird auf Bewegungsjagden mehr erlegt als auf der Einzeljagd.

Foto: Bruno Hespeler

rung eines möglichst hohen Wildbestandes verstanden. Während sich in Deutschland die Reviere eher in den Händen von jüngeren und wildbiologisch aufgeschlosseneren Jägern befinden, dominieren in den örtlichen Jagdgesellschaften Österreichs mehr die alten, konservativen Jäger. Nicht wenige von ihnen gehen kaum noch selbst auf die Jagd, aber sie bremsen die Jungen. Statt die Leinen locker zu lassen, werden die Zügel mit Vorstandsbeschlüssen in den Jagdrevieren angezogen.

Das Ergebnis sind Reviere, in denen selbst die Fichten nur noch die Äserhöhe erreichen, wenn sie alljährlich chemisch oder mechanisch geschützt werden. Tanne und Edellaubhölzer haben unter solchen Verhältnissen kaum eine Chance. Wenn wir Jäger nicht unseren Teil für eine standortgerechte Waldverjüngung beitragen, sind wir entbehrlich.

Was wollen wir?

Biodiversität ist ein Produkt des Lebensraumes, dessen Teil auch wir sind. Die permanente Zerstörung der Lebensräume lässt sich nicht durch die Eliminierung von Arten kompensieren, die unsere Wünsche nach Maximierung von Jagdstrecken stören. Biodiversität wird nicht dadurch gefördert, dass wir möglichst zahlreich jene erlegen, welche Arten nutzen, die wir für unser Freizeitvergnügen beanspruchen.

Es hat auch rein gar nichts mit Jagd zu tun, wenn wir uns Niederwild in großem Stil industriell oder mit landwirtschaftlichen Methoden züchten lassen, mit dem alleinigen Ziel, die armen Kreaturen nachher herunterzuschießen. Auch ein manchmal an Folklore erinnerndes, von uns in Unkenntnis dem Brauchtum zugeordnetes Gehabe ändert daran rein gar nichts!

Jagd ist kompensatorische Nutzung nachwachsender Ressourcen. Hege mit dem Ziel jagdwirtschaftlicher Gewinnmaximierung erwirtschaftet nur den Untergang der Jagd. Wenn wir diese erhalten wollen, müssen wir glaubwürdig und für die Bevölkerung durchschaubar handeln!

FAZIT

Einer jener Sätze, die ich in meinem Jägerleben am häufigsten gehört habe, ist dieser: „Mich hält es noch aus!" Das mag so sein, aber mit dieser Einstellung ignorieren wir, dass wir die Jagd nicht erworben, sondern als Erbe übernommen haben.

Soll das, was wir so gerne und etwas überheblich „Deutsches Weidwerk" nennen, zumindest in reduzierter Form überleben, werden wir – unabhängig von **Klimaerwärmung und Überbevölkerung** – von immer mehr liebgewordenen Gewohnheiten immer schneller Abschied nehmen müssen!

Die weitgehend **exportorientierte Agrarindustrie** hat in einer unheiligen Allianz mit der Politik eine Produktionssteppe geschaffen, in der das Leben immer weniger Platz hat. Die meisten Insekten sind bereits verloren, ebenso immer mehr ihrer Nutzer.

Die traditionelle **Niederwildjagd wird der Vergangenheit angehören**. Wir werden akzeptieren müssen, dass man nur auf Tiere jagen kann, die in Freiheit zur Welt kamen und die in Freiheit leben! Was im Brutkasten schlüpft oder vom Bauern gezüchtet wurde, hat nichts mit „Wild" zu tun! Hier werden die Wähler den Gesetzgeber irgendwann in die Pflicht nehmen.

Auch was unsere **jagdlichen Wünsche und Vorstellungen** betrifft, sollten wir uns selbst öfter hinterfragen. Wir Jäger sind nicht vor dem Wahn allgegenwärtiger Maximierung gefeit. Uns geht es angeblich nicht ums Schießen, aber dennoch buchen viele von uns bei unseren Nachbarn den Abschuss von Tausenden Fasanen, Rebhühnern, Wildenten und anderem Niederwild.

Wir müssen **Abschied nehmen von einer Schalenwildjagd**, die mehr unserer Eitelkeit dient als dem Wild und seinem Lebensraum. Wir spielen allzu gerne „Rominten" und sind doch längst in einem „Schrebergarten" gelandet, in dem wir nicht besonders gerne gesehen sind. Wir machen uns Mut, indem wir Gutachten bestellen, die bestätigen, dass wir von der Gesellschaft als notwendig anerkannt werden. Die Realität sieht anders aus. Und wenn wir nicht verdammt aufpassen, können aus „Wintergattern" schnell „Ganzjahresgatter" werden, eingekreist von Produktionssteppe und Solarflächen!

Auch die **Fallenjagd**, außer im Rahmen der Forschung, wird früher oder später der Vergangenheit angehören. Bei manchen unserer Nachbarn ist sogar die Baujagd, die ich selbst mit Freude praktiziert habe, bereits Vergangenheit. Zumindest was die Bejagung der Naturbaue betrifft, geht sie auch bei uns ihrem Ende entgegen.

Wir müssen uns auf einen alljährlichen **Schießnachweis** einstellen, bei dem Leistung verlangt wird, auch wenn das für viele von uns „Jagd vorbei" bedeutet!

Wir leisten uns **„Luxus-Feindschaften"** mit allen, die Kritik an unserem Verhalten üben. Wir klopfen jenen auf die Schultern, die uns den Lebensraum des Wildes mit Wäldern aus Windkraftanlagen, mit Seilbahnen und Pisten verbauen, weil wir es mit der Politik nicht verscherzen wollen.

Wir müssen endlich akzeptieren, in einem der am **dichtesten bevölkerten** Länder Europas zu leben, während die Politik unsere geringen Geburtenraten beklagen. Es bedarf keines Taschenrechners, um zu erkennen, wann es mit unseren **Ressourcen wie mit der Jagd aus** sein wird.

Europa hat zahllose Beispiele, die zeigen, dass es **bei vielen Arten problemlos ohne Jagd geht.** Raufußhühner und Murmeltiere kommen in Bayern seit Jahrzehnten ganz gut ohne uns aus.

In Luxemburg ist es – trotz ganzjähriger **Schonzeit des Fuchses** – um das restliche Niederwild nicht schlechter und nicht besser bestellt als bei uns.

Wozu bekämpfen wir so fleißige Mäusejäger wie Iltis, **Mauswiesel und Hermelin**? Angeblich um das Niederwild zu retten, um dessen letzten Mohikaner dann selbst zu erbeuten?

Rehe gibt es auch bei unseren niederländischen Nachbarn genug. Trotzdem entscheidet über den Abschuss schon lange nicht mehr der Jäger, sondern der Naturschutz! Wollen wir das wirklich?

Ältere Gamsböcke nehmen ihren Einstand gerne im Bergwald. Foto: Monika Baudrexl

Dann gibt es noch jene, nicht wenigen europäischen Staaten, die bereit sind, mit **Bär, Wolf & Co** zu leben ...

Es gibt auch bei uns Jägern ein Soll und ein Haben. Es gibt den Gesetzgeber und neben ihm uns Jäger. Bringen wir es mit Matthias Claudius auf den Punkt: „Der Wald steht schwarz und schweiget ..."

Wir werden gezwungen sein, zur Kenntnis zu nehmen, dass auch **jagdbare Wildtiere ausreichend große Gebiete** brauchen, in denen sie vor uns Ruhe finden. Und wir werden begreifen müssen, dass eine **„24-Stunden-Jagd"**, wie wir sie – Dank Kriegstechnik – heute schon betreiben, nur noch **kontraproduktive**, Wildschäden erzeugende Guerilla ist, die mit Jagd nur den Namen gemein hat!

Die **bäuerlichen Betriebe** im ursprünglichen Sinne werden weiter verschwinden, was auch für den Jäger als **Jagdpächter fundamentale Änderungen** bringen kann.

Die fortschreitende **Zersiedlung und Verbauung** wird uns immer schneller immer mehr **Jagdfläche und Jagdmethoden entziehen**. Wo heute 100 Hektar verbaut werden, gehen real 300 Hektar als Jagdfläche verloren. Es wird dennoch jemanden brauchen, der sich – auch mit dem Gewehr – um Wildtiere kümmert. Er wird es tunlichst ohne „Trara" tun und ohne Trophäen in den Vordergrund zu rücken. „Jagen weil es lustig ist", mit dem Ziel, die „Leichen" in den Container oder nächsten Busch zu werfen, wird vorbei sein! Und dennoch – auch in Zukunft wird niemand auf die Jagd gehen, ohne dabei Freude zu empfinden. So wie auch niemand ohne Freude ein Unternehmen aufbauen und damit anderen Menschen zu Brot verhelfen wird!

Wir werben für eine immer schneller schrumpfende Landschaft unlimitiert Jäger an, weil wir uns davon Umsatzsteigerungen, Mitgliedsbeiträge und politischen Einfluss versprechen. Wie lange wollen wir das uns selbst und der Jagd noch antun?

LITERATURVERZEICHNIS

Baumann August; 1934: Die Alpenländisch-Erzgebirgler Dachsbracke, Leykam, Verlag, Graz.

Bayern Ludwig Wilhelm; 1963: Die Jagd im Gebirge, F. C. Mayer Verlag, München.

Beninde Joachim; 1988: Zur Naturgeschichte des Rothirsches, Verlag Paul Parey, Hamburg.

Bode Wilhelm, Hohnhorst M; 1995: Waldwende – Vom Försterwald zum Naturwald, C. H. Beck'sche Verlagsbuchhandlung, München.

Bode Wilhelm, Emmert Elisabeth; 1998: Jagdwende – Vom Edelhobby zum Ökologischen Handwerk, C. H. Beck'sche Verlagsbuchhandlung, München.

Churchill Robert; 1987: Das Flintenschießen, Verlag Paul Parey, Hamburg.

Diezel Carl Emil; 1954: Diezels Niederjagd 16. Auflage, Verlag Paul Parey, Hamburg und Berlin.

Eck Renso; 1990: Der Schrotschuß auf Rehwild – Hintergründe, Argumente, Dokumente, Diplomarbeit, Fachhochschule Weihenstephan.

Ergert Bernd; 1984: Die Jagd in Bayern – Von der Vorzeit bis zur Gegenwart, Rosenheimer Verlagshaus Alfred Förg GmbH & Co KG, Rosenheim.

Ellenberg Hermann; 1978: Zur Populationsökologie des Rehes (Capreolus capreolus L., Cervidae), Bayerisches Staatsministerium für Landesentwicklung und Umweltfragen, München.

Ende Rolf von; 1982: Über Wölfe und Hunde, VEB Deutscher Landwirtschaftsverlag, Berlin.

Feder Jürgen; 2022: Der Segen der Einwanderer, Gräfe und Unzer, München.

Gasset v. José Ortega; 1953: Mediationen über die Jagd, Gustav Kilpper Verlag, Stuttgart.

Gossow Hartmut; 1999: Wildökologie, Verlag Dr. Kessel, Remagen-Oberwinter.

Hartig Georg Ludwig; 1810: Lehrbuch für Jäger und die es werden wollen, Verlag von J. Neumann, Neudamm.

Hennig Rolf; 1962: Die Abschußplanung beim Schalenwild, BLV Verlagsgesellschaft, München.

Hespeler Bruno; 1988: Rehwild heute, BLV Verlagsgesellschaft mbH, München.

Ders.; 1990: Jäger wohin?, BLV Verlagsgesellschaft mbH, München.

Ders.; 1995: Jagd 2000, nimrod-verlag, Hanstedt.

Ders.; 1996: Prügelknabe Wald, Jagd- und Kulturverlags-Anstalt, Vaduz.

Ders.; 2003: Rehwild heute, 7. Auflage; BLV Verlagsgesellschaft mbH, München Wien Zürich.

Ders.; 2007: Leitlinie Jagd im urbanen Raum von Berlin, Studie im Auftrag der Berliner Forsten.

Ders.; 2014: Die Entwicklung des Großraubwildes (Bär, Wolf und Luchs) in Slowenien – Hinweise für Deutschland und Österreich, Abschlussarbeit im Universitätslehrgang Jagdwirt an der Universität für Bodenkultur (BOKU) Wien.

Ders.; 2015: Hege – Eine durchaus kritische Betrachtung, Österreichischer Jagd- und Fischerei-Verlag, Wien.

Hiller Hubertus; 2003: Jäger und Jagd – Zur Entwicklung des Jagdwesens in Deutschland zwischen 1848 und 1914, Waxmann Verlag GmbH, Münster.

Hobusch Erich; 1978: Von der edlen Kunst des Jagens, Edition Leipzig, Lizenzausgabe für Pinguin-Verlag, Innsbruck.

Huzcht-Ciorga Ingrid; 1988: Studien zur Biologie des Luchses: Jagdverhalten, Beuteausnutzung, innerartliche Kommunikation und an den Spuren faßbare Körpermerkmale, Ferdinand Enke Verlag, Stuttgart.

Inghold Paul; 2005: Freizeitaktivitäten im Lebensraum der Alpentiere, Haupt Verlag, Bern.

Kalchreuter Heribert; 1978: Die Sache mit der Jagd, 2. Auflage, BLV Verlagsgesellschaft mbH., München.

Goßmann-Kölner Sabine und Eisfeld Detlef; 1989: Zur Eignung des Schwarzwaldes als Lebensraum für den Luchs (*Lynx lynx*), Arbeitsbereich Wildökologie und Jagdwirtschaft am Forstzoologischen Institut der Universität Freiburg, Stegen-Wittental.

Hohmann Ulf, Bartussel Ingo; 2001: Der Waschbär, Verlagshaus Reutlingen – Oertel + Spörer, Reutlingen.

Klamer Gerald; 2023: Der Waldwanderer, 3. Auflage, Piper Verlag, München.

Meile Peter, Giacomett Marco, Ratti Peider; 2003: Der Steinbock – Biologie und Jagd, Salm Verlag, Bern.

Mohr Alexander; 2023: Drohnen Jagd oder Segen, Copterpro GmbH, Kirn.

Neitzel Christian; 2014: Jagd mit dem Schalldämpfer, Selbstverlag, Westerstede.

Ott Wilfried; 2004: Die besiegte Wildnis, DRW-Verlag, Weinbrenner GmbH & Co.KG, Leinfelden-Echterdingen.

Prossinagg Hermann; 1999: Österreichs Jagd im 20. Jh. – Eine Chronik, Österreichischer Jagd- und Fischerei-Verlag, Wien.

Rehfuss W. (Oberländer); 1983: Die Dressur und Führung des Gebrauchshundes, 5. Auflage, Verlag Neumann Neudamm, Melsungen.

Sälzle Karl et al.; 1977: Deutsches Jagdmuseum Katalog 1977, Herausgeber Stiftung Deutsches Jagdmuseum München, Graphische Kunstanstalt und Buchdruckerei AG, München.

Schenk Paul; 1966: Jagd und Naturschutz in der Schweiz, Eugen Ulmer, Stuttgart.

Strasser Martin von Kollnitz; 1997: Das Jagdbuch des Marin Strasser von Kollnitz, zweite, unveränderte Auflage, Verlag des Kärntner Landesarchivs, Klagenfurt.

Stubbe Hans, et al.;1988: Buch der Hege Band 1: Haarwild, Deutscher Landwirtschaftsverlag, Berlin.

Weidt Heinz; 1993: Der Hund, mit dem wir leben – Verhalten und Wesen, 2. Auflage, Verlag Paul Parey, Hamburg und Berlin.

Zeiler Hubert; 2005: Rotwild in den Bergen, Österreichischer Jagd- und Fischerei-Verlag, Wien.

Ders.; 2008: Birkwild Haselhuhn Schneehuhn, Österreichischer Jagd- und Fischerei-Verlag, Wien.

Ders.; 2012: Gams, Österreichischer Jagd- und Fischerei-Verlag, Wien.

Aus unserem Programm

ISBN 978-3-7020-1555-8

ISBN 978-3-7020-2014-9

ISBN 978-3-7020-1888-7

ISBN 978-3-7020-1791-0

Leopold Stocker Verlag

Graz – Stuttgart

www.stocker-verlag.com